MINISTÈRE
DES TRAVAUX PUBLICS, DE L'AGRICULTURE
ET DU COMMERCE.

CATALOGUE OFFICIEL

DES PRODUITS

DE L'INDUSTRIE FRANÇAISE,

ADMIS A L'EXPOSITION PUBLIQUE

DANS LE CARRÉ DES FÊTES AUX CHAMPS-ÉLYSÉES.

ANNÉE 1839.

PRIX : 1 FR.

PARIS. — IMPRIMERIE DE FAIN ET THUNOT,
IMPRIMEURS DE L'UNIVERSITÉ ROYALE DE FRANCE,
Rue Racine, n° 4, près de l'Odéon.

CATALOGUE OFFICIEL

DES PRODUITS

DE L'INDUSTRIE FRANÇAISE,

ADMIS A L'EXPOSITION PUBLIQUE

DANS LE CARRÉ DES FÊTES AUX CHAMPS-ÉLYSÉES,

(1839)

CONTENANT :

1° Le Plan descriptif des constructions élevées dans le carré des fêtes aux Champs-Elysées et des salles où les Produits de l'Industrie sont distribués d'après leur nature, leur genre et leur espèce ;

2° La Nomenclature des départements qui ont pris part à l'exposition, avec indication du nombre des exposants par chaque département ;

3° La Liste des Membres du jury central;

4° Les Noms et Demeures des exposants, avec les numéros d'ordre assignés à chacun d'eux et la mention des produits exposés.

SE VEND DANS LES SALLES DE L'EXPOSITION.

1839.

PLAN DESCRIPTIF

DES CONSTRUCTIONS ÉLEVÉES DANS LE CARRÉ DES FÊTES AUX CHAMPS-ÉLYSÉES,

ET DISTRIBUTION

DES OBJETS EXPOSÉS.

Les constructions élevées dans le carré des fêtes, aux Champs-Élysées, présentent un parallélogramme rectangle de 185 mètres de long sur 82 mètres de large; elles occupent 15,170 mètres en superficie. En voici les dispositions générales : la façade se compose d'une galerie parallèle à la grande avenue des Champs-Élysées, longue de 187 mètres sur 13 mètres de largeur. Cinq salles sont perpendiculaires à cette galerie; elles ont chacune 69 mètres de longueur sur 26 mètres de largeur; des cours, des magasins, des bureaux destinés à l'administration, établissent, pour elle, une communication facile entre toutes ces constructions. L'entrée principale, *l'entrée du roi*, se trouve dans l'axe de la percée du carré des fêtes à l'avenue des Champs-Élysées. Toutes les mesures ont été prises pour prévenir l'encombrement et faciliter la circulation du public, qui verra se dérouler successivement sous ses yeux cette longue série de produits si différents de nature et d'usage. Un corps de garde, spécialement destiné à la surveillance des galeries de l'exposition, est établi du côté des constructions qui regardent la place de la Concorde. Un service de sapeurs-pompiers est organisé dans un bâtiment élevé à l'autre extrémité des constructions, du côté de l'allée des Veuves.

SALLE N° 1.

MÉCANIQUE.

Marbres; Ardoises; Briques; Poterie; Presses de divers genres; Tapis vernis; Voitures; Machines et instruments propres à l'agriculture, aux manufactures et aux arts; Machines à vapeur; Locomotives; Outils divers; Clouterie; Serrurerie; Tréfilerie; Toiles métalliques et autres objets de quincaillerie; Métaux ouvrés, savoir : Plomb, Cuivre, Zinc, Laiton, Fonte de fer, Fer, Acier, Tôles et Fers noirs, Fer-blanc; Cuirs tannés.

SALLE N° 2.

PRODUITS DIVERS.

Produits chimiques, Alun, Potasse, Couleurs, etc.; Typographie, Gravure, Lithographie, Lithocromie, Peinture; Objets relatifs aux arts, au dessin; Écriture; Reliure; Tabletterie, Cire à cacheter et autres ustensiles de bureaux; Papiers de tenture et d'impression; Registres à l'usage du commerce; Coutellerie; Instruments de chirurgie; Chapellerie; Fleurs artificielles; Verreries; Vitrerie; Parfumerie; Terre cuite, Poterie; Cuirs et Peaux, Mégisserie et Ganterie; Cire et Comestibles préparés; Bougies; Substances alimentaires; Produits de l'institution des Sourds-Muets de Paris; Billards; Tapis et Tapisseries vernis; Sellerie et Harnachements; Cannes et Parapluies; Effets d'habillement; Cols; Perruques; Corsets.

SALLE N° 3

ET SALLE SUPPLÉMENTAIRE N° 5.

TISSUS DE TOUTE ESPÈCE.

Toiles peintes; Soieries; Mousselines; Dentelles; Tulles; Gazes; Tissus brodés or et argent; Fils; Cotons; Cotons filés; Toiles peintes; Laines filées; Châles; Draps; Mérinos; Rouenneries; Casimirs; Flanelles; Indiennes; Molletons.

SALLE N° 4

ET SALLE SUPPLÉMENTAIRE N° 6.

OBJETS D'ART ET DE LUXE.

Orfévrerie; Bijouterie; Bronzes et dorures; Instruments d'optique et de mathématiques; Pianos; Instruments de musique; Ébénisterie; Meubles; Laques; Horlogerie; Cristaux; Porcelaines; Lampes et appareils d'éclairage; Armes à feu et armes blanches; Glaces; Tapis; Vitraux peints.

DÉPARTEMENTS

QUI ONT PRIS PART A L'EXPOSITION.

DÉPARTEMENTS.	NOMBRE D'EXPOSANTS.	NUMÉROS sous lesquels figurent les produits de chaque département.
Ain.	12	1835 à 1836. 1838 à 1847.
Aisne.	28	1106. 1981 à 2007.
Allier.	5	2012 à 2015. 2494.
Alpes (Hautes-). . . .	2	1615 à 1616.
Ardèche.	9	1604 à 1612.
Ardennes.	25	1848 à 1870. 2885 à 2886.
Ariége.	3	2368 à 2369. 3207.
Aube.	11	2887 à 2897.
Aude.	7	1626 à 1632.
Aveyron.	8	2360 à 2367.
Bouches-du-Rhône. . .	10	1904 à 1913.
Calvados.	27	1931 à 1956. 2316.
Charente.	17	1819 à 1834. 1837.
Charente-Inférieure. . .	3	2064. 2200. 2512.

DÉPARTEMENTS.	NOMBRE D'EXPOSANTS.	NUMÉROS sous lesquels figurent les produits de chaque département.
Corse.	1	1373.
Côte-d'Or.	20	1663 à 1677. 1679 à 1681. 1683. 3211.
Côtes-du-Nord. . . .	15	1686 à 1696. 2204 à 2207.
Creuse.	4	665. 1633 à 1635.
Dordogne.	4	1871 à 1874.
Doubs.	28	1782 à 1807. 2498 à 2499.
Drôme.	14	1768 à 1781.
Eure.	26	2208 à 2210. 2212 à 2217. 3321 à 3337.
Eure-et-Loir.	2	1914 à 1915.
Finistère.	32	2737 à 2768.
Gard.	58	3054 à 3111.
Garonne (Haute-). . . .	8	2098 à 2104. 2504.
Gironde.	9	2195 à 2198. 2311 à 2315.
Hérault.	20	2133 à 2152.
Ille-et-Vilaine.	16	1916 à 1930. 3220.
Indre.	5	2008 à 2011. 2318.

DÉPARTEMENTS.	NOMBRE D'EXPOSANTS.	NUMÉROS sous lesquels figurent les produits de chaque département.
Indre-et-Loire.	13	2065 à 2074. 3127 à 3129.
Isère.	38	2273 à 2310.
Jura.	2	1756 à 1757.
Landes.	1	2317.
Loir-et-Cher.	2	1684 à 1685.
Loire.	43	3237 à 3279. 3346.
Loire (Haute-).	4	1602 à 1603. 1617. 1817.
Loire-Inférieure. . . .	10	2105 à 2114.
Loiret.	29	2244 à 2272.
Lot-et-Garonne.	2	1661 à 1662.
Maine-et-Loire.	10	1971 à 1980.
Manche.	18	2115 à 2132.
Marne.	29	2153. 2211. 2218 à 2228. 2230 à 2231. 2233 à 2243. 2658. 2772. 3053.
Marne (Haute-). . . .	4	2060 à 2063.
Mayenne.	2	1613 à 1614.
Meurthe.	21	1707 à 1726. 2201.

DÉPARTEMENTS.	NOMBRE D'EXPOSANTS.	NUMEROS sous lesquels figurent les produits de chaque département.
Meuse.	10	1758 à 1767.
Morbihan.	2	2770 à 2771.
Moselle.	20	2017 à 2036.
Nièvre.	19	2580 à 2597. 2734.
Nord.	56	2370 à 2423. 3235 à 3236.
Oise.	18	2154 à 2170. 3112.
Orne.	8	1896 à 1903.
Pas-de-Calais.	11	1886 à 1895. 2016.
Puy-de-Dôme.	21	1737 à 1755. 2735 à 2736.
Pyrénées (Basses-). . . .	4	2500 à 2503.
Pyrénées (Hautes-). . .	2	1601. 3339.
Pyrénées-Orientales. . .	13	1818. 1875 à 1885. 2234.
Rhin (Bas-).	19	2437 à 2454. 3338.
Rhin (Haut-).	55	1636 à 1660. 1702 à 1706. 1736. 2037. 2075 à 2097.

DÉPARTEMENTS.	NOMBRE D'EXPOSANTS.	NUMÉROS sous lesquels figurent les produits de chaque département.
Rhône.	73	2505 à 2511. 2513. 2515 à 2579.
Saône (Haute-).	4	1698 à 1701.
Saône-et-Loire.	8	2487 à 2493. 3347.
Sarthe.	16	2349 à 2359. 2495 à 2497. 3126. 3320.
Seine.	2047	1 à 664. 666 à 1105. 1107 à 1372. 1374 à 1574. 1576 à 1600. 1678. 2514. 2598 à 2657. 2659 à 2733. 2773 à 2884. 2898 à 3052. 3200. 3217. 3222. 3226. 3229. 3280 à 3319. 3344 à 3345.
Seine-Inférieure. . . .	96	3130 à 3199. 3201 à 3206. 3208 à 3210. 3212 à 3216. 3218 à 3219. 3221. 3223 à 3225. 3227 à 3228. 3230 à 3233.

DÉPARTEMENTS.	NOMBRE D'EXPOSANTS.	NUMÉROS sous lesquels figurent les produits de chaque département.
Seine-et-Marne.	39	1682. 2171 à 2193. 2229. 2232. 3113 à 3125.
Seine-et-Oise.	32	2455 à 2486.
Sèvres (Deux-). . . .	5	1812 à 1816.
Somme.	14	2424 à 2436 3348.
Tarn.	16	1957 à 1970. 2203. 2769.
Tarn-et-Garonne. . . .	4	1808 à 1811.
Var.	2	1734 à 1735.
Vaucluse.	1	1697.
Vendée.	10	1575. 1618 à 1625. 3340.
Vienne.	7	1727 à 1733.
Vienne (Haute-). . . .	22	2038 à 2059.
Vosges.	30	2319 à 2348.
Yonne.	3	2194. 2199. 2202.

LISTE

DE MESSIEURS LES MEMBRES

DU

JURY CENTRAL

NOMMÉS

EN VERTU DE L'ART. 3 DE L'ORDONNANCE DU ROI DU 27 SEPTEMBRE 1838, RELATIVE A L'EXPOSITION DES PRODUITS DE L'INDUSTRIE.

MESSIEURS,

DARCET, membre de l'Institut, commissaire général et directeur à la Monnaie de Paris.

BARBET, membre de la Chambre des députés et du Conseil général du commerce.

BEUDIN, membre de la Chambre des députés.

BLANQUI (ADOLPHE), professeur au Conservatoire des arts et manufactures, membre de l'Institut.

BRONGNIART (ALEXANDRE), membre de l'Institut, directeur de la manufacture royale de Sèvres.

BOSQUILLON, manufacturier.

CLÉMENT-DESORMES, professeur au Conservatoire royal des arts et métiers.

CORDIER, membre de l'Institut, inspecteur-général des mines.

CUNIN-GRIDAINE, membre de la Chambre des députés et du Conseil supérieur du commerce.

DELABORDE (LÉON), membre du Comité des monuments historiques et des arts au ministère de l'instruction publique.

DELAROCHE (PAUL), membre de l'Institut.

DUFAU, membre du Conseil général des manufactures.

DUPIN (Le baron Charles), pair de France, membre de l'Institut.

FONTAINE, architecte, membre de l'Institut.

GAY-LUSSAC, pair de France, membre de l'Institut et du Comité consultatif des arts et manufactures.

GIROD DE L'AIN (Félix), membre de la Chambre des députés.

HÉRICART DE THURY (Le vicomte), membre de l'Institut, inspecteur des mines.

KOECHLIN (Nicolas), membre de la Chambre des députés et du Conseil général des manufactures.

LEGENTIL, membre de la Chambre des députés et du Conseil général du commerce.

MEYNARD, membre de la Chambre des députés et du Conseil général des manufactures.

MIGNERON, inspecteur-général et membre du Conseil des mines.

PAYEN, ancien manufacturier.

PETIT, ancien manufacturier de la fabrique de Lyon.

POUILLET, membre de la Chambre des députés, membre de l'Institut et professeur au Conservatoire royal des arts et métiers.

RENOUARD (Jules), libraire, juge au tribunal de commerce de la Seine.

SAINT-CRICQ, membre du Conseil général des manufactures.

SALANDROUZE, membre du Conseil général des manufactures.

SAVART, membre de l'Institut et du Comité consultatif des arts et manufactures.

SCHLUMBERGER, secrétaire du Comité consultatif des arts et manufactures.

SÉGUIER (Le baron Armand), membre de l'Institut et du Comité consultatif des arts et manufactures.

TARBÉ DE VAUXCLAIRS, pair de France, conseiller d'état, inspecteur général des ponts et chaussées.

THÉNARD (Le baron), pair de France, membre de l'Institut et du Comité consultatif des arts et manufactures.

YVART, inspecteur général des écoles vétérinaires.

CAREZ, négociant.

CHEVREUL, membre de l'Académie des sciences.

DUMAS, membre de l'Académie des sciences.

GRIOLLET (Eugène), membre du Conseil général des manufactures.

MOUCHEL (De l'Aigle), membre du Conseil général des manufactures.

CATALOGUE OFFICIEL

DES PRODUITS

DE L'INDUSTRIE FRANÇAISE.

NOMS ET DEMEURES

DES

FABRICANTS ET DES ARTISTES

ADMIS A L'EXPOSITION DE 1839.

Nos MM.

1 *Bardel* et *Noiret* jeune, à Paris, rue Vieille-du-Temple, n. 51 : Etoffes de crin, laine, soie végétale. Médaille de bronze en 1823 ; Rappel en 1827 ; Médaille d'argent en 1834.

2 *Dubus-Bonnel* et *Comp.*, à Paris, rue de Charonne, n. 97 : Tissus de verre pur ou mélangé avec la soie, le lin.

3 *Deneirouse* et *Comp.*, à Paris, rue des Fossés-Montmartre, n. 16 : Châles cachemires français. Médaille d'or en 1827 ; Rappel en 1834.

4 *Jourdan* et *Morin*, à Paris, rue Notre-Dame-des-Victoires, n. 26 : Châles et Tissus divers.

5 *Simon* et *Comp.*, à Paris, rue des Fossés-Montmartre, n. 2 : Châles et tissus de tous genres.

6 *Manuel* et *Dry*, à Paris, rue Neuve-Saint-Eustache, n. 4 : Châles cachemires français, indoux. Médaille de bronze en 1834.

7 *Fortier*, à Paris, rue Neuve-Saint-Eustache, n. 36 : Châles ; pièces de tissus pour meubles.

8 *Chambellan* et *Duché*, à Paris, rue des Fossés-Montmartre, n. 8 : Châles brochés en cachemire pur et en indoux. Médaille d'argent en 1834.

9 *Legrand-Lemor*, *Lecreux* et *Comp.*, à Paris, place des Victoires, n. 2 : Châles cachemire pur ; Tissus laine pure, laine et soie. Médaille de bronze en 1819 ; Médaille d'argent en 1823 ; Rappel en 1827.

Nos MM.

10 *Michelez*, à Paris, rue de Sèvres, n. 159 : Cotons à coudre, à broder, à marquer, Fils d'Écosse, Rubans-Percale, Lacets de toute espèce. Médaille d'argent en 1827 ; Rappel en 1834.

11 *Lambert-Blanchard*, à Paris, rue Neuve-Saint-Eustache, n. 32 : Tissus de laine et Châles.

12 *Arnould*, à Paris, rue des Fossés-Montmartre, n. 12 : Châles cachemire. Médaille de bronze en 1827 ; Médaille d'argent en 1834.

13 *Croco* et *Comp.*, à Paris, rue de Paradis-Poissonnière, n. 46 : Tissus brochés en fil de lin, Tissus pour gilets et robes. Médaille d'argent en 1834.

14 *Pagès-Baligot*, à Paris, rue Albouy, n. 9 : Nouveautés pour gilets, châles et robes.

15 *Drouet* aîné, à Paris, rue de la Haumerie, n. 6 : Bonneterie diverse.

16 *Limage-Pincon*, à Paris, rue des Trois-Bornes, n. 16 : Tapisseries pour meubles, et Etoffes nouvelles. Mention honorable en 1819; Médaille de bronze en 1823.

17 *Junot*, à Paris, rue Neuve-Saint-Eustache, n. 6 : Châles cachemires et indoux. Médaille de bronze en 1834.

18 *Bacot*, à Paris, rue de la Monnaie, n. 26 : Couvertures, Tapis et Feutres pour les papeteries. Médaille d'argent en 1823. Rappels en 1827 et 1834.

19 *Bachelot*, à Paris, rue Neuve-Saint-Eustache, n. 23 : Châles indoux, Châles cachemires.

20 *Sivel*, à Paris, rue Neuve-Saint-Eustache, n. 28 : Châles indoux, laine, et Nouveautés.

21 *Gagnon* et *Culhat*, à Paris, rue Neuve-Saint-Eustache, n. 23 : Châles cachemires et indoux. Médaille de bronze en 1834.

22 *Bournhonet*, à Paris, rue des Fossés-Montmartre, n. 2 : Châles cachemires, indoux, et Nouveautés.

23 *Gaussen* aîné et *Comp.*, à Paris, place des Victoires, n. 2 : Châles cachemires français. Médaille d'or en 1823 ; Rappel en 1834.

24 *Gouzé* jeune, à Paris, rue Neuve-Saint-Eustache, n. 8 : Châles cachemires français et Châles indoux.

25 *Thouvenin* et *Berthois*, à Paris, rue Neuve-Saint-Eustache, n. 29 : Châles laine et Châles indoux, Châles cachemires.

26 *Genevois*, à Paris, rue du Ponceau, n. 26 : Etoffes de crin pour meubles.

27 *Griolet*, à Paris, rue Albouy, n. 11 : Laines peignées, filées et cardées. Médaille d'argent en 1827 ; Médaille d'or en 1834.

28 *Joliet*, à Paris, rue Saint-Denis, n. 349 : Étoffes de crin. Mentions honorables en 1819—1823 ; Médaille de bronze en 1827 ; Rappel en 1834.

29 *Geoffroy*, à Paris, rue Simon-le-Franc, n. 11, 13 : Cotons à coudre, à broder, à marquer.

N^{os} MM.

30 *Hébert* et *Comp.*, à Paris, rue du Mail, n. 13 : Châles cachemires. Médaille d'or en 1834.

31 *Bresson* aîné, à Paris, rue du Faubourg-Saint-Denis, n. 206 : Cotons retords. Mention honorable en 1834.

32 *Prévost*, à Paris, avenue Parmentier, n. 9 : Tissus et Laines filées. Médaille de bronze en 1827; Médaille d'argent en 1834.

33 *Thibaut*, à Paris, rue Neuve-Saint-Eustache, n. 36 : Châles.

34 *Possot*, à Paris, rue des Vinaigriers, n. 19 : Fils de cachemire.

35 *Gombert*, à Paris, rue de Vaugirard, n. 77 : Cotons retords. Médaille d'argent en 1827.

36 *Tiret*, à Paris, rue des Fossés-Montmartre, n. 19 : Châles, Étoffes pour gilets et pour meubles. Médaille d'argent en 1834.

37 *Eggly*, *Roux* et *Comp.*, rue de Cléry, n. 17 : Tissus lisses et croisés en laine pure et en laine et soie. Médaille d'argent en 1827; Médaille d'or en 1834.

38 *Loumaillier* et *Froidot*, rue des Deux-Portes-Saint-Sauveur, n. 30 : Cotons retords.

39 *Begue*, à Paris, rue Paradis-Poissonnière, n. 32 : Fil de lin et étoupes.

40 *Piot* et *Jourdan* frères, à Paris, rue de Cléry, n. 9 : Tissus en laine, soie et laine, imprimés; divers Croisés pour meubles.

41 *Grégoire*, à Paris, rue de Charonne, n. 47 : Velours chinés, imitant la peinture.

42 *Dutrou*, à Paris, rue Saint-Denis, n. 343 : Rubans en tous genres.

43 *Chasseron* (le baron de), à Paris, rue de la Chaussée-d'Antin, n. 31 : Soie grège.

44 *Vauchelet*, à Paris, rue Charlot, n. 19 : Velours de coton et soie, imprimés et peints. Médaille d'argent en 1823 ; Rappel en 1834.

45 *Marie Hollot*, à Paris, place de la Bourse, n. 12 : Blondes et dentelles; Médaille de bronze en 1834.

46 *Payan*, à Paris, rue Vivienne, n. 13 : Broderie sur tulle, mousseline et batiste.

47 *Lhabitant-Guynet* et *Comp.*, à Paris, rue de Cléry, n. 25 : Batistes blanches et imprimées, Coutils, Guingans, etc.

48 *Hennecart*, à Paris, rue Neuve-Saint-Eustache, n. 5 : Gazes de soie.

49 *Schiertz*, à Paris, rue du Roule, n. 13 ; Tapis en fourrures diverses.

50 *Paris* frères, à Paris, rue d'Anjou-Dauphine, n. 11 : Tapis d'Aubusson et devants de lits.

51 *Sallandrouze*, à Paris, rue Taitbout, n. 15 : Tapis d'Aubusson.

52 *Rouget de Lisle*, à Paris, rue du Faubourg-Poissonnière, n. 8 : Métiers de haute et basse lisse, Pièces de tapisseries.

53 *Mouton* et *Josseaume*, à Paris, rue du Mail, n. 25 : Broderie au plumetis et en peints d'armes sur batiste, Mousseline et Jaconas. Mention honorable en 1827 ; Médaille de bronze en 1834.

N° MM.

54 *Dommanget* et *Hubault*, à Paris, rue du Mail, n. 6 : Broderies sur mousseline et batiste.

55 *Helbromer*, à Paris, rue de la Paix, n. 10 : Broderies et Tapisseries.

56 *Gérard*, à Paris, rue du Marché-Saint-Honoré, n. 2 : Tapisseries à l'aiguille, pour meubles.

57 *Vayson* frères, à Paris, rue de Grammont, n. 14 : Tapis de moquette.

58 *Dreuille*, à Paris, rue Grange-Batelière, n. 17 : Broderies au plumetis.

59 *Henry* aîné et fils, à Paris, rue Poissonnière, n. 13 : Tapisseries et Étoffes pour meubles.

60 *Lenormand*, à Paris, rue de la Paix, n. 26 : Broderies et Nouveautés.

61 *Martin* (veuve), à Paris, rue de Cléry, n. 6 : Broderie en or, argent, soie, etc.

62 *Henckel*, à Paris, rue Saint-Honoré, n. 65 : Fourrures, Tapis.

63 *Hauterive* et sœurs, à Paris, rue du Caire, n. 24 : Tapisseries et broderies sur canevas et sur étoffes.

64 *Beauvais*, à Paris, rue de l'Échiquier, n. 16 : Broderies sur étoffes.

65 *Baudouin* frères, à Paris, rue des Récollets, n. 3 : Cuirs vernis, Toiles cirées, Tapis imprimés, Équipements militaires et Produits bitumineux.

66 *Galibert* et *Sarraut*, à Paris, rue J.-J. Rousseau, n. 20 : Tubes imperméables en caoutchouc, Seringues nouvelles de toutes formes. Mention honorable en 1834.

67 *Champion*, à Paris, rue du Mail, n. 18 : Tissus imperméables, Mesures sur rubans. Médaille de bronze et Rappel en 1819, 1823, 1827, 1834.

68 *Rattier* et *Guibal*, à Paris, rue des Fossés-Montmartre, n. 4 : Tissus imperméables, élastiques, et Préparations diverses en caoutchouc. Médaille d'or en 1834.

69 *Carré*, à Paris, rue Simon-le-Franc, n. 8 : Impression en relief sur étoffe.

70 *Perès*, à Paris, rue du Faubourg-Saint-Denis, n. 105 : Stores en gaze.

71 *Bonjour*, à Paris, rue des Fossés-du-Temple, n. 77 : Toiles cirées, Devants de cheminée et tapis de table. Mention honorable en 1823.

72 *Blondin* frères et *Comp.*, à la Glacière, commune de Gentilly (Seine) : Impressions sur étoffes.

73 *Nalez*, à Paris, rue Jean-Robert, n. 27 : Tapis, Housses, Bonnets grecs, Cabats imprimés en relief.

74 *Augan*, à Paris, rue Traversière-Saint-Antoine, n. 18 : Tissus imprimés avec la gomeline, Produits de gomeline. Mention honorable en 1834.

Nos MM.

75 *Gatigny* (de) et *Comp.*, à Paris, rue Richelieu, n. 77 : Stores et Tapis vernis. Médaille d'argent en 1834.

76 *Morand*, à Paris, rue Baillet, n. 3 : Impressions en relief sur étoffes.

77 *Bemy* (de), à Paris, rue du Faubourg-Saint-Martin, n. 102 : Étoffes peintes pour robes et tentures d'appartement. Mention honorable en 1834.

78 *Charpaux* (madame) née *Gérard*, à Paris, rue Pelletier, n. 23 : Fleurs en cire.

79 *Chagot* frères, à Paris, rue Richelieu, n. 181 : Fleurs artificielles. Mention honorable en 1834.

80 *Clavel* (madame), à Paris, rue de l'Université, n. 116 : Fleurs en papier.

81 *Aimé* (mademoiselle), à Paris, rue des Saints-Pères, n. 26 : Fleurs artificielles en tous genres.

82 *Chevais*, à Paris, rue Sainte-Avoye, n. 44 : Tissus de lièvre pour la chapellerie.

83 *Guibout* et *Christofle*, à Paris, rue Saint-Denis, n. 121 : Passementerie métallique.

84 *Chouillou* fils, à Paris, rue Saint-Honoré, n. 75 : Gants en peau.

85 *Mulot*, à Paris, rue Vivienne, n. 18 : Gants en peaux.

86 *Truchy*, à Paris, rue de Jouy, n. 19 : Boutons en soie et cordonnet.

87 *Godillot*, à Paris, rue Saint-Denis, n. 278 : Malles, Porte-manteaux, et autres objets de sellerie.

88 *Spiegelhalter*, à Paris, place Vendôme, n. 26 : Culotterie, Ganterie.

89 *Durand*, à Paris, rue de l'Oursine, n. 7 : Cuirs (veaux tannés). Médailles d'argent en 1827 et 1834.

90 *Durand*, à Paris, rue Marie-Stuart, n. 8 : Buffles pour l'équipement militaire. Médailles d'argent en 1834.

91 *Stoltz*, à Paris, rue Saint-Honoré, n. 67 : Passementerie.

92 *Banes Louvet* et *Comp.*, à Paris, rue du Faubourg-Saint-Honoré, n. 71 : Passementerie pour meubles et nouveautés.

93 *Dieutegard*, à Paris, rue Saint-Denis, n. 358 : Rubanerie et Passementerie pour meubles.

94 *Gravelleau*, à Paris, rue de la Grande-Truanderie, n. 14 : Malles de voyage et Fourrures.

95 *Guillemot*, à Paris, rue du Faubourg-Saint-Denis, n. 30 : Galons pour voitures et livrées. Mentions honorables en 1827 et 1834.

96 *Berce*, à Paris, rue Mauconseil, n. 18 : Boutons pour uniformes et livrées.

97 *Bernheim Labouriau* et *Comp.*, à Paris, rue du Faubourg-Saint-Denis, n. 82 : Cuirs en relief.

N^s MM.

98 *Richard*, à Paris, rue Notre-Dame-de-Nazareth, n. 9 : Boutons gravés émaillés et ciselés.

99 *Nys* et *Comp.*, à Paris, rue de l'Orillon, n. 27 : Cuirs vernis de toutes couleurs. Médaille de bronze en 1827 ; Médaille d'argent en 1834.

100 *Ogereau*, à Paris, rue de Buffon, n. 5 : Cuirs tannés, corroyés et maroquinés.

101 *Heulte*, à Paris, rue Pastourelle, n. 5 : Cuirs, Peaux et Feutres vernis.

102 *Signy*, à Paris, rue Neuve-des-Petits-Champs, n. 15 : Brodequins sans lacet et à élastiques.

103 *Deplaye*, à Paris, rue Montmartre, n. 18 : Cuirs vernis.

104 *Deglesne*, à Paris, rue du Petit-Carreau, n. 18 : Peaux de chevreaux, dorées et noir lissées.

105 *Gauthier*, à Paris, rue Saint-Laurent, passage des Buttes, à Belleville (Seine) : Cuirs de vaches et veaux vernis.

106 *Dalican*, à Paris, rue Censier, n. 13 : Cuirs, Maroquins, Moutons maroquinés et veaux de couleurs.

107 *Camus*, à Paris, rue de la Grande-Truanderie, n. 36 : Feutres pour couverture d'édifices.

108 *Liegard*, à Paris, rue de l'Égout-Saint-Paul, n. 19 : Selles et harnais.

109 *Paturel*, à Paris, rue Saint-Martin, n. 98 : Fouets et cravaches en baleine et caoutchouc.

110 *Amiard*, à Paris, rue du Jardin-du-Roi, n. 21 : Colliers de chevaux.

111 *Musser*, à Paris, rue Richer, n. 15 : une Voiture en blanc.

112 *Fusz*, à Paris, rue des Deux-Portes-Saint-André-des-Arts, n. 4 : Voitures à ressorts doubles pincettes.

113 *Dameron*, à Paris, rue du Dragon-Saint-Germain, n. 25, 31 : Briska de ville et de voyage.

114 *Denompère* (Comte de Champagny), à Paris, rue du Helder, n. 3 : Etriers de luxe.

115 *Fimbel*, à Paris, rue Neuve-des-Mathurins, n. 13 : Voiture dite vourms.

116 *Guérin*, à Paris, passage Brady, n. 42 : Voitures d'enfants.

117 *Lecoq*, à Paris, rue de la Madeleine, n. 28 : Sellerie pour équipages.

118 *Quenedey*, à Paris, rue Neuve-des-Petits-Champs, n. 15 : Papier à calque, Pains à cacheter transparents. Médailles de bronze en 1823 ; Rappels en 1827, 1834.

119 *Boquet* et *Comp.*, à Paris, rue Richelieu, n. 1 : Encriers-pompes.

120 *Boumestant*, à Paris, rue Montmorency, n. 10 : Registres, Cires à cacheter, Presses à copier et encres.

121 *Herbin*, à Paris, rue Michel-le-Comte, n. 21 : Cires et pains à cacheter.

N^os MM.

122 *Deville-Chabrol*, à Paris, rue des Vieux-Augustins, n. 18 : Cire à cacheter. Médaille de bronze en 1834.

123 *Thibaudet*, à Paris, rue Saint-Jacques, n. 23 : Tampons à ressorts pour timbre et griffe.

124 *Robert*, à Paris, rue Saint-Martin, n. 138 : Registres sans couture dits agraphiques. Mention honorable en 1834.

125 *Prevost-Wenzel*, à Paris, rue Saint-Denis, n. 244 : Papiers pour fleuristes et cartonniers.

126 *Salleron*, à Paris, rue des Blancs-Manteaux, n. 22 : Papier d'or et d'argent, gaufré.

127 *Bonnot*, à Paris, rue Beautreillis-Saint-Antoine, n. 4 : Peintures sur papier de toutes dimensions.

128 *Droz* (veuve), à Paris, rue Saint-Antoine, n. 164 : Papier de verre.

129 *Daudrieu*, à Paris, place Saint-Michel, n. 8 : Papier marbré peint à la main et pouvant se laver.

130 *Fichtenberg*, à Paris, rue des Bernardins, n. 34 : Papiers marbrés, Crayons et impressions en couleurs à la congrève.

131 *Mader* et fils aîné, à Paris, rue de Montreuil, n. 1 : Papiers peints pour tentures. Médaille d'argent en 1834.

132 *Barbedienne*, à Paris, boulevart Poissonnière, n. 6, Papiers peints.

133 *Chavant*, à Paris, rue de Cléry, n. 9 : Papier réglé pour la mise en carte des dessins de châles et étoffes façonnées, papiers de couleurs.

134 *Bauerkeller* et *Comp.*, à Paris, rue Saint-Denis, n. 380 : Gaufrage et impressions en couleurs sur papier, Etoffes et métaux.

135 *Clanceau*, à Paris, faubourg Saint-Antoine, n. 123 : Papier métallique contre l'humidité.

136 *Durieux*, à Paris, rue des Moulins, n. 16 : Papiers filigranes, claires, opaques et ombrés. Médaille de bronze en 1823.

137 *Robert*, à Paris, rue Saint-Martin, n. 138 : Papier toile cirée. Mention honorable en 1834.

138 *Reguinot*, à Paris, rue Chapon, n. 4 : Cartonnage fin.

139 *Soultzener*, à Paris, rue Richelieu, n. 59 : Carrelage mosaïque.

140 *Servais*, à Paris, rue d'Enghien, n. 14 : Albâtres peints et vernis ; Bronzes.

141 *Bediaux*, à Paris, rue du Marché-Neuf, n. 40 : Marbrerie mosaïque.

142 *La Compagnie pour l'exploitation des marbres des Pyrénées*, à Paris, rue Bergère, n. 16 : Cheminées, Colonnes, Tables, Groupes et autres objets en marbre.

143 *Breton*, à Paris, rue Saint-Sébastien, n. 50 : Chambranles de cheminées en pierre de Saint-Aubin.

144 *Jaminet-Cornet*, à Paris, rue du Four-Saint-Germain, n. 26 : Fontaines en pierre factice d'un seul morceau et appareil polyfiltre.

N^os MM.

145 *Pourier*, à Paris, rue du Faubourg-Poissonnière, n. 3 *bis* : Pierres factices pour affiler les instruments tranchants, et mastic hermétique.

146 *Cicéri*, à Paris, rue du Faubourg-Poissonnière, n. 23 : Tables peintes imitant le marbre.

147 *Spilmann*, à Paris, rue Montmartre, n. 21 : Ardoises factices à l'usage des écoles élémentaires; Crayons.

148 *Roux* et *Comp.*, à Paris, rue Louis-le-Grand, n. 31 : Bitume-végéto-minéral pour dallage et objets d'ameublement.

149 *Baudouin*, à Paris, rue des Récollets, n. 3 : Produits bitumineux.

150 *Husbrocq*, à Paris, rue des Vertus, n. 2 : Paillons de poudre à dorer.

151 *Lefranc* frères, à Paris, rue du Four-Saint-Germain, n. 23 : Couleurs broyées pour tableaux, décors et bâtiments.

152 *Sarhnée* frères, à Paris, rue neuve de la Fidélité, n. 22 : Vernis, Encres et Couleurs. Mention honorable en 1834.

153 *Doé*, à Saint-Maur, près Paris (Seine) : Fers laminés et corroyés de tous échantillons.

154 *Bresson*, à Paris, rue Saint-Denis, n. 319 : Dorures sur bois; un Miroir, un Ornement de ronde bosse et baguettes.

155 *Favrel*, à Paris, rue du Caire, n. 27 : Or platine, argent, bronze, feuilles; Assortiment de livrets en poudre et en coquilles. Médaille d'argent en 1834.

156 *Jeanne*, à Paris, passage Choiseul, n. 66 et 68 : Dorures sur bois.

157 *Sorel* et *Comp.*, à Paris, rue des Trois-Bornes, n. 14 : Fers galvanisés, et peinture galvanique contre la rouille.

158 *Voisin* et *Comp.*, à Paris, rue Neuve-Saint-Augustin, n. 32 : Plombs coulés, Tuyaux étirés. Mention honorable en 1827; Médaille de bronze en 1834.

159 *Reydette* et *Comp.*, à Paris, rue Ménilmontant, n. 70 : Papiers peints, dorés et veloutés.

160 *Gandillot* et *Comp.*, à Labriche, commune d'Épinay (Seine) : Fers creux étirés et soudés à chaud.

161 *Regnier* et *Comp.*, à Paris, rue de la Roquette, n. 53 : Fers creux étirés et soudés.

162 *Reveilhac* et fils, à Paris, rue de la Roquette, n. 2 : Cuivre rouge laminé en feuilles carrées, rondes; Barres plates, rondes et carrées; Clous forgés. Médaille de bronze en 1834.

163 *Fugère*, à Paris, rue des Juifs, n. 24 : Cuivre verni pour décoration de salon.

164 *Hamard*, à Paris, rue de Bercy-Saint-Antoine, n. 10 : Laminage de plomb et zinc, et étirage. Médailles de bronze en 1819; Rappel en 1827, 1834.

165 *Menzel* et *Comp.*, à Paris, boulevart de Courcelles, n. 15 : Tuyaux en plomb et en étain.

166 *Clanrau*, à Paris, rue du Faubourg-Saint-Antoine, n. 123 : Feuilles d'étain pour l'étamage des glaces. Médaille de bronze en 1827.

N^os MM.

167 *Place*, à Paris, rue du Temple, n. 76 : Ardoises et châssis en zinc.

168 *Barré*, à Paris, rue de Chaillot, n. 53 : Quincaillerie en fonte.

169 *Agard*, à Paris, rue de l'Arcade, n. 26 : Chaudronnerie.

170 *Wingens* et *Sillobert*, à Paris, rue de l'Échiquier, n. 14 : Bronzes en poudre.

171 *Péchiney*, à Paris, quai Valmy, n. 43 : Maillechort ou argentan. Mention honorable en 1834.

172 *Quesnel*, à Paris, rue des Amandiers-Popincourt, n. 22 et 24 : Fabrication d'objets en bronze; Articles non ciselés.

173 *Thomire* et *Comp.*, à Paris, rue Blanche, n. 43 : Bronzes et dorures ciselés. Médaille d'or en 1806; Rappel en 1819, 1823, 1827, 1834.

174 *Marchand*, à Paris, rue Richelieu, n. 59 : Bronzes ciselés.

175 *Prœschel*, à Paris, boulevart Saint-Martin, n. 4 : Matelas élastiques perfectionnés; Matelas en substances végétales.

176 *Ledure*, à Paris, rue d'Angoulême, n. 25, au Marais : Bronzes ciselés. Médaille d'argent en 1819; Rappels en 1823, 1827, 1834.

177 *Vallet-Cornier*, à Paris, chaussée des Minimes, n. 3 : Bronzes. Mention honorable en 1827; Médaille de bronze en 1834.

178 *Paillard*, à Paris, rue de la Perle, n. 3 : Bronzes pour l'ameublement.

179 *Bordeaux*, à Paris, rue Saint-Sauveur, n. 14 : Ornements en cuivre ciselés et estampés; Sculpture et bois dorés pour décors des appartements.

180 *Marsaud*, à Paris, rue de la Perle, n. 14 : Galeries en thyrses pour croisées; Plafonds en cuivre estampé.

181 *Bauchery*, à Paris, boulevart Beaumarchais, n. 79 : Ornements en cuivre estampé.

182 *Balaine*, à Paris, rue du Faubourg-du-Temple, n. 93 : Orfévrerie, Plaqué sur or et sur argent. Médaille de bronze en 1827; Médaille d'argent en 1834.

183 *Odiot*, à Paris, rue l'Évêque-Saint-Roch, n. 1 : Orfévrerie pour table et décors. Médaille d'or en l'an IX; Rappel en 1806, 1819, 1823, 1827 et 1834.

184 *Veyrat* et fils, à Paris, rue de la Tour, n. 10 : Orfévrerie massive et doublée sur cuivre et fer. Médaille de bronze en 1827; Rappel en 1834.

185 *Merville*, à Paris, rue Fontaine-au-Roi, n. 20 : Tableaux et bas-reliefs ciselés.

186 *Lenglet*, à Paris, rue Bourg-l'Abbé, n. 32 : Orfévrerie de table.

187 *Durand*, à Paris, rue du Bac, n. 58 : Orfévrerie. Médaille d'argent en 1834.

188 *Bernauda*, à Paris, quai des Orfèvres, n. 32 : Bijouterie et objets d'arts.

189 *Noel*, à Paris, rue du Temple, n. 101 : Yeux artificiels en émail. Médaille de bronze en 1834.

Nos MM.

190 *Christofle*, à Paris, rue Montmartre, n. 76 : Bijouterie d'or et d'argent, Tissus brochés, Damas d'argent fin.

191 *Peyret*, à Paris, rue Michel-le-Comte, n. 31 : Bijoux en doublé d'or.

192 *Christofle*, à Paris, rue Montmartre, n. 76 : Assortissement de cartes de boutons.

193 *Valès*, à Paris, rue du Temple, n. 71 : Perles fines et ordinaires. Mentions honorables en 1827 et 1834.

194 *Gréer*, à Paris, rue Saint-Martin, n. 193 : Perles fausses.

195 *Houdaille*, à Paris, rue Saint-Martin, n. 171 : Bijouterie, imitation d'or; Fer de Berlin et Iris. Mentions honorables en 1827 et 1834.

196 *Delamarre*, à Paris, rue des Fontaines, n. 15 : Imitation de diamant et de pierres de couleur.

197 *Richard*, à Paris, rue Grenier-Saint-Lazare, n. 41 : Bijouterie de deuil. Médaille de bronze en 1834.

198 *Marion-Bourguignon*, à Paris, passage de l'Opéra, galerie de l'Horloge, 19 et 20 : Pierres artificielles, Bijoux imités. Médaille de bronze en 1834.

199 *Gineston*, à Sèvres, rue Royale, n. 43, près Paris (Seine) : Émaux.

200 *Celis*, à Paris, rue du Faubourg-du-Temple, n. 60 : Brunissoires en ématides et en agathes.

201 *Granger*, à Paris, rue de Bondy, n. 72 : Objets de luxe pour théâtres, Bijouterie dorée et armures.

202 *Hallberg*, à Paris, rue Neuve-Bourg-l'Abbé, n. 8 : Perles fausses.

203 *Dordet*, à Paris, rue des Fossés-Montmartre, n. 9 : Coutellerie. Mention honorable en 1834.

204 *Parfu*, à Paris, rue Duphot, n. 4 : Rasoirs, à l'exception de l'hygromètre et du thermomètre.

205 *Grondard*, à Paris, rue Jean-Robert, n. 17 : Tubes en fer, en cuivre, etc. Médaille de bronze en 1834.

206 *Duda*, à Paris, rue Vieille-du-Temple, n. 123 : Équipements militaires, Ustensiles de cuisine, Vis cylindriques en fer, cuivre, etc. Citation en 1827; Mention honorable en 1834.

207 *Lemare* (veuve), à Paris, quai Conti, n. 3 : Caléfacteurs, Cafetiers cylindriques. Médaille d'argent en 1823; Rappels en 1827, 1834.

208 *Schmidt*, à Paris, avenue de Ménilmontant, n. 24 : Limes en acier fondu. Médaille de bronze en 1823; Médaille d'argent en 1823.

209 *Pieren*, à Paris, rue Quincampoix, n. 17 : Poteries d'étain.

210 *Croutsch*, à Paris, rue Notre-Dame-de-Nazareth, n. 19 : Filières à tirer au banc, Jauges à fil de fer.

211 *Mongin*, à Paris, rue des Juifs, n. 11 : Scies, Ressorts-bandages, etc. Médaille de bronze en 1823 : Médaille d'argent en 1827; Rappel en 1834.

212 *Clicquot*, à Paris, rue Beaubourg, n. 50 : Outils à l'usage des bijoutiers. Mention honorable en 1827.

N^s MM.

213 *Degouzée* et *Comp.*, à Paris, rue Chabrol, n. 35 : Outils de sondage.

214 *Hutin*, à Paris, rue Saint-Honoré, n. 94 : Outils à l'usage des doreurs sur bois.

215 *Piat*, à Paris, quai Pelletier, n. 22 : Engrenages, Tours, Outils, Pièces détachées pour les filatures.

216 *Sirhenry* et *Comp.*, Neuilly-sur-Seine, avenue de Madrid : Grosse quincaillerie, Outils aratoires, Cloches, Coutellerie, Armes blanches.

217 *Becquet*, à Paris, rue Dupetit-Thouars, n. 25 : Tréfilerie, Bronze.

218 *Blanchard*, à Paris, rue des Gravilliers, n. 37 : Outils de sellerie. Médaille de bronze en 1827 ; Rappel en 1834.

219 *Derosselle*, à Paris, rue Planche-Mibray, n. 1 : Outils à l'usage des bouchers et des corroyeurs.

220 *Guny* frères, à Paris, rue de Montreuil, n. 59 : Taillanderie à l'usage des bouchers et des charcutiers.

221 *Hubert* et *Gérard*, à Paris, rue Saint-Antoine, n. 195 : Outils pour la menuiserie, l'ébénisterie et les facteurs de pianos.

222 *Beutté*, à Paris, rue Saint-Honoré, n. 274 et 276 : Serrurerie et quincaillerie. Mention honorable en 1834.

223 *Lesgent-Oriac*, à Paris, rue Bourg-l'Abbé, n. 22 : Cuillers et fourchettes en fer et en étain.

224 *Armbruster*, à Paris, rue Phelippeaux, n. 27 : Limes et râpes. Mention honorable en 1827 et 1834.

225 *Larauza*, à Paris, rue de Trévise, n. 9 : Clous d'épingles et clous à souliers.

226 *Rousseville*, à Paris, rue Saint-Denis, 25, passage du Renard : Couverts de métal et poterie d'étain.

227 *Félix*, à Paris, rue des Marmouzets, 36 (Cité) : Flambeaux à mouchettes, Lustres, Bougeoirs.

228 *Chamouton*, à Paris, rue du Monceau-Saint-Gervais, n. 13 et 15 : Outils de forge et autres. Médaille de bronze en 1834.

229 *Klein* fils, à Paris, passage Saint-Antoine, n. 35 : Outils d'ébénisterie et de menuiserie.

230 *Jossy*, à Paris, rue du Vertbois, n. 33 : Ferblanterie.

231 *Froid*, à Paris, passage de l'Industrie, n. 6 : Limes. Mention honorable en 1834.

232 *Boulland*, à Paris, rue Rochechouart, n. 31 : Limes.

233 *Gilbert Michuy*, à Paris, rue Notre-Dame-de-Nazareth, n. 22 : Mouvements d'horloges, Tournebroches, Cafetières, Plateaux en doublé, etc.

234 *Galle*, à Paris, rue de la Chaise, n. 10 : Chaînes à engrenages et autres. Médaille d'argent en 1834.

235 *Monniot*, à Paris, rue du Faubourg-Saint-Antoine, n. 163 : Ferrures de flèches.

N^os MM.

236 *Derolan* et *Drouchin*, à Paris, rue de Charonne, n. 25 : Limes et Machines à affûter les scies.

237 *Grangoir*, à Paris, boulevart Poissonnière, n. 6 : Serrures à combinaisons, etc. Médaille de bronze en 1834.

238 *Huret*, à Paris, boulevart des Italiens, n. 2 : Caisses, Coffres-forts, Serrures à combinaisons, Lits en fer et en bronze doré. Médaille d'argent en 1819; Rappels en 1823, 1827, 1834.

239 *Schmitt*, à Paris, rue de la Tannerie, n. 12 : Étaux, Enclumes, Grosses pièces de forge.

240 *Cosnuau*, à Paris, rue Saint-Denis, n. 302 : Mécaniques, Tournebroches, Serrurerie.

241 *Laurent*, à Paris, rue d'Antin, n. 6 : Un modèle de croisées à fermeture crémaillère.

242 *Geslin*, à Paris, rue Basse-du-Rempart, n. 36 : Lits en fer. Médaille de bronze en 1834.

243 *Naudin*, à Paris, rue du Cherche-Midi, n. 64 : Ferrure complète d'un timon de voiture en fer français, Pièces de carrosserie de forge.

244 *Dormoy-Rohan*, à Paris, place du Chevalier-du-Guet, n. 12 : Essieux et boîtes de roues.

245 *Delaforge*, à Paris, rue de Pontoise, n. 10 : Soufflets de forge, de fonderie, de boucherie, et forges portatives. Mention honorable en 1827; Médaille de bronze en 1834.

246 *Evrat*, à Paris, rue Saint-Jacques-la-Boucherie, n. 15 : Souliers imperméables.

247 *Lefebure*, à Paris, rue Dauphine, n. 41 : Serrurerie et objets en fonte. Mention honorable en 1834.

248 *Fichet*, à Paris, rue de Richelieu, n. 77 : Haute serrurerie. Médaille de bronze en 1834.

249 *Bricard* et *Gauthier*, à Paris, rue Pavée-Saint-Sauveur, n. 3 : Serrurerie et ferrures pour les bâtiments; Cylindres cannelés à l'usage des filatures.

250 *Motheau*, à Paris, rue Royale-Saint-Honoré, n. 12 : Coffres-forts à fermeture de sûreté.

251 *Henry*, à Paris, rue Poissonnière, n. 13 : Lits en fer.

252 *Le Paul*, à Paris, rue de la Paix, n. 2 : Coffres-forts, Objets de haute serrurerie.

253 *Mignard Billinge*, à Paris, boulevart de la Chopinette, n. 26 : Tréfilerie d'acier.

254 *Delarue* et *Gautier*, à Paris, rue du Monceau-Saint-Gervais, n. 6 : Outils d'agriculture, de jardinage, et à l'usage des charrons, tonneliers, menuisiers, etc. Médaille de bronze en 1827; Rappel en 1834.

255 *Quentin-Durand*, à Paris, rue Grange-aux-Belles, n. 15 : Machines à l'usage de la culture. Médaille de bronze en 1823; Rappel en 1827 et 1834.

256 *Desormes*, à Paris, rue Cloche-Perche, n. 16 : Ruches pour abeilles.

N^os MM.

257 *Vidal*, à Paris, rue du Cimetière-Saint-Nicolas, n. 28 : Appareil de cuite pour la fabrication du sucre indigène.

258 *Poissant*, à Paris, rue Mondetour, n. 18 : Moulin, Pétrin mécanique, Four portatif. Médaille de bronze en 1834.

259 *Desouches-Fayard*, à Paris, quai d'Austerlitz, n. 7 : Peso-Stère, Scie circulaire à vapeur. Médaille de bronze en 1834.

260 *Cournot*, à Paris, rue de Vaugirard, n. 96 : Machines à broyer les graines.

261 *Philippe*, à Paris, rue Château-Landon, n. 17, 19 : Machines diverses. Médaille d'or en 1834.

262 *Gautier* et *Emery*, à Paris, avenue de Villars, n. 2 : Extracteurs de sucre de betteraves et Chaudière d'évaporation par la vapeur.

263 *Chavepeyre*, à Paris, quai Valmy, n. 103 : Appareils et Chaudières à vapeur. Médaille de bronze en 1834.

264 *Frimot* et *Combes*, à Paris, rue de Vendôme, n. 2 : Machines à vapeur.

265 *Judas* (*Remi*), à Paris, rue Cadet, n. 23, et rue Coquenard, n. 1 : Cardage de laine et de crin.

266 *Hermann*, à Paris, rue de Charenton, n. 102 : Machines à vapeur.

267 *Ehremberg*, à Paris, rue de Charonne, n. 24 : Machines pour travailler le bois. Mentions honorables en 1823, 1827, 1834.

268 *Galy-Cazalat*, à Paris, rue des Trois-Bornes, n. 13 *bis* : Machines à vapeurs et autres appareils.

269 *Clair*, à Paris, rue du Cherche-Midi, n. 93 : Modèle de magnanerie, Modèle de projet pour élever les eaux près le pont Notre-Dame, Tableaux de vers à soie, Modèle de pont.

270 *Tissier* et *Beugé*, à Paris, rue des Vieux-Augustins, n. 62 et 64 : Presses, Coffres, Serrures. Médaille de bronze en 1823 ; Rappel en 1827.

271 *Chomeau*, à Paris, rue Quincampoix, n. 63 : Une Pompe et une Machine dite broyeuse.

272 *Combes*, à Paris, rue de Seine, n. 64 : Roue hydraulique, Ventilateur.

273 *Eck*, à Paris, rue de Grenelle-Saint-Germain, n. 48 : Scierie mécanique.

274 *Eck*, à Paris, rue de Grenelle-Saint-Germain, n. 48 : Nouveau modèle de beffroi en pierre, à récipient mobile.

275 *Louvois* (le marquis de), à Paris, rue du Faubourg-Saint-Honoré, n. 110 : Modèle pour la navigation des rivières et leur canalisation mobile.

276 *Rouffet*, à Paris, rue du Marché-Neuf, n. 6 ; Machines à vapeur de différents systèmes.

277 *Chrétien*, à Paris, rue du Faubourg-du-Roule, n. 32 : Mécanique pour cardage en fil, coton, laine, soie et crin.

N^os MM.

278 *Roger*, à Paris, place du Panthéon : Battant brocheur et étirage de cuivre et d'acier. Mention honorable en 1834.

279 *Pelletier*, à Paris, rue Saint-Denis, n. 71 : Moulin pour la fabrication du chocolat.

280 *Constantin* et fils, à Paris, rue des Canettes, n. 5 : Presses pour la fabrication des pâtes d'Italie et du vermicelle.

281 *Kaulek*, à Paris, rue Saint-Antoine, n. 31 : Différentes Machines.

282 *Pichet* et *Comp.*, à Paris, avenue Parmentier, n. 3 : Métiers et Machines. Médaille de bronze en 1823; Médaille d'argent en 1827; Médaille d'or en 1834.

283 *Fourneyron*, à Paris, rue de Trévise, n. 5 : Moteurs hydrauliques.

284 *Pecqueur*, à Paris, rue Neuve-Popincourt, n. 11 : Machines à vapeur, Presse continue, etc.

285 *Brocchi*, à Passy, rue de la Pompe, n. 9 : Un Appareil pour la fabrication du gaz.

286 *Saint-Étienne* père et fils, à Paris, rue d'Arcole, n. 1 : Machines propres à la fabrication de la fécule, de l'amidon, etc. Médaille de bronze en 1834.

287 *Lespinasse*, à Paris, rue de Belle-Chasse, n. 44 : Modèle de four à cuire le pain.

288 *Manceau*, à Paris, rue d'Orléans, n. 12 : Modèles de Haquets et de Carrioles et Stores emboîtés.

289 *Huet*, à Paris, rue Neuve-des-Capucines, n. 5 : Différentes Machines. Mention honorable en 1834.

290 *Leda*, à Paris, rue de Grenelle-Saint-Germain, n. 61 : Pompes aspirantes et refoulantes.

291 *Baudot*, à Paris, rue des Marais-du-Temple, n. 10 : Scie circulaire.

292 *Faulcon*, à Paris, rue Jacob, n. 50 : hôtel de Hambourg : Modèle de machine locomotive.

293 *Stolz* et *Comp.*, à Paris, rue Coquenard, n. 22 : Tamis mécaniques, Pompes, Râpes, etc. Citation en 1834.

294 *Stolz* fils, à Paris, rue Coquenard, n. 2 : Machine pour la fabrication des clous d'épingles.

295 *Sorel*, à Paris, rue des Trois-Bornes, n. 60 : Appareils de sûreté contre l'explosion des chaudières, Régulateur du feu. Mention honorable en 1834.

296 *Dieudonnat*, à Paris, rue Saint-Maur-Popincourt, n. 12 : Machines, Maillons de verre, plomb et fil de fabrique pour le montage des métiers. Mention honorable en 1827; Médaille d'argent en 1834.

297 *Conde*, à Paris, rue du Faubourg-du-Temple, n. 18 : Mécanique pour la fabrication des pointes. Médaille de bronze en 1834.

298 *Haize*, à Paris, rue du Faubourg-Saint-Martin, n. 84 : Pompes et Pétrins. Médaille de bronze en 1834.

Nos MM.

299 *Bourdon*, à Paris, rue du Faubourg-du-Temple, n. 74 : Machines à vapeur et Presses hydrauliques.

300 *Perreve*, à Paris, rue de la Ferme-des-Mathurins, n. 13 : Appareils pour le chauffage au bois et au charbon de terre.

301 *Moulinet*, à Paris, quai Jemmappes, n. 162 : Plans d'une machine à vapeur.

302 *Rabot*, à Paris, rue Phelippeaux, n. 15 : Chars dits de sauvetage contre l'incendie.

303 *Blanchin*, à Paris, rue du Faubourg-Saint-Martin, n. 98 : Différentes mécaniques. Médaille de bronze en 1834.

304 *Dietz*, à Paris, rue Marbeuf, n. 11 : Machine à vapeur.

305 *Raymond*, à Paris, rue du Faubourg-du-Temple, n. 116 et 118 : Machine à vapeur à haute pression.

306 *Leroy*, à Paris, Palais-Royal, n. 13 et 15 : Montres et pendules de voyage. Médaille de bronze en 1834.

307 *Garnier*, à Paris, rue Taitbout, n. 8 *bis* : Horlogerie de précision. Médaille d'argent en 1827 ; Rappel en 1834.

308 *Lerebours*, à Paris, place du Pont-Neuf, n. 13 : Instruments d'optique, de physique, de mathématiques, d'astronomie et de marine. Médaille d'or en 1823 ; Rappel en 1827 ; Nouvelle Médaille d'or en 1834.

309 *Bégognant*, à Paris, rue de la Bienfaisance, n. 32 : Pendule à équation, nouveau système.

310 *Gavard*, à Paris, rue du Marché-Saint-Honoré, n. 4 : Instruments de précision. Médaille d'argent en 1834.

311 *Delamarche*, à Paris, rue du Jardinet, n. 12 : Globes, Sphères, Machines géocycliques.

312 *Brocot*, à Paris, rue d'Orléans (Marais), n. 15 : Régulateur-pendule de cheminée. Médaille de bronze en 1827 ; Rappel en 1834.

313 *Kruines*, à Paris, quai de l'Horloge, n. 61 *bis* : Instruments d'optique et de mathématiques. Mention honorable en 1827 ; Médaille de bronze en 1834.

314 *Callaud*, à Paris, rue Montesquieu, n. 6 : Horlogerie. Mention honorable en 1834.

315 *Bodeur*, à Paris, place Dauphine, n. 2 et 4 : Instruments de précision à l'usage des sciences.

316 *Neubert*, à Paris, rue Sainte-Avoye, n. 14 : Instruments de précision.

317 *Wagner* neveu, à Paris, rue Montmartre, n. 118 : Instruments et machines spéciales. Mentions honorables en 1827 et 1834.

318 *Motel*, à Paris, rue de l'Abbaye, n. 12 : Chronomètres ou montres marines. Médaille d'argent en 1827 ; Médaille d'or en 1834.

319 *Wagner*, à Paris, rue du Cadran, n. 39 : Horloges publiques. Médailles d'argent en 1819, 1823 et 1827 ; Rappel en 1834.

N^os MM.

320 *Margras*, à Paris, rue Neuve-Saint-Méry, n. 15 : Lunettes dites jumelles.

321 *Berolla*, à Paris, rue de la Tour, n. 2 : Pendules portatives et de voyage.

322 *Richer* frères, à Paris, rue du Harlay, n. 5, au Marais : Instruments à l'usage des sciences. Médaille d'argent en 1819.

323 *Larivière*, à Paris, rue Aumaire, n. 3 et 5 : Mesures linéaires.

324 *Boeringer* frères, à Paris, boulevart Poissonnière, n. 18 : Instruments de mathématiques et de précision.

325 *Niot*, à Paris, rue Mandar, n. 10 : Horloges, Tourne-broches et diverses mécaniques.

326 *George*, à Paris, rue Saint-Denis, n. 374 : Pendules, Vases, Corbeilles.

327 *Desbordes*, à Paris, rue Ménilmontant n. 3 : Instruments de mathématiques, de physique, d'optique et modèles de machines à vapeur.

328 *Brisbart-Gobert*, à Paris, quai Pelletier, n. 12 : Pièces d'horlogerie détachées, Clefs de montres, Chaînettes, etc.

329 *Bourdin*, à Paris, rue de la Paix, n. 24 : Montres de précision, Pendules, Régulateurs, etc.

330 *Roger* et *Comp.*, à Paris, Palais-Royal, galerie Montpensier, n. 27 : Pendules.

331 *Bonnet*, à Paris, rue Grenetat, n. 16 : Mesures linéaires.

332 *Vaude* et *Jeanray*, à Paris, rue des Guillemites, n. 2 : Instruments de précision, Mesures linéaires en cuivre à tirage.

333 *Briet*, à Paris, rue des Gravilliers, n. 22 : Pendules à réveil donnant de la lumière sans le secours de la main.

334 *Deleuil*, à Paris, rue Dauphine, n. 22 et 24 : Instruments de physique, Balances de précision, etc. Mentions honorables en 1823 et 1827; Médaille de bronze en 1834.

335 *Meunier*, à Paris, rue Grenier-Saint-Lazare, n. 7 ; Clefs dites breguet pour montres et pendules.

336 *Allevy*, à Paris, passage de Tivoli, n. 19 : Cadran perpétuel à quantième.

337 *Robert*, à Paris, rue du Coq-Saint-Honoré, n. 8 : Montres, Pendules et Instruments d'observateur. Médaille d'argent en 1834.

338 *Lebrun*, à Paris, rue du Temple, n. 30 : Instruments d'optique et de mathématiques.

339 *Breton*, à Paris, rue Servandoni, n. 4 : Instruments de physique, de mathématiques et de chimie.

340 *Marchand*, à Paris, rue des Lavandières-Sainte-Opportune, n. 2 : Horlogerie.

341 *Rossin*, à Paris, rue du Bac, n. 1 : Instruments d'optique.

Nos MM.

342 *Vaurien Chardame*, à Paris, rue d'Orléans-Saint-Honoré, n. 12 : Célérimètre.

343 *Charbonnier*, à Paris, Vaugirard, grande rue, n. 209 : Horlogerie.

344 *Billant*, à Paris, rue Saint-Jacques, n. 30 : Instruments de physique.

345 *Chevalier*, à Paris, rue Neuve-des-Bons-Enfants, n. 1 : Instruments d'optique. Médaille d'or en 1834.

346 *Soleil*, à Paris, rue Saint-Honoré, n. 156 : Appareils lenticulaires de phares et feux de ports. Médaille d'argent en 1823; Rappel en 1827 et 1834.

347 *Chevalier*, à Paris, quai de l'Horloge, n. 69 : Instruments de physique. Médaille d'argent en 1819; Rappel aux expositions suivantes.

348 *Dumoutier*, à Paris, quai des Augustins, n, 59 : Montres marines, Régulateurs, Chronomètres.

349 *Lechevalier*, à Paris, rue Saint-André-des-Arts, n. 63 : Horloges et Pendules.

350 *Ernst*, à Paris, rue de Lille, n. 11 : Instruments de mathématiques, de physique et de chimie.

351 *Grus*, à Paris, rue Saint-Louis au Marais, n. 60 : Pianos carrés et pianos droits. Mention honorable en 1834.

352 *Clara-Marqueron*, à Paris, rue Rochechouart, n. 22 : Pianos carrés.

353 *Gibaut*, à Paris, rue de la Chaussée-d'Antin, n. 38 *bis* : Pianos droits. Mention honorable en 1834.

354 *Hatzenbuhler*, à Paris, faubourg Saint-Antoine, n. 63 : Pianos de différentes formes.

355 *Hintermayer*, à Paris, rue Saint-Honoré, n. 414 : Pianos carrés et autres.

356 *Koska*, à Paris, rue Sainte-Croix-de-la-Bretonnerie, n. 14 : Pianos carrés, pianos droits.

357 *Rosellen* frères, à Paris, passage de l'Industrie, n. 9 : Pianos.

358 *Leblanc*, à Paris, rue de Jouy, n. 11 : un Piano à queue.

359 *Baron*, à Paris, rue de Crussol, n. 10 : un Piano.

360 *Montal* (*Claude*), à Paris, rue de Bussy, n. 19 : Pianos.

361 *Hesselbein*, à Paris, rue J.-J. Rousseau, n. 8 : Pianos.

362 *Raoult*, à Paris, rue des Fossés-Montmartre, n. 14 : Pianos de toutes formes.

363 *Eslanger*, à Paris, rue Montorgueil, n. 8 : Pianos.

364 *Giraud*, à Paris, rue de la Boule-Rouge, n. 11 : Pianos.

365 *Guerber*, à Paris, rue Vivienne, n. 38 *bis* : Pianos.

366 *Roger*, à Paris, rue de Seine-Saint-Germain, n. 32 : Pianos.

367 *Côte*, à Paris, rue Grange-Batelière, n. 21 : Pianos.

368 *Busson*, à Paris, rue Mandar, n. 3 : Pianos.

369 *Mercier*, à Paris, rue Basse-Saint-Pierre, n. 4 : Pianos.

N^os MM.

370 *Vandeventez*, à Paris, rue Saint-Denis, n. 58 : Pianos.

371 *Thomas*, à Paris, rue Saint-Denis, n. 101 : Pianos.

372 *Schmidt*, à Paris, rue Bourbon-Villeneuve, n. 20 : Pianos.

373 *Kriegelstein* et *Plantade*, à Paris, boulevart Montmartre, n. 8 : Pianos à queue, carrés et droits. Médaille d'argent en 1834.

374 *Domeny*, à Paris, rue du Faubourg-Saint-Denis, n. 107 : Pianos et Harpes. Médaille d'argent en 1834.

375 *Bell* père et fils, à Paris, rue Saint-Denis, n. 356 : Pianos.

376 *Liegaut*, à Paris, rue Saint-Anastase, n. 6 : Pianos.

377 *Erard*, à Paris, rue du Mail, n. 13, 21 : Pianos.

378 *Pleyel* et *Comp.*, à Paris, rue de Rochechouart, n. 20 : Pianos.

379 *Pape*, à Paris, rue des Bons-Enfants, n. 19 : Pianos.

380 *Darche* et *Granjon*, à Paris, rue des Fossés-Montmartre, n. 7 : Orgues d'églises.

381 *Marix*, à Paris, rue du Faubourg-Montmartre, n. 4 : Orgues expressives.

382 *Larroque*, à Paris, rue de Tournon, n. 15 : Orgues.

383 *Duvernoy*, à Paris, rue Montmorency, n. 6 : Orgues expressives.

384 *Bernardel*, à Paris, rue Croix-des-Petits-Champs, n. 43 : Violons, Altos, Basses et Contre-Basses. Médaille de bronze en 1827 ; Rappel en 1834.

385 *Leclerc*, à Paris, rue des Enfants-Rouges, n. 2 : Nouvel instrument de musique nommé Mélophone.

386 *Isoard*, à Paris, rue des Juifs, n. 21 : Pianos.

387 *Chanot*, à Paris, rue de Rivoli, n. 26 : Violons, Basses, Contre-Basses, etc.

388 *Cheilliot*, à Paris, rue Saint-Honoré, n. 336 : Harpes.

389 *Peccatte*, à Paris, rue d'Angivilliers, n. 18 : Archets pour violon et basse.

390 *Lacote*, à Paris, rue de Louvois, n. 10 : Guitares.

391 *Raoux*, à Paris, rue Serpente, n. 11 : Instruments en cuivre.

392 *Guichard*, à Paris, Cloître-Notre-Dame, n. 6 : Instruments en cuivre.

393 *Adlez*, à Paris, rue Mandar, n. 8 : Instruments à vent.

394 *Laurent*, à Paris, Palais-Royal, galerie de pierre, n. 65 : Flûtes en cristal et en bois.

395 *Winnen*, à Paris, rue Saint-Denis, n. 398 : Flûtes, Clarinettes, Hautbois, etc.

396 *Buffet*, à Paris, rue du Bouloy, n. 4 : Clarinettes. Médaille de bronze en 1834.

397 *Courtois* neveu, à Paris, rue des Vieux-Augustins, n. 34 : Cornets à piston.

N^os MM.

398 *Buffet* fils, à Paris, passage de l'Ancien-Grand-Cerf, n. 2 : Flûtes et Flageolets.

399 *Goyon*, à Paris, rue des Vieux-Augustins, n. 40 : Produits chimiques pour conserver le brillant aux mosaïques, aux cuirs, etc. Mentions honorables en 1827 et 1834.

400 *Regnier*, à Paris, rue Chapon, n. 3 : Bougies stéariques.

401 *Fastier*, à Paris, rue Neuve-Saint-Eustache, n. 41 : Conserves de substances alimentaires.

402 *Tesson*, à Colombes (Seine) : Huile de pieds de bœuf et de mouton, Colle-forte. Mentions honorables en 1827 et 1834.

403 *Dejernon*, à Paris, rue Carpentier, n. 4 : Enduit et mastic destiné à remplacer les ardoises à l'usage des élèves des écoles mutuelles.

404 *Milly* (de), à Paris, rue Rochechouart, n. 40 : Bougies dites de l'Étoile.

405 *Degrand*, à Paris, boulevart du Temple, n. 38 : Conserves de substances alimentaires.

406 *Dezobry*, à Paris, rue du Faubourg-Poissonnière, n. 4 : Conserves de fruits et légumes.

407 *Feyeux*, à Paris, rue Taranne, n. 16 : Pâtes alimentaires.

408 *Chomeau*, à Paris, rue Quincampoix, n. 63 : Chocolats.

409 *Menier*, à Paris, rue des Lombards, n. 37 : Gruaux, Orges perlées, Chocolats. Médaille d'argent en 1834.

410 *Languereau*, à Paris, passage Choiseuil, n. 12, 14 · Farines de légumes cuits, Pâtes.

411 *Jacob* et *Comp.*, route d'Allemagne, n. 115, à la Petite-Villette : Dextrine, et appareil chirurgical.

412 *De Chauvigny de Blot*, aux Batignolles, rue de l'Église, n. 7 : Moutarde digestive.

413 *Groult*, à Paris, rue Sainte-Appoline, n. 16 : Pâtes et farines pour potages et purées.

414 *Jannet*, à Paris, rue des Trois-Bornes, n. 1 : Orseille.

415 *Beauvallet*, à Vaugirard, Grande-Rue, n. 33 : Sucres cristallisés aromatisés.

416 *Pelletier*, *Delondre* et *Levaillant*, à Paris, rue Vieille-du-Temple, n. 19 : Sulfate de quinine et autres sels de quinquina.

417 *Leperdriel*, à Paris, rue du Faubourg-Montmartre, n. 78 : Produits pharmaceutiques.

418 *Desseyre*, à Paris, rue des Acacias, n. 5 : Vernis divers et matières colorantes des bois de teinture.

419 *Colville*, à Paris, rue des Vinaigriers, n. 24 : Couleurs pour peindre sur porcelaine, émail, verre et toutes sortes de poteries.

420 *Poncet*, à Paris, rue Saint-Denis, n. 99 : Teinture sur tissus de laine.

421 *Ledansour* et *Delaruelle*, à Paris, rue du Petit-Thouars, n. 20 : Crayons pour le dessin et de toutes couleurs.

N^os MM.

422 *Baube*, à Paris, rue de la Tixeranderie, n. 25 : Couleurs à l'alcool. Citation en 1834.

423 *Poinssot*, à Paris, rue Saint-Martin, n. 73 : Couleurs fines en tablettes et en écailles.

424 *Panier*, à Paris, rue Vieille-du-Temple, n. 75 : Couleurs superfines pour tous les genres de peintures.

425 *Klein*, à Paris, rue Saint-Honoré, n. 361 : Teinture en réserve des Châles de cachemire et dépiquage des étoffes.

426 *Mourot* et *Denis*, à Paris, rue Saint-Martin, n. 228 : Teinture fixe sur peaux.

427 *Dutfoy*, à Paris, rue du Plâtre-Saint-Jacques, n. 28 : Couleurs fines en tablettes.

428 *Carré* et *Barraude*, à Paris, rue des Cinq-Diamants, n. 11 : Teinture fixe pour la chaussure et la ganterie.

429 *Guitton*, à Paris, rue des Vieux-Augustins, n. 58 : Cirages vernis et autres.

430 *Michel*, à Puteaux (Seine) : Extraits de matières colorantes.

431 *Gobert*, à Paris, rue Blanche, n. 3 : Couleurs extraites de la garance.

432 *Panay*, à Puteaux, rue de Surènes (Seine) : Extraits de matières colorantes des bois de teinture.

433 *Lange-Desmoulin*, à Paris, rue du Roi-de-Sicile, n. 32 : Vermillon.

434 *Dorin*, à Paris, rue Grenier-Saint-Lazare, n. 27 : Rouge végétal, blanc végétal.

435 *Cruel*, *Trempé* et *Bernheim*, à la Villette, Grande-Rue : Peaux teintes et mégissées.

436 *Berville*, à Paris, rue de la Chaussée-d'Antin, n. 29 : Couleurs préparées pour l'aquarelle.

437 *Fonrouge*, à Paris, rue Rousselet-Saint-Germain, n. 14 : Tuyaux de cheminées en terre cuite.

438 *Brisset-Azambre* et *Comp.*, à Paris, rue Richer, n. 38 : Faïence fine imitant la porcelaine.

439 *Bontems-Lormier* et *Comp.*, à Choisy-le-Roi (Seine) : Cristaux, Verres à vitre, Cylindres, Verres coloriés, Vitraux, Flintglass et Crownglass. Médailles d'argent en 1823, 1827 et 1834.

440 *Souillard*, à Paris, rue du Helder, n. 13 : Médailles et matières plastiques. Mention honorable en 1834.

441 *Dutremblay*, à Chaillot (Seine) : Peinture sur porcelaine.

442 *Masson* frères, à Paris, rue de la Roquette, n. 39 : Articles de faïence à l'usage des parfumeurs, vinaigriers, etc.

443 *Rouveaux*, à Paris, rue Transnonain, n. 42 : Poteries pour le bâtiment.

444 *Desfossés* frères, à Paris, rue de Bondy, n. 72 : Couleurs pour peindre sur porcelaine.

N°s MM.

445 *Tinet*, à Paris, rue du Bac, n. 29 : Porcelaines et cristaux.

446 *Disery-Talmours*, à Paris, rue Popincourt, n. 68 : Porcelaines.

447 *Margaine* et *Dubois*, à Paris, rue de la Borde, n. 7 : Porcelaines.

448 *Class*, à Paris, rue Pierre-Levée, n. 8 : Porcelaines, Mouffles de peintres et d'émailleurs.

449 *Vion*, à Paris, rue de Bondy, n. 10 : Décors sur porcelaine.

450 *Honoré*, à Paris, boulevart Poissonnière, n. 4 : Porcelaines blanches et décorées. Mention honorable en 1827; Médaille de bronze en 1834.

451 *Rousseau*, à Paris, rue Ménilmontant, n. 108 : Peinture et dorure sur porcelaine.

452 *Jacob-Petit*, à Paris, rue de Bondy, n. 26 : Porcelaines.

453 *Simon*, à Paris, boulevart Montmartre, n. 13 : Peinture et dorure sur porcelaine.

454 *Les administrateurs de la manufacture des glaces de Saint-Gobain*, à Paris, rue Saint-Denis, n. 313 : Glaces et miroirs. Médaille d'or en 1823; Rappels en 1827 et 1834.

455 *Marinet*, à Paris, rue des Francs-Bourgeois, n. 4 : Plaques de propreté et glaces.

456 *Martin*, à Paris, rue de Richelieu, n. 77 : Taille de cristaux.

457 *Julienne-Moureau*, à Paris, rue du Bac, n. 50 : Verreries et Cristaux peints par un nouveau procédé.

458 *Corderant*, à Paris, rue de Braque, n. 4 : Cristaux garnis pour l'ameublement et le bâtiment.

459 *Jouin*, à Paris, rue du Chaume, n. 3 : Pendules, Vases, Candelabres en bois, matières plastiques, zinc, carton-pierre et plâtre imitant le bronze.

460 *Wallet*, à Paris, rue Bergère, n. 20 : Ornements d'architecture en carton-pierre. Médaille de bronze en 1827; Médaille d'argent en 1834.

461 *Hallé*, à Paris, rue Bailleul, n. 7 : Mannequins et Armures en papier collé.

462 *Tirrart*, à Paris, impasse Cendrier, n. 4 : Sculpture en carton-pierre. Médaille de bronze en 1834.

463 *Bernard*, à Paris, rue du Coq-Saint-Honoré, n. 4 : Carton-pierre imitant les marbres. Mention honorable en 1834.

464 *Lacarrière*, à Paris, rue Sainte-Élisabeth, n. 3 : Devanture de boutique en cuivre tiré sur bois, et Ornements de fantaisie.

465 *Choumer*, à Paris, rue Sainte-Avoye, n. 42 : Meubles.

466 *Osmont*, à Paris, boulevart Beaumarchais, n. 65 : Meubles et Panneaux d'appartement.

467 *Behr*, aux Batignolles, rue de la Paix, n. 36 : Sculpture et Tabletterie.

N^os MM.

468 *Savary*, à Paris, rue Mazarine, n. 40 : Cadres pour gravures et dessins.

469 *Gorez*, à Paris, rue Michel-le-Comte, n. 33 : Tabletterie fine et de fantaisie. Mention honorable en 1834.

470 *Gosse de Billy* et *Comp.*, à Paris, rue de l'Arcade, n. 4 : Ébénisterie, Plafonds.

471 *Fischer* père et fils, à Paris, impasse Guémenée, n. 3 : Ébénisterie, Bronze, Dorure. Médaille d'argent en 1834.

472 *Minter* et *Lorimier*, à Paris, rue de Lesdiguières, n. 7 : Moulures guillochées et Placage.

473 *Féron*, à Paris, rue de Clichy, n. 29 : Mains courantes de rampes, Parquets, Mosaïques.

474 *Année*, à Paris, rue Chapon, n. 18 : Nécessaires et Boîtes, Fantaisies.

475 *Nezot*, à Paris, rue Saint-Augustin, n. 34 : Boîtes ovales pour les objets de mode.

476 *Busnel*, à Paris, rue Dupetit-Thouars, n. 20 : Meubles et Ébénisterie en tous genres.

477 *Guérin*, à Paris, rue de la Tixeranderie, n. 27 : Lettres et Ornements en bois découpés et un Modèle de mécanique. Citation en 1834.

478 *Bellangé*, à Paris, passage Saulnier, n. 8 : Meubles divers. Médaille d'argent en 1827; Rappel en 1834.

479 *Collas* et *Barbedienne*, à Paris, boulevart Poissonnière, n. 6 : Sculptures exécutées à la mécanique.

480 *Youf*, à Paris, boulevart Saint-Martin, n. 43 : Meubles. Médaille de bronze en 1827.

481 *Proeschel*, à Paris, boulevart Saint-Martin, n. 4 : Meubles.

482 *Coulon*, à Paris, rue Contrescarpe-Saint-Antoine, n. 70 : Table en bois de palissandre sculpté.

483 *Laux*, à Paris, rue Saint-Pierre-Amelot, n. 18 : Ébénisterie.

484 *Marloye*, à Paris, rue de la Harpe, n. 59 : Appareils d'acoustique, Planches à dessiner, Règles, etc.

485 *Goudel* et *Comp.*, à Paris, rue des Vinaigriers, n. 28 : Meubles en laque.

486 *Vidron*, à Paris, rue Saint-Denis, n. 160 : Brosserie.

487 *Fanon*, à Paris, rue Montmartre, n. 170 et 173 : Layeterie pour l'emballage. Citation en 1834.

488 *Vedel* et *Comp.*, à Paris, rue Richelieu, n. 91 : Nécessaires.

489 *Aubin*, à Paris, rue Sainte-Appoline, n. 2 : Meubles sculptés.

490 *Barbier*, à Paris, rue des Trois-Pavillons, n. 16 : Ébénisterie en bois d'acajou et de palissandre.

491 *Schwikarde*, à Passy, rue de la Pompe, n. 4 : Solives en fer destinées à remplacer le bois.

N^os MM.

492 *Garraut*, à Paris, rue du Faubourg-Saint-Antoine, n. 71 : Sculptures en bois pour meubles.

493 *Goebel*, à Paris, rue Michel-le-Comte, n. 24 : Objets de fantaisie en bois des îles.

494 *Lagrange*, à Paris, rue Saint-Antoine, n. 163 : Objets de tour.

495 *Puget*, à Paris, rue des Francs-Bourgeois, n. 25 : Peignes pour la coiffure des dames.

496 *Jonval*, à Paris, passage Sainte-Croix-de-la-Bretonnerie, n. 5 : Mosaïque en bois, et filets pour incrustation.

497 *Moreau*, à Paris, rue du Petit-Lion-Saint-Sauveur, n. 13 : Objets en ivoire sculpté.

498 *Féragus*, à Paris, rue de Bréda, n. 12 : Crémones françaises. Mention honorable en 1834.

499 *Baudry*, à Paris, rue Neuve-Saint-Roch, n. 10 : Meubles divers. Médaille de bronze en 1827.

500 *Lemarchand*, à Paris, rue des Tournelles, n. 17 : Billard, Meubles.

501 *Klein*, à Paris, rue du Faubourg-Saint-Antoine, n. 110 : Meubles de fantaisie et autres.

502 *Florange*, à Paris, rue du Faubourg-Saint-Antoine, n. 20 : Meubles divers.

503 *Jacob-Desmalter*, à Paris, rue des Vinaigriers, n. 23 : Meubles divers. Rappel de Médaille d'or en 1819. Rappel en 1827.

504 *Baadé*, à Paris, Petite-rue-Neuve-Saint-Gilles, n. 3 bis : Échantillons de moulures guillochées.

505 *Guerin*, à Paris, boulevart Beaumarchais, 29 : Objets de tour.

506 *Wolf*, à Paris, rue Saint-Martin, n. 265 : Tabletterie en ivoire et en bois des îles.

507 *Dieu*, à Paris, rue Saint-Antoine, n. 52 : Cadres vernis pour remplacer la dorure.

508 *Vautrin*, à Paris, rue de la Sourdière, n. 11 : Nécessaires.

509 *Aubrun* et *Hierr*, à Grenelle (Seine), rue de Grenelle, n. 9 : Un comble de bâtiment.

510 *Albrecht*, à Paris, rue de Charonne, n. 18 : Meubles.

311 *Haumont*, à Paris, rue de Bourgogne, n. 12 : Modèle de parquet.

512 *Simon*, à Paris, rue Bourg-Labbé, n. 17 : Objets de fantaisie.

513 *Legand*, à Paris, passage Bourg-Labbé, n. 17 : Cannes et manches d'ombrelles.

514 *Lebouteillier*, à Paris, rue de la Bourse, n. 1 : Gravures publiées dans l'album de l'industrie:

515 *Lanet de Limencey*, à Paris, rue des Filles-Saint-Thomas, n. 9 : Appareils-prompt-copistes.

516 *Schonenberger*, à Paris, boulevart Poissonnière, n. 10 : Musique gravée.

Nos MM.

517 *Loeulliet*, à Paris, rue Poupée, n. 7 : Gravure de poinçons sur acier. Mention honorable en 1834.

518 *Tantenstein* et *Cordel*, à Paris, rue de la Harpe, n. 90 : Musique imprimée.

519 *Thuvien*, à Paris, rue de Condé, n. 9 : Affiches de grandes dimensions.

520 *Legrand*, à Paris, rue du Cherche-Midi, n. 99 : Caractères d'imprimerie, poinçons en acier de caractères chinois. Mention honorable en 1834.

521 *Best* et *Loir*, à Paris, rue des Grands-Augustins, n. 21 : Gravures typographiques sur bois et sur cuivre. Médaille de bronze en 1834.

522 *Girard*, à Paris, rue Saint-Martin, n. 254 : Stores imprimés.

523 *Brullé Regnault*, à Paris, rue Neuve-des-Petits-Champs, n. 65 : Dessins pour broderies.

524 *Buignier*, à Paris, rue Salle-au-Comte, n. 14 : Poinçons coulés en fonte douce, ciselés et trempés.

525 *Gouyon*, à Paris, rue des Mathurins-Saint-Jacques, n. 18 : Dessins de broderies.

526 *Brevière*, à Paris, rue des Beaux-Arts, n. 3 : Gravure sur bois.

527 *Tronquoy*, à Paris, rue du Faubourg-Saint-Denis, n. 108 : Dessins pour l'industrie.

528 *Clément*, à Paris, quai Voltaire, n. 1 : Fleurs gravées à l'usage des fabriques.

529 *Thierry*, à Paris, Cité-Bergère, n. 1 : Impressions lithographiques.

530 *Lecomte*, à Paris, rue Sainte-Anne, n. 57 : Gravures lithographiques d'ornements à l'usage des fabriques.

531 *Collière*, à Paris, rue de Trévise, n. 39 : Dessins à l'usage des fabriques.

532 *Curmer*, à Paris, rue Richelieu, n. 49 : Éditions illustrées : — la Bible, l'Imitation de Jésus-Christ, les Saints-Evangiles, Paul et Virginie, le Discours sur l'Histoire universelle de Bossuet, la Grèce pittoresque et historique. — Comparaison entre les produits illustrés de la presse anglaise et de la presse française. — Reliures avec applications de bronzes dorés, d'ivoires sculptés.

533 *Engelmann*, à Paris, Cité-Bergère, n. 1 : Impressions lithographiques en couleur.

534 *Kaeppelin*, à Paris, rue du Croissant, n. 20 : Estampes imprimées sur zinc.

535 *Deschamps*, à Paris, rue Saint-Jacques, n. 67 : Épreuves de vignettes. Médaille de bronze en 1834.

536 *Gihaut*, à Paris, boulevart des Italiens, n. 5 : Impressions lithographiques.

537 *Robert*, à Paris, rue de la Verrerie, 34 : Dessin de tapisserie pour la broderie.

538 *Bouvet* et *Gambière*, à Paris, rue Castiglione, n. 12 : Cachets et Armoiries.

Nos MM.

539 *Derriey*, à Paris, rue Notre-Dame-des-Champs, n. 8 : Gravures sur acier.

540 *Cochery* (madame veuve), à Paris, rue Dauphine, n. 12 : Pinceaux et brosses pour peinture. Mention honorable en 1834.

541 *Saunier*, à Paris, rue Bourg-Labbé, n. 50 : Pinceaux et brosses pour peinture. Mention honorable en 1827. Médaille de bronze en 1834.

542 *Saunier* (madame), à Paris, quai de la Mégisserie, n. 38 : Pinceaux et brosses pour peinture.

543 *Bonhomme*, à Paris, rue des Fossés-Saint-Germain-des-Prés, n. 29 : Chevalets et Échelles pour les graveurs et les peintres.

544 *Drains*, à Paris, rue des Fossés-Saint-Germain-l'Auxerrois, n. 26 : Brosses et Pinceaux. Mention honorable en 1834.

545 *Fessard*, à Paris, rue des Cinq-Diamants, n. 2 : Figures et Fruits en cire.

546 *Le Bémy*, à Paris, rue du Faubourg-Saint-Martin, n. 22 : Paravents, Écrans, etc. Mention honorable en 1834.

547 *Drugeon*, à Paris, rue Phelippeaux, n. 27 : Bois-tôle, Carton-vernis imitant la laque de Chine.

548 *Savary* et *Delattre*, à Paris, rue du Roule, n. 1 : Stores et Écrans.

549 *Simon*, à Paris, rue Saint-Martin, n. 275 : Lunettes, Pommes de cannes, etc.

550 *Marrel*, à Paris, rue Phelippeaux, n. 13 : Écrans.

551 *Cattaert*, à Paris, faubourg Saint-Denis, n. 23 : Lustres, Cristaux à branches mobiles, Pendules candélabres, Girandolles.

552 *Gagnaux*, à Paris, faubourg Saint-Denis, n. 17 : Lustres, Cassolette, Objets de lampiste. Médaille de bronze en 1819 ; Rappel aux expositions suivantes.

553 *Careau*, à Paris, rue Croix-des-Petits-Champs, n. 27 : Lampes mécaniques.

554 *Joanne* frères, à Paris, rue Sainte-Avoye, n. 63 : Lampes dites Astéares. Médaille de bronze en 1834.

555 *Dumbrowski*, à Paris, rue Saint-Honoré, n. 343 : Lampes mécaniques, système Carcel. Citation en 1834.

556 *Merkel*, à Paris, rue du Bouloy, n. 24 : Briquets de différents genres. Mention honorable en 1834.

557 *Bernet*, à Paris, rue Saint-André-des-Arts, n. 78 : Lampes hydrauliques et articles de ferblanterie.

558 *Dubain*, à Paris, galerie Colbert, n. 4 : Lampes hydrauliques.

559 *Mangal*, à Paris, rue de Ponthieu, n. 16 : Lampes mécaniques.

560 *Cabeu*, à Paris, rue de la Grande-Friperie, n. 21 : Lampes à bouchons hermétiques et à courant d'air.

561 *Robert*, à Paris, impasse de la Boule-Rouge, n. 4 : Appareils d'éclairage.

N^os MM.

562 *Jencel*, à Paris, rue Sainte-Croix-de-la-Bretonnerie, n. 34 : Veilleuses en matière plastique.

563 *Barreaux* et *Dehennault*, à Paris, rue Neuve-Vivienne, n. 30 : Lampes mécaniques.

564 *Jacquinet* et *Graux*, à Paris, rue Grange-Batellière, n. 18-20 : Cheminées et appareils à foyer mobile. Mentions en 1823, 1827 et 1834.

565 *Meynial*, à Paris, rue de l'Arbre-Sec, n. 50 : Fourneaux économiques. Trois mentions honorables en 1819, 1823 et 1827. Médaille d'argent en 1834.

566 *Crenier*, à Paris, rue Saint-Germain-l'Auxerrois, n. 43 : Fourneaux et cheminées mécaniques.

567 *Petit*, à Paris, rue Grange-Batelière, n. 21 : Cheminées calorifères.

568 *Bousseroux*, à Paris, rue Mandar, n. 5 : Fourneaux économiques.

569 *Bordon*, à Paris, rue Coquenard, n. 44 : Cheminées-appareils de cheminées et stucs appliqués aux devantures desdits appareils. Mentions honorables en 1823, 1827 et 1834.

570 *Lassalle*, à Paris, rue Saint-Dominique-Saint-Germain, n. 25 : Cheminées et poêles à foyers mobiles, cheminées coulantes, etc.

571 *Millet* et *Jacquin-Millet*, à Paris, rue Montmartre, n. 164 : Appareils de chauffage. Mentions honorables en 1827 et 1834.

572 *Burez*, à Paris, faubourg Montmartre, n. 42 : Cheminées en fer-tôle et cuivre. Mention honorable en 1834.

573 *Barbeau*, à Paris, quai de la Mégisserie, n. 32 : Cheminées et poêles en fonte.

574 *Chevalier-Curt*, à Paris, rue Saint-Jacques, n. 264 : Fourneau de cuisine en fonte.

575 *Voitelain*, à Paris, rue Bourbon-Villeneuve, n. 57 : Appareils de chauffage.

576 *Laroche*, à Paris, rue Saint-Étienne, n. 15 : Fourneaux économiques et autres appareils.

577 *Wegts*, *Noyelle* et *Bertrand*, à Paris, rue Grange-Batelière, n. 17 : Cheminées, poêles calorifères, etc.

578 *Maratuen*, à Paris, rue des Marais-du-Temple, n. 11 bis : Appareils contre l'incendie.

579 *Charoy*, à Lachapelle-Saint-Denis, Grande-Rue, n. 133 (Seine) : Différentes pièces d'artifice.

580 *Aucoc*, à Paris, rue de la Paix, n. 4 bis : Nécessaires-toilettes en vermeil. Médaille d'argent aux expositions précédentes.

581 *Langevin*, à Grenelle, rue Croix-Nivaire, n. 39 (Seine) : Biberons.

582 *Dégrange*, à Paris, rue Quincampoix, n. 95 : Baleine refoulée pour la fabrication des cannes, Fouets, Cravaches, Baguettes de fusil, etc.

583 *Fenoux*, à Paris, rue de Grenelle-Saint-Honoré, n. 51 : Portefeuilles

N^os MM.

et nécessaires. Mention honorable en 1827; Médaille de bronze en 1834.

584 *Cazal*, à Paris, boulevart Montmartre, n. 10 : Parapluies et ombrelles à bagues et bascules.

585 *Fabel* frères, à Paris, rue du Sentier, n. 18 : Lettres découpées en papier or et argent pour être appliquées sur draps.

586 *Chevalier*, à Paris, rue Montmartre, n. 140 : Baignoires-appareils pour bains de vapeur pour cuire les légumes, etc.

587 *Petit*, à Paris, rue de la Cité, n. 19 : Thermopode, appareil pour bains de pieds.

588 *Ducommun*, à Paris, boulevart Poissonnière, n. 6 : Fontaine à filtre de charbon, Boîtes à pression, Vases, Bidons, Tonneaux pour la mer, etc.

589 *Marchèse*, à Paris, rue d'Angoulême, n. 25 : Parquets, Décors d'appartements et divers Appareils.

590 *Lamy*, à Paris, boulevart Beaumarchais, n. 63 : Baignoires en zinc. Mention honorable en 1834.

591 *Huet-Gaffin*, à Paris, rue Saint-Denis, n. 303 : Plume, Duvet, Laine et crin épurés. Citation en 1834.

592 *Lelogé*, à Paris, rue Saint-Étienne-Bonne-Nouvelle, n. 15 : Fontaines filtrantes. Citation en 1834.

593 *Azur* et *Blamploix*, à Paris, rue Sainte-Avoye, n. 70 : Appareils des bains de vapeurs portatifs.

594 *Lamotte*, à Paris, boulevart Montmartre, n. 10 : Garderobes fixes et portatives, Pompes.

595 *Durand*, à Paris, rue Saint-Nicolas-d'Antin, n. 24 : Garderobes inodores, Pompes hydrauliques. M. Durand père a obtenu, en 1834, une Mention honorable.

596 *Havard*, à Paris, rue Béthizy, n. 20 : Garderobes hydrauliques.

597 *Ramachard*, à Paris, rue Sainte-Anne, n. 54 : Garderobes et appareils inodores.

598 *Bourg*, à Bercy, rue de Charenton, n. 68 : Siége secret.

599 *Amoros*, à Paris, rue Jean-Goujon, n. 6 : Instruments et Machines gymnastiques.

600 *Bouhardet*, à Paris, rue de Bondy, n. 66 : Billards. Mention honorable en 1834.

601 *Plenel*, à Paris, boulevart Saint-Martin, n. 8 : Billards.

602 *Cosson*, à Paris, rue Grange-aux-Belles, n. 20 bis : Billards. Mention honorable en 1827, 1834.

603 *Quilelouvette* et *Thomeret*, à Paris, rue des Marais, n. 47 : Billards.

604 *Berthelot* (*Nicole*), à Paris, rue de Cléry, n. 9 : Lit mécanique pour les malades.

605 *Samson*, à Paris, rue de l'École-de-Médecine, n. 30 : Instruments de chirurgie. Médaille de bronze en 1834.

Nos MM.

606 *Thibert*, à Paris, rue du Cherche-Midi, n. 100 : Pièces anatomiques.

607 *Bourgogne*, à Paris, quai Napoléon, n. 15 : Préparations d'animaux, de végétaux et de minéraux.

608 *Burat* frères, à Paris, rue Mandar, n. 12 : Bandages herniaires.

609 *Zwang*, à Paris, rue de l'École-de-Médecine, n. 4 : Préparations anatomiques en cire, Animaux disséqués.

610 *Mellecat*, à Paris, rue Neuve-des-Petits-Champs, n. 50 : Lits mécaniques à l'usage des malades, Baignoires.

611 *Gannal*, à Paris, rue des Grands-Augustins, n. 23 : Animaux conservés et empaillés.

612 *Valérius*, à Paris, rue du Coq-Saint-Honoré, n. 7 : Appareils orthopédiques et Bandages herniaires.

13 *Delage-Montignac*, à Paris, rue Saint-Honoré, n. 414 : Lignes-filets, Cannes, etc., pour la pêche. Mention honorable en 1834.

614 *Lainé (Jean)*, à Paris, rue Saint-Antoine, n. 233 : Fusils.

615 *Gastine-Renette*, à Paris, Rond-Point-des-Champs-Élysées, n. 1 : Fusils et Pistolets, un Manomètre. Médaille de bronze en 1823.

616 *Jubé*, à Paris, rue de la Bourse, n. 10 : Fusils et Pistolets.

617 *Caron*, à Paris, passage de l'Opéra, galerie du Baromètre, n. 20 : Armes de chasse et de luxe.

618 *Lepage*, à Paris, rue de Richelieu, n. 13 : Armes à feu, Armes blanches. Médaille d'argent et Rappel en 1827, 1834.

619 *Savouré*, à Paris, rue Saint-Denis, n. 243 : Articles de pêche et de chasse.

620 *Bachée* (de la), à Paris, rue Saint-Guillaume, n. 29, faubourg Saint-Germain : Fusils se chargeant par la culasse.

621 *Beringer*, à Paris, rue du Coq-Saint-Honoré, n. 6 : Fusils et Pistolets.

622 *Houllier-Blanchard*, à Paris, rue de Cléry, n. 36 : Fusils et Pistolets de luxe.

623 *Pondeur*, à Paris, place de la Bourse, n. 4 : Fusils et Pistolets.

624 *Montels*, à Paris, au Pont-aux-Huîtres : Filets de pêche.

625 *Lefaure*, à Paris, boulevart Poissonnière, n. 9 : Fusils et Pistolets.

626 *Touchard* et *Martin*, à Paris, rue de Bondy, n. 23 : Fusils et Pistolets, Poires à poudre et Cartouches.

627 *Coddet* et *Alkin*, à Paris, rue Saint-Lazare, n. 124 : Canons de fusils et de pistolets.

628 *Delatour*, à Paris, rue Jean-Goujon, n. 2 : Patins-nageoires.

629 *Brunet de Lagrange*, à Paris, rue de la Chaussée-d'Antin, n. 31 : Tableaux synoptiques de l'éducation des vers à soie.

Nos MM.

630 *Pestre* (le comte de), à Paris, rue du Chemin-de-Versailles : Contre-application de la poudre des ailes de papillons sur le papier.

631 *Cuiller*, à Paris, au théâtre des Variétés : Modèle d'appareil contre l'incendie des ceintres de théâtre.

632 *Chagot*, à Paris, rue de Richelieu, n. 81 : Noms et Numéros pouvant être placés dans les lanternes pour indiquer les rues.

633 *Lemaire*, à Paris, rue de Béthizy, n. 8 : Cuirs et Pâtes pour faire couper les rasoirs.

634 *Dier*, à Paris, rue Saint-Honoré, n. 129 : Vieux habits remis à neuf.

635 *Passerieux*, à Paris, rue du Faubourg-Poissonnière, n. 15 : Sonnettes et Cordons acoustiques.

636 *Duclaux*, à Paris, rue Saint-Honoré, n. 152 : Modèles d'architecture romaine en relief.

637 *Bert*, à Paris, rue de Richelieu, n. 31 : Capote, Tente pour l'armée.

638 *Marquizet*, à Paris, rue Royale, n. 8, cour Saint-Martin : Plats à barbe, Chauffe-bottes et Chauffe-pieds.

639 *Lechevalier*, à Paris, rue Hauteville, n. 22 : Tissus divers, Papiers, Cartons ininflammables.

640 *Fasola*, à Paris, rue de Richelieu, n. 67 : Couvertures de lits en laine floche filée de diverses couleurs.

641 *Billiet*, à Paris, rue du Sentier, n. 19 : Laine peignée, filée, Chaîne et Trame simple, et Chaîne retorse.

642 *Cocheteux* (*Florentin*), à Paris, rue du Mail, n. 9 : Tissus divers pure laine, laine et coton, laine et soie.

643 *Petit*, à Paris, rue de la Roquette, n. 67 : Laines peignées, filées.

644 *Denille* et *Lagarde*, à Paris, rue Mauconseil, n. 18 : Fils à cardes.

645 *Debras*, à Paris, rue Neuve-Saint-Eustache, n. 30 : Châles cachemires et Articles de nouveautés en châles.

646 *Feray* et *Comp.*, à Paris, rue du Sentier, n. 3 : Lin filé, Étoupes filées, Service de table damassé en fil.

647 *Boucher* et *Comp.*, à Paris, rue Thévenot, n. 15 *bis* : Cocons de vers à soie, Soie grége.

648 *Hamelin*, à Paris, rue Saint-Denis, n. 264 : Soie pour coudre, broder, etc.

649 *Charliat*, à Paris, rue Vivienne, n. 12 : Blondes et Broderies. Médaille de bronze en 1834.

650 *Doderet*, à Paris, rue Vivienne, n. 57 : Broderies diverses pour ornements d'église et de fantaisie. Mention honorable en 1827 et 1834.

651 *Christmann*, à Paris, rue Saint-Honoré, n. 131 : Fourrures et Pelleteries.

652 *Lannier*, à Paris, rue Neuve-des-Petits-Champs, n. 6 : Broderies, Lingerie sur mousseline, Batiste et Jaconas.

N^{os} MM.

653 *Bucher*, à Paris, boulevart Montmartre, n. 15 : Broderies en tapisserie pour fauteuils, et Canevas de coton et de laine.

654 *Rebourcel*, à Paris, rue Neuve-Saint-Eustache, n. 5 : Filets à la mécanique à mailles carrées, propres au délétage des vers à soie.

655 *Lizé* (madame), à Paris, galerie Colbert, n. 19 : Tapisserie à l'aiguille pour fauteuils, Tapis de lits, Écrans.

656 *Ascher* et *Prévost*, rue Saint-Denis, n. 284 : Tapis.

657 *Draps*, à Paris, rue Saint-Denis, n. 311 : Broderies et Lingeries.

658 *Perrée*, à Paris, n. rue Sainte-Opportune, n. 7 : Châles, Mantelets, Gants en filet.

659 *Laure* et *Comp.*, à Paris, rue de Cléry, n. 40 : Robes, Châles, Fichus brodés.

660 *Bertrand* et *Vidil*, rue du Gros-Chenet, n. 3 : Robes et Mouchoirs brodés.

661 *Roussel* et *Comp.*, à Paris, rue Saint-Sauveur, n. 18 : Ouvrages au filet en tous genres.

662 *Biais*, à Paris, rue du Pot-de-Fer-Saint-Sulpice, n. 4 : Ornements d'église et Broderies.

663 *Ledard*, à Paris, rue Saint-Honoré, n. 357 bis : Fourrures.

664 *Sallandrouze Lamornaix*, à Paris, boulevart Poissonnière, n. 23 : Tapis et Tapisseries diverses. Médaille d'argent en 1827 ; Médaille d'or en 1834.

665 *Le même*, à Aubusson (Creuse) : Tapis, Tapisseries diverses, Moquettes, etc.

666 *Vinken*, à Paris, rue Saint-Honoré, n. 315 : Fontaines à thé en bronze, Bassinoires, etc. Mention honorable en 1834.

667 *Rheins* et *Comp.*, à Paris, rue Saint-Martin, n. 223 : Draps imprimés en relief, Cabats, etc.

668 *Depoully*, au château de Puteaux (Seine) : Impressions, Teintures sur étoffes.

669 *Gagin*, à Clignancourt (Seine), rue des Portes-Blanches, n. 2 : Cuirs et Tissus imprégnés de caoutchouc pour Manteaux, Souliers, etc., imperméables.

670 *Feldtrappe*, à Paris, rue du Faubourg-Saint-Denis, n. 152 : Cylindres gravés à la molette pour l'impression sur étoffes et papiers. Médaille d'argent en 1834.

671 *Faure de Montigny* (mademoiselle), à Paris, rue de Bondy, n. 42 : Fleurs en plume et en papier. Citation en 1834.

672 *Veny* (madame), à Paris, marché Saint-Honoré, n. 26 : Fleurs artificielles.

673 *Duboulog*, à Paris, rue Saint-Denis, n. 276 : Plumes en Fleurs artificielles.

N^os MM.

674 *Clouet*, à Paris, rue des Gravilliers, n. 64 : Rayage sur peaux à l'usage du portefeuille et de la gaînerie.

675 *Ducastel*, à Paris, rue du Hasard, n. 8 : Gants de chevreau. Médaille de bronze en 1834.

676 *Langlois*, à Paris, rue Grenétat, n. 29, et rue Chabrol, n. 33 : Boutons et Médailles en cuivre, Boutons en soie, à queues flexibles.

677 *Renou*, à Paris, rue Mouffetard, n. 29 : Tannage de peaux de toutes espèces.

678 *Hayet*, à Paris, rue Sainte-Avoye, n. 44 : Portefeuilles de soie, maroquin, avec et sans serrures.

679 *Bochet*, à Paris, rue Quincampoix, n. 11 : Bottes pour le service des égouts, canaux, et pour la pêche.

680 *Barlet*, à Paris, rue de la Jussienne, n. 12 : Formes de souliers et Embouchoirs de bottes.

681 *Vincent*, à Paris, rue Geoffroy-l'Angevin, n. 15 : Peaux de mouton maroquinées de toutes couleurs.

682 *Fauler* frères, à Choisy-le-Roi (Seine) : Peaux de veaux, mouton, chèvre, pour la chaussure, la sellerie, etc.

683 *Dubain*, à Paris, galerie Colbert, n. 4 : Plateaux, Corbeilles à pain et à argenterie, Écrans en carton verni décorés en laque de Chine.

684 *Battandier*, à Paris, quai Voltaire, n. 3 *bis* : Sellerie d'équipage et de voyage. Citation en 1827. Médaille de bronze en 1834.

685 *Deville*, à Paris, rue du Chemin-Vert, n. 14 : roue nouvelle propre aux chemins de fer et à l'artillerie.

686 *Peyrels*, à Paris, rue de Provence, n. 52 : Sellerie.

687 *Dupont*, à Paris, rue du Helder, n. 3 : Lièvre-bride, Mors à levier sans gourmette.

688 *Lacoux*, à Paris, rue de la Pépinière, n. 20 : Calèche inversable.

689 *Lelieure de Laubépin*, à Paris, rue Royale-Saint-Honoré, n. 9 : Voiture de nouvelle invention.

690 *Muhlbacher* frères, à Paris, rue de la Planche, n. 14, et Champs-Élysées, n. 41 : Voiture avec un nouveau système de ressorts et siége nouveau, genre chinois.

691 *Lacroix* frères et *Gaury*, à Paris, rue Dauphine, n. 20 : Papeterie.

692 *Guillemin* frères, à Paris, rue Saint-Méry, n. 45 : Pains à cacheter et Hosties.

693 *Montgolfier*, à Paris, rue Feydeau, n. 7 : Papier pour tentures, impressions, écriture, etc.

694 *Thibault*, à Paris, rue Barre-du-Bec, n. 3 : Cire à cacheter.

695 *Weynen*, à Paris, rue Vivienne, n. 2 : Apprêts de plumes de toutes espèces. Citation en 1834.

N^os MM.

696 *Chaulin*, à Paris, rue Saint-Honoré, n. 218 : Encriers siphoïdes, papiers hebdomas.

697 *Angrand*, à Paris, rue Meslay, n. 59 et 61 : Papiers de fantaisie.

698 *Delicourt* et *Comp.*, à Paris, rue de Charenton, n. 125 *ter* : Papiers peints.

699 *Lapeyre* et *Comp.*, à Paris, rue Beauveau, n. 10 : Papiers peints imprimés.

700 *Cartulat Simon*, à Paris, rue de la Chaussée-d'Antin, n. 3 : Papiers peints pour tenture. Médaille d'argent en 1834.

701 *Jeunesse*, à Paris, rue de Choiseul, n. 5 : Marbres avec incrustation mosaïque, imitation de Florence.

702 *Cafler*, aux Thernes, rue de la Chaumière (Seine) : Marbrerie, Cheminées, Ronds de table, Guéridons, etc.

703 *Badon*, à Paris, rue Saint-Honoré, n. 373, et rue de Grenelle, au Gros-Caillou, n. 186 : Pavés, Dalles, Moellons de grès de roches calcaires.

704 *Dubosq* frères, à Paris, rue des Sept-Voies, n. 9 : Lavage et nettoyage des pierres et marbres.

705 *Lisbonne* et *Crémieux*, à Paris, rue des Trois-Bornes, n. 18 : Néozographie, ou art de peindre par incrustation dans le marbre, l'albâtre, etc.

706 *Follet*, à Paris, rue des Charbonniers-Saint-Marcel, n. 18 : Pierre factice, dite *Plasticolithoïde*, destinée à imiter la sculpture en pierre.

707 *Dournay* et *Comp.*, à Paris, rue Richer, n. 12 : Goudron minéral, Roche asphaltique, Mastic asphaltique, etc.

708 *Benard* et *Comp.*, à Paris, rue de Bondy, n. 14 : Peinture asphaltique préparée avec les bitumes naturels.

709 *Noël*, à Paris, rue Beaubourg, n. 51 : Fabrique d'or, d'argent, bronze en poudre ou en coquilles.

710 *Boucarut*, à Paris, rue de Cléry, n. 15 : Dorure et modèle sur bois, plâtre, pierre, marbre, etc.

711 *Montrelay*, à Paris, boulevart Montmartre, n. 64 : Fabrication de platine.

712 *Mulot*, à Épinay, près Saint-Denis (Seine) : Sondes et outils divers de sondage. Mention honorable en 1827; Médaille d'argent en 1834.

713 *Duglade-Richard*, à Paris, rue de Ponthieu, n. 28 : Nouvel essieu de sûreté dit garde-roues.

714 *Tronchon* frères, à Paris, rue Montmartre, n. 142 : Grillage en fil de fer, laiton, etc., pour plafonds, cloisons, etc.

715 *Deniere*, à Paris, rue d'Orléans, n. 9 : Objets de bronze pour ameublement, tables et ornements. Médaille d'or en 1823; Rappel en 1827 et 1834.

716 *Lecouvey*, à Paris, rue Grenétat, n. 41 : Poterie d'étain, Pompe-Seringue à jet continu.

Nos MM.

717 *Crétenant*, à Paris, barrière de Monceaux, rue des Dames, n. 118 : Tuyères en fer à vapeur pour forges.

718 *Dupré*, à Paris, rue des Trois-Bornes, n. 31 : Capsules pour le bouchage des vins mousseux, eaux minérales. Mention honorable en 1834.

719 *Thiébaut*, à Paris, rue du Faubourg-Saint-Denis, n. 152 : Fonderies de cuivre.

720 *Lesage*, à Paris, rue de Ménilmontant, n. 10 : Tours filières à tarauder, etc. Médaille de bronze en 1834.

721 *Thoury* et *Comp.*, à Grenelle, quai de la Gare, n. 15 : Fers de ferraille seulement corroyés et laminés. Citation en 1834.

722 *Jecker*, à Paris, rue Fontaine-au-Roi, n. 39 : Épinglerie mécanique.

723 *Rouy*, à Paris, rue du Faubourg-du-Temple, n. 95 : Fers de cheval, Clous pour souliers.

724 *Calla* fils, à Paris, rue du Faubourg-Poissonnière, n. 92 : Fontes de fer, Statues, Coupes, Candelabres, etc.

725 *Ouvrier*, à Paris, porte Saint-Antoine, n. 5 : Poterie d'étain, spécialement les comptoirs de marchands de vin.

726 *Saint-Paul* (veuve) et fils, à Paris, boulevart des Filles-du-Calvaire, n. 11 : Toiles et gazes métalliques, Tamis et Cribles. Médaille de bronze en 1819; Médaille d'argent en 1823; Rappels en 1827 et 1834.

727 *Gautheron*, à Paris, rue de l'Est, n. 5 : Moulures en tôle.

728 *Osmond*, à Paris, rue de la Tour-d'Auvergne, n. 30 : Cloches, Bronzes et Moules en creux. Mention honorable en 1827 ; Médaille de bronze en 1834.

729 *Salin*, à Paris, rue Saint-Martin, n. 203 : Moules creux et en relief.

730 *Sarrade*, à Paris, rue Montmartre, n. 93 : Tissus métalliques.

731 *Collin*, à Paris, chemin de ronde entre la barrière Montmartre et la barrière Blanche, n. 3 : Châssis vitrés.

732 *Morel*, à Paris, rue de la Boule Rouge, n. 11 : Fer préparé étamé, Zinc, Plomberie en tout genre.

733 *Candillot* frères et *Roy*, à Paris, rue Bellefonds, n. 32 : Fers creux laminés, Lits, Canapés, Meubles d'appartements, etc. Médaille d'argent en 1834.

734 *Vautier*, à Paris, rue du Temple, n. 57 : Acier poli, Vases, Flambeaux, etc. Mention honorable en 1834.

735 *Braux d'Anglure (de)*, à Paris, rue Castiglione, au coin de celle Monthabor : Bronze d'arts. Médaille de bronze en 1834.

736 *Contamine*, à Paris, place de l'Hôtel-de-Ville, n. 33 : Bronze ciselé pour le bâtiment, Râpes pour les sculpteurs.

737 *Tournier*, à Paris, rue Saint-Sauveur, n. 26 : Cuivre estampé appliqué à la décoration intérieure des appartements.

N^os MM.

738 *Bertrand*, à Paris, rue Phelippeaux, n. 22 : Gravure, Estampage, Modèles en cuivre estampé pour bijoutier en doré.

739 *Gandais*, à Paris, rue du Ponceau, n. 42 : Plaqué d'argent ou orfèvrerie mixte.

740 *Tafoureaux*, à Paris, rue de Lesdiguière, n. 1 *ter* : Tours et outils mécaniques.

741 *Morel*, à Paris, rue des Vieilles-Audriettes, n. 8 : Orfèvrerie en doublé d'argent sur cuivre, Ornements de table et d'église, etc.

742 *Hallot* et *Comp.*, à Paris, rue du Grand-Chantier, n. 16 : Plaqué d'or et d'argent.

743 *Froment-Meurice*, à Paris, rue de Lobau, n. 2 : Orfèvrerie, Joaillerie.

744 *Langevin*, à Paris, rue Jean-Robert, n. 19 : Bijoux dorés.

745 *Jansse*, à Paris, rue Bourg-l'Abbé, n. 32 : Cuivre fondu, doré et argenté ; Ornements d'église.

746 *Barbereau*, à Paris, rue Grange-aux-Belles, n. 9 : Plaqué-argent-vermeil.

747 *Hardelet*, à Paris, passage Choiseul, n. 34 : Plaqué, Or et argent. Médaille de bronze en 1834.

748 *Lebrun*, à Paris, quai des Orfèvres, n. 40 : Orfèvrerie pour le service de table.

749 *Gondelier*, à Paris, passage du Caire, n. 110 : Joaillerie et Bijouterie en imitation.

750 *Maréchal*, à Paris, rue de la Tacherie, n. 6 : Joaillerie fine en stratz. Mention honorable en 1834.

751 *Lelong*, à Paris, rue du Temple, n. 49 : Bijouterie dorée, chaînes dorées.

752 *Elkington*, à Paris, rue du Temple, n. 34 : Dorure sur bijoux et bronze sans mercure.

753 *Mouray*, à Paris, rue de l'Homme-Armé, n. 2 : Bijoux dorés.

754 *Puydt* (de), à Paris, rue des Bernardins, n. 7 : Petite Bijouterie en or et acier damasquiné, etc.

755 *Chappée*, à Paris, rue Saint-André-des-Arts, n. 14 : Yeux en émail de toute espèce pour l'histoire naturelle.

756 *Thouron* et *Comp.*, à Paris, rue de Richelieu, n. 113 : Coutellerie, Orfèvrerie. Mention honorable en 1827 ; Médaille de bronze en 1834.

757 *Vallon*, à Paris, boulevart des Italiens, n. 2 : Coutellerie.

758 *Delporte*, à Paris, rue de Marivaux, n. 4 : Coutellerie, Rasoirs acier français, fondu et autres. Mention honorable en 1834.

759 *Vauthier*, à Paris, rue Dauphine, n. 40 : Coutellerie en tous genres. Mention honorable en 1827.

760 *Gillet*, à Paris, rue de Charenton, n. 41, 43 : Rasoirs fins en acier français. Médaille d'argent en 1827 ; Rappel en 1834.

Nos MM.

771 *Degrand* (madame), née *Gurgey*, à Paris, boulevart du Temple, n. 38 : Coutellerie, Sabres en damas.

762 *Jouannaud*, à Paris, rue de Charonne, n. 14 : Outils de taillanderie, cuisine, jardinage et pour divers états.

763 *Lenain*, à Paris, passage de l'Industrie, n. 1 : Peignes à tisser.

764 *Pupil*, à Paris, rue des Bourguignons, n. 23 : Limes.

765 *Daudé*, à Paris, rue des Arcis, n. 22 : Œillets métalliques pour corsets. Mention honorable en 1834.

766 *Rigolet*, à Paris, rue Hautefeuille, n. 5 : Compas-rapporteur, Chaussures diverses.

767 *Chemin*, à Paris, rue de la Ferronnerie, n. 4 : Balances d'essai et de commerce.

768 *Langlassé*, à Paris, rue Saint-Maur, n. 4 : Charronnage-allesoir, ou Équarissoir mobile à l'usage des carrossiers.

769 *Bresquignan*, à Paris, rue des Gravilliers, n. 29 : Outils pour sellier, bourrelier et carrossier.

770 *Armand-Clerc*, à Paris, rue du Buisson-Saint-Louis, n. 16 : Barattes, Coupe-légumes, Presse purée, Râpes à sucre, etc. Citation en 1834.

771 *Boitin*, à Paris, rue du Faubourg-Saint-Antoine, n. 103, 105 : Limes et Râpes.

772 *Levasseur*, à Paris, rue du Milieu-des-Ursins, n. 7 : Outils d'affutage, Presses, Établis, etc.

773 *Girardin*, à Paris, rue des Barres-Saint-Gervais, n. 3 : Taillanderie.

774 *Charpentier*, à Paris, passage de l'Ancre, n. 6 : Fers à friser et à papillottes en acier et en cuivre.

775 *Daurignac*, à Paris, rue Saint-Jacques, n. 231 : Filière en fer.

776 *Lejeune*, à Paris, rue de Charenton, n. 83 : Quincaillerie.

777 *Loth*, à Paris, rue des Petites-Écuries, n. 13 : Filoirs.

778 *Soisson*, à Paris, rue de Lille, 20 : Serrure à soupape.

779 *Lemoitre*, à Paris, rue de la Planche, n. 9 : Lits en fer et coffre-fort.

780 *Melzessard*, à Paris, rue Mondetour, n. 3 : Ferrures et fermeture de boutique.

781 *Toussaint*, à Paris, rue Saint-Nicolas-d'Antin, n. 49 : Serrurerie de Picardie, Serrures à clefs jumelles, à combinaisons, etc. Médaille de bronze en 1819 ; Mentions honorables en 1823, 1827 et 1834.

782 *Mohler*, à Paris, rue Jarente, n. 9 : Modèles en petit d'instruments d'agriculture. Médaille de bronze en 1834.

783 *Cambray*, à Paris, rue Saint-Maur, n. 47 : Machines et Instruments d'agriculture.

784 *Arnheiter*, à Paris, rue Childebert, n. 13 : Instruments d'agriculture,

N^os MM.

d'horticulture et mécanique. Mention honorable en 1823; Citation en 1827; Médaille de bronze en 1834.

785 *Corrège*, à Paris, rue de l'Ouest, n. 40 : Moulins à blé et accessoires divers à leur usage.

786 *Vallery*, à Paris, quai Jemmapes, n. 166 : Appareils pour conserver les grains, dits greniers mobiles.

787 *Rosé*, à Paris, rue Feydeau, n. 19: Machines et Instruments pour l'agriculture et le gaz portatif.

788 *Farcot*, à Paris, rue Moreau, n. 1: Fonderie et Construction de machines.

789 *Colonia*, à Paris, faubourg du Temple, n. 71 : Pompes à incendie.

790 *Lenseigne*, à Paris, rue Guillaume, n. 9 (Ile-Saint-Louis): Nouveautés industrielles de toutes espèces.

791 *Chapelle*, à Paris, rue du Chemin-Vert, n. 3 : Machine pour la fabrication du papier.

792 *Journet*, à Paris, Chemin de Ronde, barrière des Martyrs: Échafaudages et système de terrassement.

793 *Flachat*, à Paris, rue Taitbout, n. 1 *bis* : Forges, Machines.

794 *Lebel*, à Paris, rue des Amandiers-Sainte-Geneviève, n. 14 : Aréomètre monétaire, Vérificateur général des monnaies d'or ou d'argent.

795 *Debatiste*, à Paris, rue du Long-Pont, n, 4 : Machine à filer les vis, à cylindrer et canneler.

796 *Chomeau*, à Paris, rue Quincampoix, n. 63 : Pompe à feu.

797 *Bienbar*, à Paris, rue de Bondy, n. 24 : Appareil employé à la trituration ou froissage des graines oléagineuses.

798 *Héruville*, à Paris, rue Neuve-Guillemain, n. 13 : Machine à imprimer sur étoffes et papiers.

799 *Émy*, à Paris, rue Sainte-Croix-de-la-Bretonnerie, n. 18 : Modèle d'un nouveau système de charpente en bois et en fer.

800 *Jollats*, à Paris, rue des Filles-Dieu, n. 4 : Presse dite Jollats, mécanique à chapeaux de paille.

801 *Simon*, à Paris, rue des Cinq-Diamants, 25 : Machines à cambrer les tiges de bottes.

802 *Clair*, à Paris, rue du Cherche-Midi, n. 93 : Modèle d'un Tour à filer la soie, Appareil pour chercher les feuilles de mûrier.

803 *Hugonnet*, à Paris, rue des Trois-Couronnes-Saint-Marcel, n. 3 : Métiers à la Jacquart perfectionnés. Médaille de bronze en 1834.

804 *Chapelle*, à Paris, rue du Faubourg-Saint-Denis, n. 19 : Mécanique pour broyer les couleurs. Mention honorable en 1834.

805 *Calla* fils, à Paris, rue du Faubourg-Poissonnière, n. 92 : Machines pour comprimer le blé avant la mouture, Batteur pour nettoyer les grains, Métiers pour tisser.

806 *Oilleaux-Desormeaux*, à Paris, rue des Maçons-Sorbonne, n. 3 : Mo-

N^{os} MM.

dèles d'outils nouveaux et de machines motrices. Médaille d'argent en 1834.

807 *Armand-Clerc*, à Paris, rue Buisson-Saint-Louis, n. 16 : Outils et Machines nécessaires à l'horlogerie. Citation en 1834.

808 *Desrone* et *Cail*, à Paris, rue des Batailles, n. 7, 9 : Fabrication de machines et appareils de toutes espèces, mais spécialement destinés aux sucreries et aux raffineries.

809 *Coullier*, à Paris, rue Saint-Denis, n. 217 : Mécaniques de tous genres pour œillets métalliques.

810 *Saulnier*, à Paris, rue Notre-Dame-des-Champs, n. 51 : Machines à vapeur à haute et basse pression. Médaille d'argent en 1823; Mention honorable en 1827; Médaille d'argent en 1834.

811 *George*, à Paris, rue Papillon, n. 10 : Grue à pédales et Chèvre-grue applicables à l'élévation des fardeaux.

812 *Balin*, *Desvignes* et *Comp.*, à Paris, rue de Ménilmontant, n. 28 : Pompes rotatives, foulantes et aspirantes.

813 *Chaussenot*, à Paris, passage Violet, n. 2 : Système complet d'appareils de sûreté contre l'explosion des chaudières à vapeur.

814 *Janvier*, à Paris, rue du Bac, n. 42, chez M. Huerne de Pommeuse : Manivelle à embrayage.

815 *Janvier* et *Eck*, à Paris, rue de Grenelle-Saint-Germain, n. 68 : Roue à vapeur, à piston et à réaction.

816 *Alexandre*, à Paris, rue du Faubourg-Saint-Denis, n. 146 : Machines à vapeur et toutes sortes de machines en général.

817 *Penzoldt* et *Comp.*, à Paris, rue du Faubourg-Saint-Denis, n. 76 : Hydro-extracteurs, ou Machine à extraire l'eau des étoffes.

818 *Goulbier*, à Paris, rue Neuve-Saint-Gilles, n. 8 : Pompes à incendie domestiques et pour arrosage des jardins, etc.

819 *Poirier*, à Paris, rue du Faubourg-Saint-Martin, n. 35 : Presses à copier les lettres, à timbre sec, à cacheter, etc.

820 *Roller*, à Paris, rue de Charenton, n. 95 : Machine à broyer les couleurs et les substances alimentaires.

821 *Martin*, à Paris, rue du Faubourg-du-Temple, n. 12 : Mécanique pour faire des roues de voitures de tout genre.

822 *Pougeois*, à Paris, rue Saint-Sauveur, n. 30 : Cadrans indicateurs pour voitures de transport en commun.

823 *Bunten*, à Paris, quai Pelletier, n. 30 : Baromètre, Thermomètre, etc.

824 *Robert*, à Paris, rue de Vendôme, n. 13 : Horlogerie, Curiosités mécaniques.

825 *Deruquehens*, à Paris, rue Jacob, n. 18 : Instruments de précision.

826 *Leroy*, à Paris, rue des Fossés-Saint-Germain-l'Auxerrois, n. 29 : Instruments d'aréométrie en or, argent, platine, etc.

N^os MM.

827 *Legey*, à Paris, rue de Verneuil, n. 54 : Instruments de géodésie. Médaille d'argent en 1834.

828 *Buron*, à Paris, rue des Trois-Pavillons, n. 10 : Lunettes de campagnes ; Instruments d'arpentage, d'optique et de géodésie. Médaille d'argent en 1834.

829 *Vilbœuf* et *Pompon*, à Paris, rue de la Corderie-du-Temple, n. 21 : Horlogerie en Pendules avec un nouveau système de mouvement.

830 *Allain* et *Comp.*, à Paris, rue Boucherat, n. 34 : Horlogerie.

831 *Raffoux*, à Paris, rue des Écluses-Saint-Martin, n. 21 : Compas de moyenne grandeur à mesure fixe.

832 *Soleil* fils, à Paris, rue de l'Odéon, n. 35 : Instruments d'optique et Appareils pour la polarisation de la lumière.

833 *Cornu*, à Paris, rue Sainte-Croix-de-la-Bretonnerie, n. 20 : Horlogerie et Pendules.

834 *Dubuc*, à Paris, impasse de la Pompe, 3 : Pompes à jardin et à incendie.

835 *Bing*, à Paris, rue Portefoin, n. 6 : Pendules mignonettes.

836 *Lebihan*, à Paris, rue du Plâtre-Saint-Jacques, n. 11 : Petites serrures de luxe en cuivre pour portefeuille. Mention honorable en 1827.

837 *Loiseau*, à Paris, rue Michel-le-Comte, n. 31 : Instruments de physique, optique et chimie.

838 *Tachet*, à Paris, rue Saint-Honoré, n. 274 : Instruments de précision et de mathématiques en bois et en cuivre.

839 *Houdin*, à Paris, rue Bergère, n. 19 : Horlogerie et Outils d'horlogerie.

840 *Mallat*, à Paris, rue du Temple, n. 63 : Pendules à mouvement invisible.

841 *Bergue* et *Sprea* fils, à Paris, quai de Jemmapes, 228 : Machines à vapeur de toute espèce pour coton, laine ; Presses hydrauliques, etc.

842 *Elie*, à Paris, rue Bourg-l'Abbé, n. 2 : Albâtre et Horlogerie.

843 *Lecomte*, à Paris, rue des Fossés-Saint-Jacques, n. 12 : Instruments de physique, chimie, etc.

844 *Rouvet*, à Paris, rue de Chartres, n. 17 : Instruments de mathématiques et Modèles en bois.

845 *Deshayes*, à Paris, rue Cadet, n. 26 : Horlogerie mécanique et Objets de précision : Médaille d'argent en 1827 ; Rappel en 1834.

846 *Winnerl*, à Paris, passage Laurette, n. 7, près l'Observatoire : Montres marines et Instruments de précision.

847 *D'Orléans*, à Paris, rue du Faubourg-du-Temple, n. 110 : Mécanique en grosse horlogerie.

848 *Danger*, à Paris, rue Saint-Jacques, n. 248 : Jaugeage, Graduations et Chiffrage de tout instrument en verre.

N^os MM.

849 *Chadriat*, à Paris, rue Dauphine, n. 44 *bis* : Pupître mécanique à pédale.

850 *Cluesmeau*, à Paris, rue Favart, n. 4 : Pianos.

851 *Limonaire* frère, à Paris, rue Meslay, n. 32 : Pianos.

852 *Bernhardot*, à Paris, rue Buffault, n. 17 : Pianos en tous genres.

853 *Link*, à Paris, place de la Bourse, n. 27 : Pianos.

854 *Wolfel* et *Laurent*, à Paris, rue de l'Université, n. 25 : Pianos.

855 *Mermet*, à Paris, rue Hauteville, n. 43 : Pianos.

856 *Souffleto* et *Comp.*, à Paris, rue du Faubourg-Saint-Martin, n. 174 : Pianos de tous genres.

857 *Schoen*, à Paris, rue Richer, n. 42 : Pianos de tous genres.

858 *Wiermig*, à Paris, rue Saint-Sauveur, n. 22 : Pianos de tous genres.

859 *Wetzels*, à Paris, rue des Petits-Augustins, n. 9 : Pianos.

860 *Mussard*, à Paris, rue Barbette, n. 12 : Pianos.

861 *Ravenne* et *Blondel*, à Paris, rue du Faubourg-du-Temple, n. 1 : Pianos.

862 *Taurin*, à Paris, rue de la Chaussée-d'Antin, n. 50 : Pianos.

863 *Keller*, à Paris, rue de Valois, n. 8 : Pupître improvisateur.

864 *Soria* (madame), à Paris, rue Férou, n. 4 : Petits Claviers s'adaptant aux grands et de même étendue.

865 *Nasenberg*, à Paris, rue Meslay, n. 49 : Pianos.

866 *Ehrhart*, à Paris, rue Phelippeaux, n. 35 : Orgues.

867 *Muller*, à Paris, rue de la Ville-l'Évêque, n. 42 : Instruments de musique, Orgues expressives. Médaille de bronze en 1834.

868 *Gadaut*, à Paris, rue Sainte-Croix-de-la-Bretonnerie, n. 45 et 54, Orgues de chœurs et de tribunes.

869 *Daublaine*, *Callinet* et *Comp.*, à Paris, rue Saint-Maur-Saint-Germain, n. 17 : Orgues d'églises et d'appartements.

870 *Rambaux*, à Paris, faubourg Poissonnière, n. 18 : Instruments de lutherie.

871 *Naveau*, à Paris, place Saint-Sulpice, n. 8 : Cordes en soie pour instruments de musique. Mention honorable en 1834.

872 *Jahn*, à Paris, rue de la Lune, n. 6 : Instruments de musique en cuivre.

873 *Godfroy* aîné, à Paris, rue Montmartre, n. 67 : Instruments à vent.

874 *Desrone* et *Cail*, à Paris, rue des Batailles, n. 7, 9 : Sang desséché, Noir animal, Produits chimiques.

875 *Poissenet* et *Comp.*, à Clichy-la-Garenne : Produits chimiques.

876 *Lefebvre*, à Paris, quai de l'École, n. 20 : Pâte dite Augustine pour faire couper les rasoirs. Mention honorable en 1834.

N°s MM.

877 *Paillasson*, à Paris, rue des Trois-Bornes, n. 17 : Bougie stéarique dite royale.

878 *Holstein* et *Comp.*, à la Planchette, commune de Clichy-la-Garenne : Bougie stéarique, Bougie-chandelle.

879 *Gadain*, à Paris, rue de l'Église, n. 36, aux Batignolles : Dessèchement des viandes.

880 *Desobry*, à Paris, rue du faubourg Poissonnière, n. 4 : Conserves de fruits et légumes.

881 *Degrand*, à Paris, boulevart du Temple, n. 38 : Conservation des substances alimentaires animales et végétales.

882 *Poirson*, à Paris, Cité-Bergère, n. 6 : Fabrique de pâtes alimentaires.

883 *Chaussenot* jeune, à Paris, allée des Veuves, n. 87 : Sirop de fécule et sucre de fécule.

884 *Lesguillier*, à Paris, rue Mauconseil, n. 1 : Biscuits, façon de Reims.

885 *Groult*, à Paris, rue Sainte-Apolline, n. 16 : Pâtes et farines pour potages et purées.

886 *Chavigny de Blot* (de), aux Batignolles, petite rue de l'Église, n. 7 : Fabrication de moutarde.

887 *Thiboumery* et *Dubosque*, à Vaugirard, rue de Sèvres, n. 180 : Sulfate de quinine.

888 *Buran* et *Comp.*, à Grenelle, près Paris : Produits chimiques.

889 *De la Crétaz*, rue de Nivert, n. 18, à Vaugirard : Produits chimiques.

890 *Hulot*, à Monceaux, rue d'Asnières (Seine) : Sulfate et muriate d'ammoniaque. Mention honorable en 1834.

891 *Leperdriel*, à Paris, faubourg Montmartre, n. 78 : Produits pharmaceutiques pour vésicatoires, cautères.

892 *Binet*, à Paris, impasse Saint-Sabin, n. 8 : Fabrique de couleurs.

893 *Longchamps*, *Macle* et *Comp.*, Paris, rue Saint-Denis, n. 217 : Couleurs en tablettes, Crayons, etc.

894 *Daubigny*, à Paris, rue des Rosiers, n. 7 : Couleurs conservatrices dites lapidifiques.

895 *Gavrel*, à Paris, rue Saint-Méry, n. 48 : Peinture perfectionnée sans odeur.

896 *Houel* (veuve), quai de l'École, n. 10 : Couleurs lucidoniques sans odeur.

897 *Pihan*, à Paris, faubourg Saint-Honoré, n. 118 : Cirage pour équipages et harnais, Cirage vernis.

898 *Schindler*, à Paris, rue de Valois, n. 6 : Teinture de draps en pièces.

899 *Berville (Jules)*, à Paris, rue de la Chaussée-d'Antin, n. 29 : Couleurs préparées et pastels pour aquarelles.

900 *Cruel-Trempé* et *Félix Bernheim*, à la Villette, Grande-Rue, n. 94 : Teinture de peaux mégissées.

N^os MM.

901 *Courtois*, à Issy, avenue d'Issy, n. 17 : Briques cintrées, Boisseaux pour construction de tuyaux de cheminées.

902 *Sargent*, à Paris, avenue d'Antin, n. 23 : Briques façon anglaise au grand moule.

903 *Courtois*, à Paris, rue Saint-Lazare, n. 142 : Tuiles en terre cuite et métaux.

904 *Tesson*, à Paris, rue Saint-Maur, n. 63, 65 : Poterie réfractaire pour la chimie, Creusets, Moufles, etc.

905 *Halot* et de *Varaigne*, Montreuil-sous-Bois (Seine) : Couleurs diverses à fonds, grand feu sous émail.

906 *Rouveaux*, à Paris, rue Transnonain, n. 42 : Poteries pour le bâtiment.

907 *Chapelle*, à Paris, faubourg Saint-Denis, n. 19 : Peinture et dorure sur porcelaine. Mention honorable en 1834.

908 *Gouvrion*, à Paris, faubourg du Temple, n. 57 : Décoration, dorure et peinture sur porcelaine.

909 *Bonvoisin*, à Paris, rue des Vinaigriers, n. 27 : Lampes et soufflets d'émailleur.

910 *Rouyer* aîné, *Maës* et *Comp.*, à Paris, rue d'Enghien, n. 10 : Fabrique et taille de cristaux.

911 *Bernard*, à Paris, rue du Coq-Saint-Honoré, n. 4 : Carton-pierre.

912 *Aubrun* et *Herr*, à Paris, rue Marbeuf, n. 12 : Nouveau système comble de charpente.

913 *Albrecht*, à Paris, rue de Charonne, n. 18 : Ébénisterie.

914 *Haumont*, à Paris, rue de Bourgogne, n. 12 : Modèle de parquet, nouveau système.

915 *Simon*, à Paris, rue Bourg-l'Abbé, n. 22 : Tabatières garnies en or et argent et plaqué, Objets de fantaisie en écaille, Pendules, Nécessaires, etc.

916 *Legrand*, à Paris, passage Bourg-l'Abbé, n. 17 : Peignes et cannes en écaille.

917 *Drains*, à Paris, rue des Fossés-Saint-Germain-L'Auxerrois, n. 26 : Brosses et pinceaux en tous genres. Mention honorable en 1834.

918 *Lombard*, à Paris, rue Thorigny, n. 5 (Marais) : Sculpture d'ornements, Moules relatifs à la dorure.

919 *Moreau*, à Paris, rue Notre-Dame-des-Champs, n. 46 : Sculpture en marbre-cheminées.

920 *Dutel*, à Paris, rue des Trois-Bornes, n. 11 : Sculpture à la mécanique, Statues, Meubles.

921 *Hardouin*, à Paris, rue de Navarin, n. 11 : Sculpture en tous genres, Candelabres, Tables, etc.

922 *Pommateau*, à Paris, rue Ménilmontant, n. 116 : Sculpture d'ornements, Fontaine en pierre de liais peinte dorée.

923 *Robin*, à Paris, rue des Marais-Saint-Martin, n. 11 : Compas en bois, Tire-Bottes de voyage, etc.

N^{os} MM.

924 *Bellet*, à Paris, boulevart Bonne-Nouvelle, n. 18 : Appareils en bois remplaçant les planches à bouteilles.

925 *Castagnos*, à Paris, rue Saint-Germain-des-Prés, n. 5, 7 : Meubles en marqueterie de boulle.

926 *Rogé*, à Paris, rue du Petit-Lion-Saint-Sauveur, n. 26 : Menuiserie, Croisée.

927 *Marin*, à Paris, rue de Belle-Chasse, n. 42 : Ameublements, Fauteuils, Canapés.

928 *Jourdain*, à Paris, boulevart Saint-Denis, cité d'Orléans, n. 5 : Ameublements, Sommier élastique.

929 *Noël*, à Paris, Ancien-Marché-Saint-Martin, n. 11 : Tableterie-Mécanique pour les boules de billard.

930 *Joliet*, à Paris, galerie d'Orléans, n. 14 : Diverses tabatières.

931 *Angé*, à Paris, rue Guénégaud, n. 19 : Parquets incrustés et ordinaires, Décors en marqueterie.

932 *Borner*, à Paris, rue de la Planche, n. 16 : Peinture imitative de marbre et Bois avec incrustation, Table à thé, etc.

933 *L'Huinte*, à Paris, rue Meslay, n. 50 : Matelas élastiques.

934 *Wolff*, à Paris, rue Vanneau, n. 11 : Jalousies mécaniques.

935 *Quennesseu*, à Paris, rue Neuve-des-Petits-Champs, n. 55 : Tableterie, Encriers, Tabatières, Cornets, etc.

936 *Bonnié*, à Paris, rue Caumartin, n. 8 : Meubles, Tapisseries et Décors, Divan, Méridienne, Fauteuils.

937 *Sautini*, à Paris, rue de la Harpe, n. 99 : Nouveau pupitre.

938 *Seidel* et *Ahreas*, à Paris, rue Neuve-Saint-Gilles, n. 9 : Découpures, Tableaux, Sujets, Ornements.

939 *Boucher*, à Paris, rue Saint-Lazare, n. 94 : Menuiserie, Treillage, Jardinières-Volières, Pendules.

940 *Graenacker*, à Paris, rue Mazarine, n. 46 : Sculpture en bois, bas-reliefs, etc.

941 *Marin*, à Paris, rue de Belle-Chasse, n. 42 : Siéges de toutes espèces en fer et en bois.

942 *Grohé*, à Paris, rue de Varennes, n. 30 : Ébénisterie, Bureau, Commodes, etc. Mention honorable en 1834.

943 *Dupont*, à Paris, rue du Rocher, impasse d'Argenteuil, n. 12 : Sommiers, Matelas, Fauteuils et autres Meubles élastiques.

944 *Ringuet* père et fils, à Paris, rue Neuve-des-Petits-Champs, n. 36 : Meubles de luxe et goût de divers styles.

945 *Petit* et *Comp.*, à Paris, Petite-rue-de-Reuilly, n. 3 ; Marqueterie.

946 *Firmin Didot* frères, à Paris, rue Jacob, n. 56 : Fabrique de papiers, Imprimerie en lettres et en taille-douce, etc.

947 *Léger*, à Montrouge (Seine), avenue de la Santé, n. 18 : Gravures en caractères. Médaille d'argent en 1823 ; Rappel en 1827.

N^os MM.

948 *Fessin*, à Paris, rue des Boucheries-Saint-Germain, n. 19 : Objets de fonderie en caractères, Filets mixtes.

949 *Lombardot*, à Paris, rue du Four-Saint-Hilaire, n. 8 : Gravure en typographie. Mention honorable en 1834.

950 *Perrot*, à Paris, rue de la Tour-d'Auvergne, n. 7 : Cartes géographiques en relief.

951 *Lacaste*, à Paris, rue du Coq-Saint-Honoré, n. 13 : Gravures en Vignettes sur bois. Médaille de bronze en 1834.

952 *Duverger*, à Paris, rue de Verneuil, n. 4 : Impression de cartes géographiques et de musique.

953 *Delarue*, à Paris, rue Notre-Dame-des-Victoires, n. 16 : Impression et dessin et écriture en lithographie. Médaille de bronze en 1834.

954 *Zakrzewski*, à Paris, rue de Lille, n. 71 : Gravure de plans topographiques et cartes sur pierre.

955 *Caboche*, *Garneray* et *Comp.*, à Paris, passage Saulnier, n. 19 : Impressions lithographiques.

956 *Armengaud* frères, à Paris, rue des Filles-du-Calvaire, n. 6 : Dessins de machines, Dessins de locomotives.

957 *Turbé*, à Paris, rue de Madame, n. 22 : Caractères d'imprimerie, Vignettes, et tout ce qui concerne la typographie.

958 *Porthaux*, à Paris, rue du Cimetière-Saint-André-des-Arcs, n. 16 : Gravure typographique.

959 *Lion* et *Laboulaye* frère, à Paris, rue Saint-Hyacinthe-Saint-Michel, n. 33 : Fonderie de caractères d'imprimerie, Petits caractères.

960 *Gouet*, à Paris, rue du Cherche-Midi, n. 103 : Gravures en relief sur acier pour la typographie, Petits caractères.

961 *Andriveau-Goujon*, à Paris, rue du Bac, n. 6 : Cartes géographiques. Médaille d'argent en 1834.

962 *Èvrat*, à Paris, rue du Cadran, n. 14, 16 : Impressions typographiques en tous genres.

963 *Delacour*, à Paris, rue Saint-Honoré, n. 122 : Rouleau typographique pour l'application des timbres, Rouleau copiste pour copier les lettres.

964 *Leblanc* (veuve), à Paris, Faubourg-Saint-Martin, n. 41 : Dessins et Gravures d'architecture et de machines pour toute espèce d'industrie. Médailles de bronze en 1819 ; Médailles d'argent en 1823 et 1827.

965 *Dubochet*, à Paris, rue de Seine, n. 33 : Gravure de vignettes sur bois pour ouvrages illustrés.

966 *Laurent* et *de Berny*, à Paris, rue des Marais-Saint-Germain, n. 17 : Fonderie en caractères d'imprimerie (fantaisie).

967 *Carle*, à Paris, rue J.-J. Rousseau, n. 12 : Imprimerie lithographique, Édition d'estampes.

Nos MM.

968 *Fontana*, à Paris, rue des Marais-du-Temple, n. 13 : Pinceaux à l'usage des peintres.

969 *Bibolet*, à Paris, passage Sainte-Marie, n. 10 : Reliure.

970 *Courtier*, à Paris, rue Grenier-Saint-Lazare, n. 17 : Pinceaux, Brosses pour peindre.

971 *Faure*, à Paris, rue Coquenard, n. 9 : Mannequins perfectionnés pour les peintres et les sculpteurs.

972 *Lebel*, à Paris, rue des Amandiers-Sainte-Geneviève, n. 14 : Maquettes à l'usage des artistes peintres et statuaires.

973 *Koehler*, à Paris, rue de Grenelle-Saint-Germain, n. 59 : Reliure ancienne et moderne. Médaille d'argent en 1834.

974 *Simier*, à Paris, rue Saint-Honoré, n. 152 : Reliures, Album, Objets de fantaisie. Médaille d'argent en 1823; Rappel en 1827; nouvelle Médaille d'argent en 1834.

975 *Reichmann*, à Paris, rue Saint-Benoît, n. 19 : Reliures mobiles. Mention honorable sous le nom de Frichet en 1834.

976 *Allix*, à Paris, rue Montmartre, n. 41 : Figures en cire à l'usage des peintres, coiffeurs, etc.

977 *Ferry* et *Comp.*, à Paris, impasse Saint-Dominique-d'Enfer, n. 4 : Garde-vues diaphanes, pour tour de lampes et bougies, avec ornements transparents.

978 *Giroux* et *Comp.*, à Paris, rue du Coq-Saint-Honoré, n. 7 : Bordures, Ébénisterie, Nécessaires, Objets de goût et de fantaisie. Médaille d'argent en 1834.

979 *Lebel*, à Paris, rue Michel-le-Comte, n. 23 : Éventails, Lorgnettes, etc.

980 *Martin*, à Paris, rue du Parc-Royal, n. 4 : Sculpture d'ornements, Fleurs, Fruits, etc.

981 *Marrel*, à Paris, rue Phelippeaux, n. 15 : Écrans divers.

982 *Simon*, à Paris, rue Saint-Martin, n. 275 : Lunettes, Pommes de cannes à ressort pour cravache, badine.

983 *Savary*, à Paris, rue de Bièvre, n. 33 : Stores, Écrans, Transparents, etc.

984 *Jacquemin*, à Paris, rue Neuve-Saint-Augustin, n. 34 : Lampes mécaniques, Lustres.

985 *Roger* et *Comp.*, à Paris, rue des Bons-Enfants, n. 34 : Lampes mécaniques à plusieurs becs.

986 *Lamy* et *Levent*, à Paris, rue Montmartre, n. 131 : Lampes dites olearigaz, Lanternes.

987 *Viesnegg*, à Paris, rue Saint-Jacques, n. 72 : Lampes diverses, Cafetières.

988 *Grison*, à Paris, rue Salle-au-Comte, n. 8 : Mèches, Veilleuses, Briquets.

989 *Chaussenot*, à Paris, allée des Veuves, n. 87 : Calorifères et Calorifères-sècheurs

Nos MM.

990 *Jeunel*, à Paris, rue Sainte-Croix-de-la-Bretonnerie, n. 34 : Veilleuses et Matières plastiques.

991 *Barreau*, à Paris, rue Neuve-Vivienne, n. 30 : Lampes-Carcel, Bronzes.

992 *Roche*, à Paris, rue du Bac, n. 107 : Poêles et Cheminées-calorifères.

993 *Wetys*, *Noyelle* et *Bertrand*, à Paris, rue Grange-Batelière, n. 17 : Cheminées-calorifères.

994 *Boudon*, à Paris, rue Montholon, n. 13 : Calorifères à régulateur manomètre.

995 *Deligny*, à Paris, rue Pinon, n. 10 : Cheminée, Poêle, Capnofuge.

996 *Laroche* (madame), à Paris, rue Saint-Étienne, n. 15 : Fourneaux économiques à foyer mobile et autres.

997 *Maratuch*, à Paris, rue des Marais-du-Temple, n. 11 *bis* : Appareils contre l'incendie pour poêles et cheminées.

998 *Barbier*, à Paris, quai de la Mégisserie, n. 8 : Cheminées à charbon de terre en fonte sur modèle français.

999 *Courcier* (madame veuve), à Paris, rue d'Orléans, n. 3 : Bourrelets d'enfants.

1000 *Darbo*, à Paris, passage Choiseul, n. 86 : Biberons. Mention honorable en 1834.

1001 *Breton* (madame), à Paris, boulevart Saint-Martin, n. 3 : Tétines desséchées, Biberons en cristal. Médaille de bronze en 1827 ; Rappel en 1834.

1002 *Paillard*, à Paris, rue Aumaire, n. 31 : Cannes, Manches de parapluies sculptés.

1003 *Fabel*, à Paris, rue du Sentier, n. 18 : Lettres découpées en papier or et argent pour orner les chefs de draps.

1004 *Pion*, à Paris, rue de l'Échiquier, n. 26 : Plomberie, Fonderie partie hydraulique.

1005 *Averty*, à Paris, rue Neuve-des-Mathurins, n. 10 : Pompes de tous genres et Garderobes. Médaille de bronze en 1827 : Mention honorable en 1834.

1006 *Bourg*, à Paris, rue de Charenton, n. 68 : Siége secret.

1007 *Jeannin*, à Paris, rue des Boucheries-Saint-Germain, n. 31 : Fabrique de queues de billard.

1008 *Cresson d'Orval*, à Paris, rue Montmartre, n. 15 : Bandages herniaires divers.

1009 *Valérius*, à Paris, rue du Coq-Saint-Honoré, n. 16 : Corsets contre les difformités de la taille, Bandages.

1010 *Claudin*, à Paris, rue de la Tonnellerie, n. 9 : Fusils de chasse, Pistolets.

1011 *Marambert*, à Paris, rue du Faubourg-Saint-Honoré, n. 66 : Arquebuserie, Pistolets. Mention honorable en 1834.

Nos MM.

1012 *Devisme*, à Paris, rue du Helder, n. 12 : Armes à feu de luxe en tous genres.

1013 *Le Lyon*, à Paris, rue de Richelieu, n. 71 : Armes à feu de luxe, Pistolets.

1014 *Bernard*, à Paris, rue Marbeuf, n. 22 : Canons de fusil de chasse et de Pistolets.

1015 *Krestz* (*Chrétien*) aîné, à Paris, quai de la Mégisserie, n. 34 : Ustensiles de pêche et de chasse en tous genres.

1016 *Perin*, à Paris, rue de la Chaussée-d'Antin, n. 24 : Armes de luxe, Fusils, Pistolets. Médaille de bronze en 1834.

1017 *Goddet* et *Alkin*, à Paris, rue Saint-Lazare, n. 121 : Canons de fusils et Pistolets.

1018 *Roche*, à Paris, rue du Faubourg-Saint-Martin, n. 89 : Fabrique d'articles de chasse, Carabines, Ceintures, etc. Mention honorable en 1827.

1019 *Baucheron-Pirmet*, à Paris, rue de Richelieu, n. 64 : Armes à feu. Mention honorable en 1834.

1020 *Guiot*, à Paris, rue Saint-Martin, n. 165 : Appareils pour étalages de marchandises.

1021 *Dunand*, à Paris, rue du Marché-Saint-Honoré, n. 5 : Encre et outils pour marquer le linge.

1022 *Derrion*, Paris, rue Montmartre, n. 35 : Mimographie, art d'écrire la danse et la pantomime.

1023 *Guillard*, à Paris, passage Vivienne, n. 12 : Jouets d'enfants mécaniques.

1024 *Dufeu*, à Paris, passage Basfour, n. 15 : Le Tachymecte, appareil pour décrotter les bottes.

1025 *Brissot-Thivars*, à Paris, place du Louvre, n. 4 : Nouveau Tonneau d'arrosement.

1026 *Gauchez* et fils, à Paris, quai Napoléon, n. 15 : Armes.

1027 *Desclous*, à Paris, rue Coquenard, n. 21 : Lits d'accouchement.

1028 *Hiolle*, à Paris, rue Meslay, n. 37 : Queue de billard.

1029 *Oudinot*, à Paris, place de la Bourse, n. 27 : Tissus crinolines et Tissus de santé.

1030 *David*, à Paris, rue Saint-Fiacre, n. 1 : Tissus en coton, laine et soie pour l'impression. Mention honorable en 1823.

1031 *Guigneaux* frères et *Comp.*, à Paris, rue Saint-Denis, n. 208 : Laines peignées, filées et teintes. Médaille de bronze en 1834.

1032 *Dupuis* et *Reumont* jeune, à Paris, rue des Jeûneurs, n. 1 : Étoffes imitant la soie, la laine et le fil.

1033 *Trotry-Latouche*, à Paris, rue Michel-le-Comte, n. 24 : Bonnets à

N°s MM.

l'usage des Orientaux et des troupes françaises, Tapis de pied, Echantillons d'impressions, Bordures et Rosaces pour tapis et descente d'escalier. Médaille de bronze en 1823 ; Médailles d'argent en 1827, 1834.

1034 *Chinard* fils et *Comp.*, à Paris, rue de Cléry, n. 9 : Châles.

1035 *Robinet*, à Paris, rue Jacob, n. 48 : Tour à dévider les cotons, Instruments propres à apprécier la résistance.

1036 *Despreaux*, à Paris, rue de Louvois, n. 3 : Velours gravés et Cuirs vénitiens.

1037 *Perilleux Michelez*, à Paris, rue des Lombards, n. 41 : Canevas et broderis sur canevas.

1038 *Dutertre*, à la Chapelle-Saint-Denis, Grande-Rue, n. 141 (Seine) : Taffetas gommé, Tapis pour tables et appartements, Toile cirée.

1039 *Godefroy*, à Paris, rue du Gros-Chenet, n. 17 : Impressions sur tissus de laine, laine et soie, soie pure et cachemire.

1040 *Fanfernot* et *Dulac*, à Belleville, impasse de l'Oreillon : Impressions en relief sur étoffes, et Fabrique de tapis.

1041 *Couteaux* père et fils, à Paris, rue Poissonnière, n. 21 : Cuirs vernis, Toiles cirées imperméables au caoutchouc.

1042 *Lavrit* et *Larsonnier*, à Paris, rue du Gros-Chenet, n. 8 : Impressions sur laine, soie, laine et soie.

1043 *Gonin*, à Paris, quai Bourbon, n. 45 : Impressions en or sur étoffes de soie, laine et coton.

1044 *Audin*, à Paris, rue du Faubourg-Poissonnière, n. 106 : Bonneterie en feutre. Mention honorable en 1834.

1045 *Bassot*, à Paris, rue du Temple, n. 22 : Boutons en corne.

1046 *Soyer*, à Paris, rue Richer, n. 17 : Cuirs vernis.

1047 *Daldringen* et *Mathey*, à Paris, rue du Colysée, n. 12 : Une Voiture de cérémonie.

1048 *Tronchon*, à Paris, rue Montmartre, n. 142 : Registre à copier.

1049 *May*, à Paris, rue Sainte-Croix-d'Antin, n. 7 : Papier fait avec des filaments de bananiers.

1050 *Benoist*, à Paris, rue Fontaine-Saint-Georges, n. 10 : Papiers peints glacés imperméables.

1051 *Lainé*, à Paris, rue Michel-le-Comte, n. 34 : Cartonnage à l'usage des bureaux. Mention honorable en 1834.

1052 *Cavaillé-Coll* père et fils, à Paris, rue Notre-Dame-de-Lorette, n. 42 : Orgues et Poikilorgues.

1053 *Marmier*, à Paris, rue Sainte-Anne, n. 55 : Pendules et Piédestaux, Modèle de cuve et baignoire en marbre.

1054 *Rigardin* et *Comp.*, à Paris, rue de Lille, n. 3 : Marbres artificiels.

1055 *Bex* (madame), à Paris, rue de la Chaussée-d'Antin, n. 13 : Carrelage en stuc bitumineux.

Nos MM.

1056 *Bidon* et *Arrault*, à Montmartre, rue du Chemin-Neuf, n. 1 : Dessins par incrustation en stuc, Asphalte multicolore.

1057 *Brouillet*, à Paris, rue Aubry-le-Boucher, n. 28 : Poterie d'étain à l'usage des pharmaciens et distillateurs.

1058 *Corlieu*, à Paris, rue du Marché-Neuf, n. 24 : Vases pour le dépôt des tisanes dans les pharmacies et salles d'hôpitaux, Appareil pour la distillation des poudres.

1059 *Carpentier*, à Paris, rue de Cléry, n. 83 : Lettres en relief pour devantures de boutiques, Objets en zinc pour le bâtiment.

1060 *Parquin*, à Paris, rue Popincourt, n. 74 : Fontaines, Bouilloires à thé, etc. Médaille de bronze en 1834.

1061 *Viteau*, à Paris, rue Vivienne, n. 16 : Bronzes. Médaille d'argent en 1834.

1062 *Soyer*, *Ingé* et fils, à Paris, rue des Trois-Bornes, n. 28 : Bronzes.

1063 *Gérard-Pinsonnier*, à Paris, rue Vivienne n. 24 : Ornements en cuivre estampé. Médaille de bronze en 1834.

1064 *Parquin*, à Paris, rue Popincourt, n. 74 : Plaqué d'or et d'argent.

1065 *Mention* et *Wagner*, à Paris, rue des Jeûneurs, n. 14 : Orfèvrerie émaillée.

1066 *Morize* et *Vatard*, à Paris, rue Mauconseil, n. 16 : Bijouterie de fantaisie en or.

1067 *Dafrique*, à Paris, rue Saint-Martin, n. 103 : Bijouterie, Joaillerie.

1068 *Delamare*, à Paris, rue du Coq-Saint-Honoré, n. 8 : Plumes à écrire en or et becs en rubis.

1069 *Valat*, à Paris, rue Pastourelle, n. 5 : Cadrans d'émail.

1070 *Viennot*, à Paris, rue Neuve-Bourg-l'Abbé, n. 2 : Bijouterie de deuil.

1071 *Truchy* (madame), à Paris, rue du Petit-Lion-Saint-Sauveur, n. 18 : Imitation de perles fines.

1072 *Laporte*, à Paris, rue des Filles-Saint-Thomas, n. 20 : Coutellerie.

1073 *Crouste*, à Paris, rue Saint-Denis, n. 345 : Emporte-pièce et Gaufroirs pour les fleurs artificielles.

1074 *Taillepied de la Varenne* (mademoiselle), à Paris, rue du Bac, n. 102 : Tour à terre, outil pour polir les marbres.

1075 *Baudy*, à Paris, rue du Faubourg-Saint-Martin, n. 102 : Serpette-sécateur.

1076 *Pourchasse*, à Paris, passage Sainte-Avoye, n. 8 : Vis cylindriques. Mention honorable en 1834.

1077 *Bignon*, à Mont-Rouge, rue du Champ-d'Asile, n. 40 : Outils à l'usage des bottiers et cordonniers.

1078 *Raoul*, à Paris, rue Popincourt, n. 12 : Limes.

1079 *Chevallier*, à Paris, rue Neuve-Ménilmontant, n. 9 : Petite et grosse taillanderie. Mention honorable en 1834.

Nos MM.

1080 *Demay*, à Paris, rue Notre-Dame-de-Lorette, n. 1 : Lits en fer.

1081 *Drouin*, à Paris, rue du Faubourg-Saint-Denis, n. 98 : Lits en fer et en bois.

1082 *Laurent*, à Paris, passage Saulnier, n. 21 : Fenêtres en fer.

1083 *Doré*, à Paris, rue Saint-Denis, n. 283 : Coffres-forts.

1084 *Herbinot*, à Dugny (Seine) : Serrures.

1085 *Rolin* et *Comp.*, passage Sainte-Croix-de-la-Bretonnerie, n. 6 : Crémones, Mouvements de sonnettes, Clavettes à ressort en fer et en cuivre.

1086 *Prud'homme*, à Paris, port de Bercy, n. 48 : Boulons de toutes espèces.

1087 *Andriot*, à Paris, rue Rochechouart, n. 23 : Modèles d'espagnolettes, dites pantoches.

1088 *Fontaine*, à Paris, rue de Charonne, n. 119, faubourg Saint-Antoine : Pétrin mécanique de petite dimension.

1089 *Serveillé* aîné, à Paris, rue d'Amboise, n. 4 : Modèle de chemin de fer avec wagons.

1090 *Gervais*, à Paris, rue Saint-Jacques, n. 155 : Chaudière-calorifère.

1091 *Rottée*, à Paris, rue Popincourt, n. 30 : Machine à tailler les engrenages. Médaille de bronze en 1834.

1092 *Lucas Richardière*, à Paris, rue de Seine, n. 6 : Modèle d'usine.

1093 *Gronnier*, à Paris, rue du Faubourg-Poissonnière, n. 58 : Plan en relief d'un haut-fourneau avec appareil à air chaud.

1094 *Cartier Armengaud* aîné, à Paris, rue de Montreuil, n. 81 : Roues et engrenages divers.

1095 *Gallafent*, à Paris, rue des Amandiers-Popincourt, n. 7 : Machine à vapeur.

1096 *Claudet*, à Paris, rue Chabannais, n. 3 : Machine à couper et à dresser les cylindres en verre.

1097 *Lagrange*, à Paris, rue du Faubourg-du-Temple, n. 95 : Modèle d'usine et Machines diverses.

1098 *Poyer*, aux Thermes, route de Paris, n. 9 : Moulin à plâtre.

1099 *Beslay* fils, à Paris, rue Neuve-Popincourt, n. 17 : Chaudière d'un nouveau système.

1100 *Theren* jeune, à Paris, rue Neuve-Ménilmontant, n. 6 : Machine à forer le fer et la fonte.

1101 *Saulnier* aîné, à Paris, rue Saint-Ambroise-Popincourt, n. 5 : Machine à vapeur; Tableaux de diverses machines; Planches d'acier fondu préparées pour la gravure. Médaille d'argent en 1827; Médaille d'or en 1834.

1102 *Gruaz*, à Paris, rue de la Huchette, n. 6 : Diverses machines pour l'horlogerie.

1103 *Frey* fils, à Paris, impasse Saint-Laurent, n. 2 : Machine à vapeur; Divers dessins de machines.

Nos MM.

1104 *Levesque*, à Paris, petite rue Saint-Pierre-Popincourt, n. 8 : Diverses pompes en cuivre, fonte et fer.

1105 *Klemm* et *Torasse*, aux Batignolles, rue des Dames, n. 21 : Appareil mesurant d'eau.

1106 *Cosalis*, à Saint-Quentin (Aisne) : Machine locomotive placée dans les chantiers du chemin de fer de Saint-Germain.

1107 *Buet*, à Paris, passage du Grand-Cerf, n. 7 et 47 : Instruments de physique.

1108 *Zimmer*, à Paris, rue Pierre-Levée, n. 10 *bis* : Appareils de précision.

1109 *Lecrosnier*, à Beau-Grenelle, rue des Entrepreneurs, n. 31 (Seine) : Objets de précision pour la géométrie.

1110 *Gouet*, aux Thermes, n. 17 (Seine) : Cisaille-filière à tarauder. Taraud, Tourne-broche, Horloge, etc.

1111 *Perrelet*, à Paris, rue de Rohan, n. 24 et 26 : Horlogerie de précision et Instruments de précision pour les sciences.

1112 *Pons*, à Paris, rue Cassette, n. 20 : Mouvements de pendules.

1113 *Pons*, à Paris, rue Cassette, n. 20 : Machine à battre le blé.

1114 *Moris*, à Paris, rue du faubourg Saint-Antoine, n. 147 : Filières en bois avec leurs tarrauds.

1115 *Richer*, à Paris, rue de la Boucherie, n. 14 : Instruments d'astronomie et de marine.

1116 *Arrier-Perricat*, à Paris, rue des Écouffes, n. 26 (Marais) : Gravimètres, Thermomètres et autres instruments de physique et de chimie en verre.

1117 *Reymond*, à Paris, boulevart des Italiens, n. 26 : Montres, Échappements, Cylindre se remontant sans clef.

1118 *Guidon*, à Paris, rue Montmartre, n. 121 : Pianos. Médaille de bronze en 1834.

1119 *Roller* et *Blanchet*, à Paris, rue Hauteville, n. 16 : Pianos. Médaille d'argent en 1823; Rappel en 1827; Médaille d'or en 1834.

1120 *Mullier*, à Paris, rue de Tracy, n. 5 : Pianos.

1121 *Moullé*, à Paris, rue d'Enfer, n. 78 : Pianos droits, carrés, à queues.

1122 *Debain*, à Paris, boulevart Saint-Denis, n. 24 : Pianos carrés à trois cordes, petit Piano, Écrans à clavier.

1123 *Pfeiffer*, à Paris, rue Montmartre, n. 132 : Pianos et Harpes.

1124 *Jofroy*, à Paris, rue Neuve-Coquenard, n. 17 : Pianos.

1125 *Abbey*, à Paris, rue Saint-Denis, n. 319 : Orgue d'église et d'appartements.

1126 *La Prévotte*, à Paris, rue Louis-le-Grand, n. 33 : Violon, Alto, Basse et Guitare dite *La Prévotte*. Mention honorable en 1823; Médaille de bronze en 1827; Citation en 1834.

Nos MM.

1127 *Guillet*, à Paris, rue Charlot, n. 19 : Violon et Archet en métal.

1128 *Tulou*, à Paris, rue des Martyrs, n. 27 : Flûtes en tous genres. Médaille de bronze en 1834.

1129 *Labbaye*, à Paris, rue du Caire, n. 17 : Instruments de musique en cuivre.

1130 *Bellissent*, à Paris, rue Saint-Honoré, n. 260 : Flûtes.

1131 *Lefèvre*, à Paris, rue Saint-Honoré, n. 221 : Clarinettes, Bassons et Flûtes. Mention honorable en 1823; Médaille de bronze en 1827; Rappel en 1834.

1132 *Triebert*, à Paris, rue Montmartre, n. 132 : Instruments de musique à vent et en bois.

1133 *Beziat*, à Paris, rue du Faubourg-Saint-Antoine, n. 121 : Albumine en poudre pour clarifier les vins et sirops.

1134 *Boisset* et *Gaillard*, à Paris, rue de la Verrerie, n. 66 : Bougies diverses; Blanchissage de cire.

1135 *Chaudron*, *Junot* et *Comp.*, à Paris, rue des Vieilles-Audriettes, n. 4 : Savons divers; Acide stéarique; Huile pour les mécaniques.

1136 *Tresca* et *Ebole*, à Paris, rue Thévenot, n. 24 : Bougies stéariques dites de l'Eclipse.

1137 *Jager* (veuve), à Paris, rue Neuve-des-Petits-Champs, n. 28 : Chocolats; Boîtes de pastilles.

1138 *Chockina*, au Bourget, près Paris (Seine) : Pâtes alimentaires.

1139 *Chambard*, à Paris, rue du Bac, n. 2 *bis* : Pain et Amidon.

1140 *Lecrosnier*, à Paris, rue du Temple, n. 69 : Couleurs pour la gouache et la peinture à l'huile.

1141 *Evrat*, à Paris, rue Richer, n. 10 : Briques, tuiles et carreaux.

1142 *Perciné*, à Paris, rue du Faubourg-Montmartre, n. 10 : Peinture sur porcelaine, vases, services.

1143 *Chapelle*, à Paris, rue du Faubourg-Saint-Denis, n. 19 : Peinture. Dorure sur porcelaine, cristaux, verrerie.

1144 *Depierre*, à Paris, quai Malaquais, n. 13 : Réparation des vitraux anciens.

1145 *de Beine*, à Paris, rue Mercier, n. 2 : Sacs et Tuyaux sans couture; Toiles et Treillis. Mention honorable en 1834.

1146 *Hallé*, à Paris, rue Bailleul, n. 7 : Sculpture, Carton pierre collé.

1147 *Boileau*, à Paris, rue Saint-Guillaume, n. 16 : Sculpture en bois. Menuiserie, Découpure, Tournure pour décorations d'église, palais, etc.

1148 *Collette*, à Paris, rue Mandar, n. 9 : Tabatières, Objets de fantaisie. Mention honorable en 1834.

1149 *Chapelot*, à Paris, rue Saint-Sauveur, n. 3 : Formes pour cordonniers.

Nos MM.

1150 *Mercier*, à Paris, rue Jean-Robert, n. 22 : Tabatières fines et bois des îles.

1151 *Berneuil*, à Paris, rue du Faubourg-Poissonnière, n. 118 : Mains-courantes d'escalier.

1152 *Heugue*, à Paris, rue Neuve-Saint-Martin, n. 26 : Brosserie.

1153 *Sellier*, à Paris, rue Rochechouart, n. 14 : Meubles en tous genres.

1154 *Fauve*, à Paris, rue Saint-Dominique-Gros-Caillou, n. 117 : Épingles en bois pour l'étendage.

1155 *Meynard* père et fils, à Paris, passage de la Boule-Blanche, faubourg Saint-Antoine : Ébénisterie et Menuiserie pour siéges. Médaille d'argent en 1834.

1156 *Lemarchand*, à Paris, rue des Gravilliers, n. 27 : Tours de toute espèce. Mention honorable en 1834.

1157 *Hoefer*, à Paris, impasse Guémenée, n. 8 : Ébénisterie en tous genres.

1158 *Durand* fils, à Paris, rue du Harlay, n. 5 : Meubles en tout genre. Médaille de bronze en 1834.

1159 *Potier-Lucion* et *Point*, chemin de Pantin (Seine) : Modèle de charpentes.

1160 *Carette*, à Paris, rue du Faubourg-Poissonnière, n. 31 : Meubles, Décors d'appartements sur châssis mobiles.

1161 *Mainfroy*, à Paris, rue du Faubourg-Saint-Martin, n. 70 : Ameublements.

1162 *Koch*, à Paris, rue aux Ours, n. 51 : Peignes en tout genre.

1163 *Lemaître*, à Paris, rue Richer, n. 34 : Menuiserie, Procédés mécaniques.

1164 *Davion*, à Paris, rue de la Ferme-des-Mathurins, n. 5 : Objets de goût et de fantaisie, Jardinière-pupitre.

1165 *Béfort* père et fils jeune, à Paris, rue Saint-Honoré, n. 3 : Ébénisterie, Marqueterie, Coffres.

1166 *Ory*, à Paris, rue du Faubourg-du-Temple, n. 71 : Meubles de fantaisie, Nécessaires.

1167 *Bigot*, à Paris, rue Saint-Lazare, n. 142 : Ébénisterie riche. Mentions honorables en 1827 et 1834.

1168 *Sellier*, à Paris, rue Saint-Jacques, aux Sourds-Muets : Objets tournés en bois et ivoire.

1169 *Chambaud*, à Paris, rue du Temple, n. 62 : Petite ébénisterie de fantaisie.

1170 *Daiguebelle*, à Paris, rue Notre-Dame-des-Champs, n. 50 *bis* : Impressions lithographiques en tout genre.

1171 *Bernard*, à Paris, rue Martel, n. 12 : Eau fixative pour le dessin, Papier transparent pour décalquer.

N^os MM.

1172 *Dieu*, à Paris, rue Hautefeuille, n. 13 : Cartes, Globes, Sphères astronomiques. Médaille d'argent en 1834.

1173 *Lemercier*, *Bernard* et *Comp.*, à Paris, rue de Seine-Saint-Germain, n. 55 : Encres, Crayons, Noirs d'impression et Imprimerie lithographique.

1174 *Garin*, à Paris, rue de Seine-Saint-Germain, n. 51 : Restauration et nettoiement de tout ouvrage sur papier.

1175 *Pierron*, à Paris, rue Saint-Honoré, n. 123 : Presses autographiques de bureau. Mention honorable en 1827; Médaille de bronze en 1834.

1176 *Jacotier*, à Paris, rue de Buffon, n. 15 : Reproduction d'anciennes gravures sur pierres lithographiques.

1177 *Beurteaux*, à Paris, quai de la Mégisserie, n. 40 : Peinture en décors, Tableaux.

1178 *Garson*, à Paris, rue de la Cité, n. 36 : Dessins et Impressions lithographiques.

1179 *Martenot* et *Comp.*, à Paris, rue Richelieu, n. 92 : Impressions lithographiques. Mention honorable en 1834.

1180 *Deupès*, à Paris, rue Chilpéric, n. 10 : Calligraphie, Tableaux.

1181 *Dupont*, à Paris, rue de Venise, n. 3 : Typographie, Impression sèche.

1182 *Guichard*, à Paris, rue des Jeûneurs, n. 1 *bis* : Dessins pour impressions d'étoffes et papiers pour broderies, Meubles, Tissus.

1183 *Leblanc*, à Paris, rue Saint-Martin, n. 285 : Dessins au lavis, Bateau à vapeur.

1184 *Villain*, à Paris, rue de Sèvres, n. 29 : Lithographie.

1185 *Lusson*, à Paris, rue des Saints-Pères, n. 13 : Gravures sur cuivre, Architecture gothique, Plans divers.

1186 *Vialon*, à Paris, passage Colbert, escalier *E* : Gravures sur acier, cuivre, étain et figures, ornements, lettres.

1187 *Bobœuf*, à Paris, rue Cadet, n. 23 : Lithographie musicale.

1188 *Dupont*, à Paris, rue de Grenelle-Saint-Honoré : Lithographie (modèles administratifs).

1189 *Houbloup*, à Paris, rue Dauphine, 22, 24 : Impressions lithographiques.

1190 *Allix*, à Paris, rue des Grands-Augustins, n. 29 : Modelage et Moulage en tout genre.

1191 *Silvant*, à Paris, rue Croix-des-Petits-Champs, n. 43 : Lampes, Appareils d'éclairage.

1192 *Hachette*, à Paris, rue Saint-Martin, n. 115 : Laves émaillées et peintes avec couleurs vitrifiées, Poêles, Intérieurs de cheminée.

1193 *Billard*, à Paris, rue Neuve-des-Petits-Champs, n. 93 : Cheminées, Poêles, et Poêles-cheminées.

Nos MM.

1194 *Duvoir*, à Paris, rue Neuve-Coquenard, n. 11 : Appareils de chauffages, Calorifères, Cuisines, Blanchisseries.

1195 *Tirmache*, à Paris, rue Saint-Honoré, n. 357 : Garderobes de différentes formes.

1196 *Greiling*, à Paris, quai Napoléon, n. 33 : Instruments et Appareils de chirurgie.

1197 *Gevelot*, à Paris, rue Notre-Dame-des-Victoires, n. 24 : Amorces fulminantes pour armes à feu.

1198 *Pirmet*, à Paris, allée d'Antin, n. 15 : Arquebuserie de luxe.

1199 *Delebourse*, à Paris, rue Coquillière, n. 30 : Armes de luxe.

1200 *Desmyau*, à Paris, rue J.-J. Rousseau, n. 5 : Armes à feu, Calot mécanique.

1201 *Pâris*, à Paris, rue de Seine-Saint-Germain, n. 56 : Armes de chasse en tout genre.

1202 *Bernard*, à Paris, rue de Grenelle-Saint-Germain, n. 156 : Canons de fusil de chasse.

1203 *Lesire Gruger*, à Paris, rue du Cimetière-Saint-André-des-Arts, n. 9 : Modèle de pièce d'artillerie.

1204 *Sinet*, à Paris, rue du Dragon, n. 5 : Objets d'arts.

1205 *Masson*, à Paris, rue Neuve-des-Petits-Champs, n. 47 : Caleçons, Corsets de sauvetage.

1206 *Leroy*, à Paris, quai Saint-Michel, n. 15 : Peinture sur verres, Transparents, Stores.

1207 *Meynadier*, à Mont-Rouge, Grande-Rue, n. 32 (Seine) : Tissus imperméables.

1208 *Brunet*, à Paris, rue Neuve-Saint-Eustache, n. 44 : Châles indoux, laine cachemire.

1209 *Béchard*, à Passy, sur le quai, n. 26 : Teinture et apprêts sur laines.

1210 *Boutineau*, à Paris, rue Neuve-Saint-Eustache, n. 52 : Châles indoux.

1211 *Foye Davenne*, à Paris, rue Neuve-des-Petits-Champs, n. 63 : Couvre-pieds, Laine.

1212 *Poupinel*, à Paris, rue Galande, n. 57 : Couvertures de laine.

1213 *Boullenois*, à Paris, place de l'Hôtel-de-Ville, n. 8 : Soies grèges.

1214 *Popelin Ducarre*, à Paris, rue Neuve-Vivienne, n. 41 : Broderies en or, argent, soie, etc.

1215 *Gravier Delvalle*, à Paris, rue Neuve-des-Petits-Champs, n. 64 : Broderies.

1216 *Mazure* de *Aguirre*, à Paris, rue d'Antin, n. 3 : Chanvre imperméable, Malles, Étuis.

1217 *Ledoux*, à Neuilly-sur-Seine (Seine) : Doubles tissus imperméables.

N° MM.

1218 *Dufau* et *Comp.*, à Paris, rue Saint-Bernard, n. 13, faubourg Saint-Antoine : Peaux de chevreaux bronzées, dorées et noires.

1219 *Gaillois*, à Beau-Grenelle, rue des Entrepreneurs, n. 13 : Cuirs vernis, Tiges imperméables en caoutchouc.

1220 *Dunet*, à Paris, rue de la Madeleine, n. 16 : Coffres pour voitures.

1221 *Villaeys*, à Paris, rue des Coquilles, n. 2 : Papiers de fantaisie.

1222 *Gombault*, à Paris, rue de la Sourdière, n. 11 : Papiers pliés à l'usage de la bouche.

1223 *Elouet*, à Paris, quai de la Râpée, n. 9 : Meules anglaises et françaises, Carreaux.

1224 *Montagnac Fabreguettes*, à Paris, rue Paradis-Poissonnière, n. 47 : Toiles métalliques pour papeterie.

1225 *La Société des mines et fonderies de la Vieille Montagne*, à Paris, rue Richer, n. 12 : Fonte et laminage du zinc.

1226 *Allez*, à Paris, quai de la Mégisserie, n. 2 : Objets en fonte de fer.

1227 *Gallois*, à Paris, rue Saint-Martin, n. 249 : Cloches d'église, Sonnettes et Fontainerie.

1228 *Cahouet*, à Paris, halle aux Veaux, n. 4 : Moules à chandelles, Bougies, Cierges.

1229 *Desbassyns de Richemont*, à Paris, faubourg Saint-Honoré, n. 83 : Chalumeaux aerhydriques, divers fers pour souder.

1230 *Muel*, à Paris, rue Neuve-de-Nazareth, n. 9 : Toute espèce de fonte, Statues, etc.

1231 *Savart*, à Paris, rue Neuve-Saint-Gilles, n. 14 : Bronze d'arts, Sculpture, Reliefs.

1232 *Thilorier*, à Paris, rue Richelieu, n. 89 : Bronzes et dorures.

1233 *Duval*, à Paris, rue du Temple, n. 103 : Appareils pour bains.

1234 *Pillioud*, à Paris, rue Vieille-du-Temple, n. 78 : Orfèvrerie. Médaille d'argent en 1827 ; Rappel en 1834.

1235 *Bon*, à Paris, rue de Vaucanson, n. 4 : Joaillerie fausse.

1236 *Enslen*, à Paris, Palais-Royal, n. 112 : Bijoux montés en strass.

1237 *Baudouin*, à Paris, rue Grange-Batelière, n. 26 : Peinture sur émail Panneaux peints.

1238 *Noel*, à Paris, rue Phelippeaux, n. 32 : Bijoux en argent doré.

1239 *Chemelat*, à Paris, rue de la Vieille-Bouclerie, n. 5 : Rasoirs.

1240 *Foubert*, à Paris, passage Choiseul, n. 35 : Coutellerie.

1241 *Mozard*, à Paris, rue de la Croix, n. 16 : Taillanderie.

1242 *Renard*, à Paris, rue des Gravilliers, n. 28 : Outils et Instruments pour tous genres de gravures.

1243 *Gaudechon*, à Paris, rue Saint-Sébastien, n. 5 : Nouvelle cafetière.

1244 *Leguillette* et *Tessier*, à Paris, faubourg Saint-Antoine, n. 30 : Serrurerie en bâtiments.

N^os MM.

1245 *Delaplanche*, à Paris, rue de la Calandre, n. 54 : Serrurerie mécanique.

1246 *Grenier*, à Paris, rue de la Calandre, n. 54 : Horlogerie et mécanique.

1247 *Piault*, à Paris, rue de Lille, n. 30 : Balanciers fixes de pendules.

1248 *Le Bedel*, à Paris, rue Gît-le-Cœur, n. 3 : Perles fausses.

1249 *Pelletan*, à Paris, rue de Verneuil, n. 27 : Machines et Appareils.

1250 *Thonnelier*, à Paris, rue des Trois-Bornes, n. 26 : Machines de toutes sortes.

1251 *Regnier*, à Grenelle, rue de Grenelle, n. 8 (Seine) : Machines. Mention honorable en 1827 ; Médaille de bronze en 1834.

1252 *Lepaute (Henri)*, à Paris, rue Saint-Honoré, n. 247 : Horlogerie mécanique.

1253 *Boulanger Lapierre* dit *Petit*, à Paris, rue Saint-Honoré, n. 340 : Montres.

1254 *Morin*, à Paris, rue de l'Arcade, n. 9 : Dynamomètres.

1255 *Rouen* et *Comp.*, à Paris, rue Ménilmontant, n. 43 : Appareil pour gaz portatif.

1256 *Ratisseau*, à Paris, rue Traversière, n. 26 : Mécanique à broyer.

1257 *Lepaute* jeune, à Paris, rue Saint-Honoré, n. 121 : Horlogerie.

1258 *Klemm*, à Paris, faubourg du Temple, n. 137 : Machine à vapeur.

1259 *Frèche*, à Paris, rue des Récollets, n. 12 : Mesures, Tombereau peseur.

1260 *Giraudou*, à Paris, rue de Charonne, n. 95 : Moulins, Scieries, machines à vapeur.

1261 *Guérin*, à Paris, rue du Marché-d'Argenteuil, n. 10, 12 : Pompes à incendie.

1262 *Merciet*, à Paris, rue Saint-Maur, n. 33 : Coffre-fort à combinaisons.

1263 *Noble*, *Clark*, à Paris, rue Censier, n. 6 : Machine à couper le papier.

1264 *Hussenet*, à Paris, rue Vieille-du-Temple, n. 80 : Pompe à rotation.

1265 *Krafft*, à Paris, faubourg Saint-Martin, n. 85 : Cylindre pour gravure sur étoffes.

1266 *Huck*, à Paris, rue Bichat, n. 17 : Mécanique en général.

1267 *Imbert*, à Paris, impasse Saint-Sébastien, n. 6 : Machines à vapeur, Scierie, etc.

1268 *Ribeu*, à Paris, rue Basse-des-Ursins, n. 21 : Tours, Machines, Outils de précision.

1269 *Huette*, à Paris, quai de l'Horloge, n. 75 : Baromètres, Boussoles et Niveaux.

1270 *Lanet* et *Sornay*, à Paris, place de la Bourse, n. 9 : Appareil filtré épurateur.

Nos MM.

1271 *Frank*, à Paris, galerie Colbert, n. 23 : Pianos droits et carrés.

1272 *Laroche*, à Joinville-le-Pont (Seine) : Orgue expressif.

1273 *Lefebvre*, à Paris, rue Saint-Honoré, n. 211 : Clarinettes.

1274 *Hertz*, à Paris, rue de la Victoire, n. 38 : Pianos de tous genres.

1275 *Brod*, à Paris, rue de la Rochefoucaud, n. 22 : Instruments à vent.

1276 *Hildebrand*, à Paris, rue Saint-Martin, n. 202 : Cloches, Grelots, etc.

1277 *Marix*, à Paris, passage des Panoramas, n. 47 : Orgues expressives.

1278 *Picard*, à Paris, rue du Puits (Temple) : Orgues expressives.

1279 *Brunl* et *Comp.*, à Paris, boulevart Saint-Denis, n. 19 : Pianos.

1280 *Léon*, à Paris, rue de Crussol, n. 2 : Vernis pour reliures.

1281 *Bergeron* et *Couput*, à Paris, rue Sainte-Croix-de-la-Bretonnerie, n. 9 : Couleurs pour teintures.

1282 *Bergerat* et *Letellier*, à Paris, rue de la Vieille-Monnaie, n. 9 : Produits chimiques.

1283 *Larmoyer*, à Paris, rue des Vieux-Augustins, n. 57 : Vernis et cirage.

1284 *Perard* et *Comp.*, à Paris, rue d'Antin, n. 6 : Huile de pied de bœuf.

1285 *Thuez*, à Gravelle, commune de Charenton-Saint-Maurice : Amidon, Gomme indigène.

1286 *Ducoudré*, à Paris, rue du Coq-Saint-Jean, n. 5 : Prussiate de potasse, Bleu de Prusse, etc.

1287 *Fromont*, à Paris, rue Marbœuf, n. 27 : Cirage pour harnais, et Vernis.

1288 *Sarazin*, à Paris, rue Saint-Antoine, n. 167 : Pâtes et Farines pour potages.

1289 *Chatain*, à Paris, rue du Vieux-Colombier, n. 19 : Huile pour l'horlogerie.

1290 *Souchon*, à Paris, rue Saint-Fiacre, n. 1 : Produits chimiques.

1291 *Collot*, à la Villette, rue d'Allemagne, n. 165 : Raffinage de sel marin.

1292 *Gentillot*, à Paris, rue des Fossés-du-Temple, passage du Jeu-de-Boules, n. 1 : Peinture à l'huile séchant en moins d'une heure.

1293 *Gallo* et *Bigot*, à Paris, rue Vivienne, n. 20 : Bougies stéariques.

1294 *Taulet*, à Paris, rue Galande, n. 47 : Fonte de suifs à la Vapeur combinée.

1295 *Giroux*, à Paris, rue de l'Arbre-Sec, n. 35 : Café-châtaigne.

1296 *Maurin*, à Paris, rue Saint-Honoré, n. 344 : Peinture en bâtiments.

1297 *Verd*, à Paris, rue de la Paix, n. 12 *bis* : Creusets.

N^os MM.

1298 *Michel* et *Valin*, à Paris, rue de Bondy, n. 30 : Porcelaines, Objets d'art et de fantaisie.

1299 *Leclaire*, à Montreuil-sous-Bois (Seine) : Porcelaine-fantaisie.

1300 *Rœderer* (le baron), représentant la Compagnie des verreries de Saint-Quentin, à Paris, rue du Faubourg-Saint-Honoré, n. 85, Glaces, Miroirs, Verres à vitres. Médaille d'or en 1834.

1301 *Dubois*, à Paris, rue du Faubourg-Saint-Martin, n. 158 : Peinture sur verres, Restauration d'anciens vitraux.

1302 *Bouvet*, à Paris, Palais-Royal, n. 152, 153 : Taille de cristaux et Décoration de porcelaines. Médaille d'or en 1819.

1303 *Pochet Deroche*, à Paris, rue Jean-Jacques-Rousseau, n. 16 : Verreries. Mention honorable en 1834.

1304 *Fontaine*, à Paris, rue Saint-Séverin, n. 2 : Tours et Outils, Machines.

1305 *Cruchet*, à Paris, rue Coquenard, n. 54 : Décorations pour théâtres et appartements en papier et pâte-carton.

1306 *Aniel*, à Paris, rue du Faubourg-Saint-Denis, n. 84 : Parquets ordinaires et Marqueterie.

1307 *Fontaine*, à Paris, rue Royale-Saint-Martin, n. 17 : Tabatières fantaisies, Meubles de goût.

1308 *Hérard-Devillers*, à Paris, quai Valmy, n. 81 : Vernis et Décors sur métaux et bois, Incrustations en tout genre. Mention honorable en 1834.

1309 *Gathois*, à Paris, cour Batave, n. 14 : Layetier, Coffretier, Emballeur.

1310 *Pinson*, à Paris, rue du Ponceau, n. 12 : Écaille et Ivoire factices, Nécessaires.

1311 *Houel* et *Comp.*, à Paris, rue du Cherche-Midi, n. 65 : Pierres lithographiques.

1312 *Saunier*, au Petit-Mont-Rouge, avenue de la Santé, n. 31 : Gravure typographique.

1313 *Chesse*, à Paris, rue Saint-Jacques, n. 69 : Gravure en relief. Citation en 1823, 1827, 1834.

1314 *Couder*, à Paris, rue Cadet, n. 24 : Dessins en tous genres pour manufactures.

1315 *Monginet*, à Paris, rue Neuve-des-Petits-Champs, n. 5 : Dessins de machines.

1316 *Bineteau*, à Paris, rue des Maçons-Sorbonne, n. 3 : Lithographie en tout genre.

1317 *Gatellier*, à Paris, rue du Cherche-Midi, n. 77 : Dessins en Broderies.

1318 *Dag*[illegible], à Paris, rue de la Vieille-Draperie, n. [illegible] : Brosses et Pinceaux [illegible] peintres-doreurs.

N.° MM.

1319 *Verdun* et *Gradelet*, à Paris, rue du Petit-Bac : Objets d'arts et de curiosités.

1320 *Thilorier* et *Serrurot*, à Paris, rue Richelieu, n. 89 : Lampes hydrostatiques.

1321 *Lepante* (*Henri*), à Paris, rue Saint-Honoré, n. 247 : Phares.

1322 *Rouen* et *Comp.*, à Paris, rue de Ménilmontant, n. 43 : Lampes de toute espèce.

1323 *Petit*, à Paris, rue Grange-Batelière, n. 21 : Cheminées, Calorifères, etc.

1324 *Lecerf*, à Paris, rue Montholon, n. 13 : Cheminées diverses.

1325 *Cerbelaud*, à Paris, rue Saint-Lazare, n. 98 : Appareils de cheminées, Fourneaux.

1326 *Blatin*, à Paris, rue Guénégaud, n. 11 : Rigouphales, Biberettes, etc.

1327 *Mohr*, à Paris, passage du Petit-Saint-Antoine : Garde-robes inodores.

1328 *Duhoux*, aux Batignolles, rue Lechapelais : Garde-robes : Châssis de toits en zinc.

1329 *Parrizet*, à Paris, rue d'Enfer-Saint-Michel, n. 22 : Cuvettes, Urinoirs, Garde-robes.

1330 *Journeux* jeune, à Paris, rue de la Roquette, n. 18 : Fonderie, Ciselure, Pieds de billard en bronze.

1331 *Petit Colin*, à Paris, rue de Cléry, n. 78 : Bougies emplastiques.

1332 *Payot*, à Paris, rue des Lombards, n. 28 : Pharmacie portative.

1333 *Cerriol*, à Paris, rue de Sèvres, n. 2 : Sac médico-chirurgical d'ambulance.

1334 *Acier*, à Paris, rue Saint-Martin, n. 48 : Instruments de chirurgie.

1335 *Simon*, à Paris, rue Basse-du-Rempart, n. 44 : Matelas élastiques, Tapisserie.

1336 *Manceaux*, à Paris, quai Napoléon : Armes et Objets d'équipement.

1337 *Vinet-Buisson*, à Paris, rue du Faubourg-Saint-Denis, n. 59 : Frotteur mécanique, Balayeur public, Appareils.

1338 *Martin Ferry* et *Comp.*, à Paris, impasse Saint-Dominique-d'Enfer, n. 4 : Brosses arabes pour chevaux.

1339 *Jullien* (veuve), à Paris, rue Poissonnière, n. 9 : Instruments propres à la conservation des vins.

1340 *Davril*, à Paris, rue Meslay, n. 63 : Système d'étagère pour vers à soie.

1341 *Fichet*, à Paris, rue du Faubourg-Saint-Honoré, n. 14 : Objets matérialisés à l'usage de l'enseignement industriel.

1342 *Lascola* et *Comp.*, correspondants de la Société agricole et industrielle de la Lozère, à Paris, rue du Sentier, n. 18 : Draps, Serge Escots et autres tissus.

Nos MM.

1343 *Valenthiennes* (madame veuve) et *Comp.*, à Paris, rue Popincourt, n. 102 : Ouates en pièces de six aunes et plus.

1344 *Vallée* et *Bourniche*, à Paris, rue de l'Arbre-Sec, n. 3 : Toiles anti-hygrométriques à tableaux.

1345 *Gombert* père et fils, à Paris, rue de Sèvres, n. 102 : Cotons retors. Médaille d'argent en 1834.

1346 *Mayer*, à Paris, passage des Petits-Pères, n. 9 : Blondes et dentelles.

1347 *Vanceckhout* (madame veuve), à Paris, rue Montmartre, n. 124 : Dentelles.

1348 *Demi-Doineau*, à Paris, rue Vivienne, n. 16 : Tapis ras et velouté.

1349 *Thomann*, à Puteaux (Seine) : Impressions sur mousseline, laine, coton et sur soie.

1350 *Bonvallet* et *Comp.*, à Paris, rue Neuve-Saint-Eustache, n. 24 : Impressions en relief sur toute espèce de tissus.

1351 *Lhotel*, à Paris, rue Sainte-Foix, n. 8 : Impressions en relief sur draps et tissus de laine.

1352 *Notré*, à Paris, rue du Caire, n. 12 : Plumes d'autruches et autres, oiseaux de paradis.

1353 *Sana*, à Paris, rue Saint-Denis, n. 374 : Fleurs artificielles.

1354 *Vauquelin*, à Paris, boulevart de l'Hôpital, n. 40 : Veaux cirés, bottines, avant-pieds, etc.

1355 *Balan*, à Paris, rue Mauconseil, n. 25 : Gainerie.

1356 *Pérot*, à Saint-Denis, rue de Paris, n. 80 (Seine) : Malles de voyage.

1357 *Boudard*, à Paris, rue de la Chapelle, n. 7 : Peaux de chevreau, Gants.

1358 *Vigoureux*, à Paris, rue Grange-Batelière, n. 18 : Voiture modèle.

1359 *Marion*, à Paris, cité Bergère, n. 14 : Papier de fantaisie.

1360 *Lacome*, à Paris, passage Bourg-l'Abbé, n. 8 : Papeterie, Pains à cacheter, Impressions lithographiques.

1361 *Cabany Saint-Maurice*, à Paris, rue Sainte-Avoye, n. 57 : Registres, Presses à copier, Nouveautés de papeterie.

1362 *Vallier*, à Paris, faubourg Saint-Antoine, n. 23 : Draps sans couture pour la fabrication du papier.

1363 *Bort*, à Paris, rue Richelieu, n. 31 : Papier pour toile imperméable, pour tenture. Mention honorable en 1834.

1364 *Chalet*, à Paris, rue Neuve-des-Petits-Champs, 39 : Papier de fer.

1365 *Bouillard*, à Paris, rue Michel-le-Comte, n. 30 : Cartonnage, Gainerie.

1366 *Bourguignon*, à Paris, boulevart Beaumarchais, n. 4 : Marbrerie.

1367 *Hubsch*, à Sèvres, rue de Vaugirard, n. 28 : Carrelage mosaïque.

N^os MM.

1368 *Coignet*, à Paris, rue Hauteville, n. 35 : Mastic bitumineux pour dallage, couverture, etc.

1369 *Advier*, à Paris, boulevart Saint-Martin, n. 15 : Bitume végétal.

1370 *Mathieu*, à Paris, rue Laffitte, n. 39 : Goudron, Vive essence, Huile fine, Bitume.

1371 *Sorrieu* père, à Paris, faubourg du Roule, n. 102 : Briques.

1372 *Bottier*, à Paris, rue Saint-Jean-de-Beauvais, n. 30 : Outil propre à battre l'or.

1373 *Pernot*, agent de la compagnie agricole et industrielle du Migliacciaro, à Paris, rue de l'Échiquier, n. 34 : Barres de fer de différentes dimensions, provenant de la forge de Chiara (Corse).

1374 *Fasbender*, à Paris, rue Saint-Denis, n. 368 : Tissus métalliques.

1375 *Gaillard* frères, à Paris, rue Saint-Denis, n. 228 : Toiles métalliques, Tuiles et Tôle découpées.

1376 *Brewer* fils, à Paris, rue du Faubourg-Saint-Denis, n. 204 : Toiles métalliques pour la fabrication du papier continu.

1377 *Tangre*, à Paris, rue Saint-Maur, n. 47 : Lisses métalliques.

1378 *Robert*, à Paris, boulevart Saint-Denis, n. 19 : Horlogerie.

1379 *Petit* et *Mabire*, à Paris, rue des Gravilliers, n. 18 : Un toit en zinc.

1380 *Wiklund*, à Paris, rue Saint-Honoré, n. 99 : Châssis vitrés.

1381 *Pichon*, à Paris, rue Saint-Dominique, faubourg Saint-Germain, n. 7 : Pompe à colonne en fonte.

1382 *Luynes* (le duc de), à Paris, rue Saint-Dominique, n. 33 : Acier fondu et damassé.

1383 *Tard*, à Paris, rue des Amandiers Saint-Jacques, n. 14 : Bronzes.

1384 *Raingo* frères, à Paris, rue de Saintonge, n. 11 : Pendules.

1385 *Poncet* et *Royer*, à Paris, rue des Fossés-du-Temple, n. 2 *bis* : Cadres-Pendules, Vases en bronze estampé.

1386 *Cornudet*, à Paris, rue de Lancry, n. 6 : Bronzes.

1387 *Blève*, à Paris, rue de Lancry, n. 4 : Ornements estampés.

1388 *Povaud*, à Paris, rue des Arcis, n. 18 : Orfèvrerie d'église.

1389 *Gaussant-Saivre*, à Paris, rue du Temple, n. 57 : Bijoux dorés.

1390 *Nocus*, à Saint-Mandé (Seine), chemin du Rendez-Vous : Émail, Flint-Glass, Crown-Glass, Pierres pour les lapidaires.

1391 *Guinand*, à Paris, rue Mouffetard, n. 283 : Flint et Crown-Glass.

1392 *Raynauld*, rue Grange-aux-Belles, n. 10 : Bijouterie fausse, Objets de fantaisie.

1393 *Barthélemy*, à Paris, rue Neuve-des-Bons-Enfants, n. 13 : Pierres factices imitant le diamant. Médaille de bronze en 1823.

1394 *Mayet-Vallon*, à Paris, passage Véro-Dodat : Coutellerie. Médaille de bronze en 1827 ; Médaille d'argent en 1834.

N^os MM.

1395 *Sabatier*, à Paris, rue Saint-Honoré, n. 84 : Coutellerie. Mention honorable en 1827 ; Médaille de bronze en 1834.

1396 *Morize*, à Paris, rue Saint-Antoine, n. 13 : Coutellerie.

1397 *Camus*, à Paris, rue Oblin, n. 7 : Outils divers.

1398 *Lebet*, à Paris, rue Grenétat, n. 2 : Armes blanches, Couteaux de chasse, Limes et Râpes.

1399 *Godeau*, à Paris, rue Grétry, n. 1 : Coffres-forts, Serrures, Verrous, etc.

1400 *Lossel*, à Paris, rue du Roi-de-Sicile, n. 24 : Scies à métaux.

1401 *Auger*, à Paris, rue de la Harpe, n. 100 : Serrures.

1402 *Robin*, à Paris, rue Grange-Batelière, n. 1 : Coffres-forts et Serrures de sûreté.

1403 *Paublan*, à Paris, rue Saint-Honoré, n. 366 : Coffres-forts, Serrurerie.

1404 *Valdeck*, à Paris, rue du Faubourg-Saint-Denis, n. 171 : Filières et Tarauds.

1405 *Vigoureux*, à Paris, rue Grange-Batelière, n. 18 : Cric.

1406 *Forgeron*, à Paris, rue de Sèvres, n. 97 : Serrure de sûreté.

1407 *Bataille*, à Paris, rue Saint-Maur-Popincourt, n. 17 : Instruments d'agriculture.

1408 *Enfer*, à Paris, rue Neuve-Sainte-Catherine, n. 22 : Soufflets, Forges, Tables d'émailleur, etc.

1409 *Meyer* frères et *Comp.*, à Paris, rue Poissonnière, n. 5 : Métiers à tisser et autres.

1410 *Brisset*, à Paris, rue des Martyrs, n. 12 : Pierre cylindrique.

1411 *Pauwels*, à Paris, rue du Faubourg-Poissonnière, n. 109 : Machines.

1412 *Gailard* et *Thirion*, à Paris, allée des Veuves, n. 93 : Pompes à incendie.

1413 *Castera*, à Paris, rue de Grenelle : Modèles d'appareils de sauvetage.

1414 *Brisset*, à Paris, rue des Martyrs, n. 12 : Pierre lithographique. Mention honorable en 1827, 1834.

1415 *Guenin*, à Paris, rue Monthabor, n. 9 : Métier mécanique à l'usage des confiseurs.

1416 *Vielcazal*, à Paris, rue du Faubourg-Saint-Denis, n. 62 : Appareils pour les eaux minérales factices, les vins mousseux.

1417 *Églot*, à Paris, rue du Faubourg-Saint-Martin, n. 268 : Appareils pour les distillateurs.

1418 *Laignel*, à Paris, rue Chanoinesse, n. 12 : Divers instruments propres à la marine, Spécimen d'un chemin de fer.

N°s MM.

1419 *Bourbouze*, à Paris, rue de la Harpe, n. 91 : Instruments de physique.

1420 *Huntzinger*, à Paris, place Royale, n. 9 : Instruments de mathématiques, de marine.

1421 *Lenseigne*, à Paris, rue Guillaume, n. 9 : Machine, dite Deversoir ou Déchargeoir des neiges et des glaces.

1422 *Durousseau de la Combe* (madame veuve), à Paris, rue des Fossés-Montmartre, n. 6 : Pendule à équation, Tableau d'hygrométrie, Tableau d'équation.

1423 *Boquillon*, à Paris, au Conservatoire des Arts et Métiers : Appareil propre à régulariser l'écoulement des liquides et des fluides élastiques.

1424 *Rieussec*, à Paris, boulevart Bourdon, n. 4 : Montres dites chronographes. Médaille de bronze en 1823.

1425 *Duchemin*, à Paris, place du Châtelet, n. 2 : Pendules.

1426 *Breguet* neveu et *Comp.*, à Paris, quai de l'Horloge, n. 79 : Horlogerie.

1427 *Collardeau-Duheaume*, à Paris, rue du Faubourg-Saint-Martin, n. 56 : Instruments de précision.

1428 *Lemoine*, à Paris, rue Cadet, n. 30 : Balance-bascule.

1429 *Vacher*, à Paris, rue des Petites-Écuries, n. 21 : Pianos.

1430 *Alexandre*, à Paris, rue Transnonain, n. 6 : Orgues expressives et Accordéons.

1431 *Sonnier*, à Paris, rue du Petit-Musc, n. 11 : Instruments de musique en cuivre. Médaille de bronze en 1827.

1432 *Halary*, à Paris, rue Mazarine, n. 37 : Instruments de musique en cuivre.

1433 *Roard de Clichy* et *Comp.*, à Paris, rue du Faubourg-Montmartre, n. 13 : Céruse, Blanc d'argent, Minium, etc.

1434 *Bucaille*, à Paris, rue de Varennes, n. 16 : Bougie diaphane et autres.

1435 *Villeneuve (de)*, à Paris : Substances alimentaires préparées au lait.

1436 *Godard*, à Paris, rue Montesquieu, n. 2 : Extrait de bière.

1437 *Dunand*, à Paris, rue du Faubourg-Saint-Martin, n. 11 : Biscuits de Reims.

1438 *Delnef*, à Paris, rue de la Poterie-des-Arcis, n. 32 : Suc de réglisse.

1439 *Soudan*, à Paris, rue de la Verrerie, n. 97 *bis* : Café de chicorée-Moka.

1440 *Langlois* et *Chenal*, à Paris, rue Planche-Mibray, n. 6 : Couleurs préparées pour la miniature et les diverses branches de la peinture.

N^os MM.

1541 *Menuel*, à Paris, rue du Cloître-Saint-Merry, n. 16 : Savons.

1542 *Prével*, au Petit-Charonne (Seine) : Vermillon français.

1543 *François* et *Arnal*, à la Glacière, Grande-Rue, n. 9 (Seine) : Encres typographiques.

1544 *Gautier*, à Paris, rue de la Roquette, n. 46 : Jaune de Naples.

1545 *Mothereau*, à Paris, avenue de Saint-Ouen, n. 14 : Briquet-creuset.

1546 *Boudier*, à Vaugirard, avenue d'Issy, n. 215 (Seine) : Tuyaux de cheminées en terre cuite.

1547 *Lebeuf*, à Creil (Seine) : Faïences, Porcelaines opaques. Médaille d'or en 1834.

1548 *Touchard*, à Paris, rue de la Michaudière, n. 12 : Terre cuite.

1549 *Fans-Zvoll*, à Paris, rue des-Marais-du-Temple, n. 42 : Moulures en bois et Dorures.

1550 *Lequart*, à Paris, rue du Faubourg-Saint-Antoine, n. 58 : Moulures en cuivre.

1551 *Romagnesi*, à Paris, rue Paradis-Poissonnière, n. 24 : Sculptures et imitations en carton-pierre. Médaille de bronze en 1823; Médaille d'argent en 1827; Rappel en 1834.

1552 *Vinant*, à Paris, rue Saint-François, n. 14 (Marais) : Moulage en plâtre.

1553 *Girgois*, à Paris, rue de la Poterie-des-Arcis, n. 7 : Pendule-régulateur.

1554 *Tricot*, à Paris, rue Coquenard, n. 37 : Casiers et Planches à bouteilles.

1555 *Pérol*, à Paris, rue des Fossés-Montmartre, n. 12 : Incrustations sur métaux.

1556 *Beydel-Quirin*, à Paris, rue Saint-Denis, n. 287 : Rouets pour filer le chanvre.

1557 *Jolly*, à Paris, rue Saint-Martin, n. 224 : Porte-plumes en cuivre sans soudure.

1558 *Chaumont*, à Paris, rue du Faubourg-Saint-Denis, n. 14 : Ornements en zinc.

1559 *Vouzy*, à Paris, rue Cadet, n. 18 : Nouveau système de pavage.

1560 *Berthel* et *Peret*, à Paris, rue de Montmorency, n. 13 : Orfévrerie, Nécessaires, etc.

1561 *Molerat* et *Comp.*, à Paris, rue Geoffroy-l'Angevin, n. 7 : Étuis en bois et Boites à rasoirs.

1562 *Fierobe*, à Paris, rue Contrescarpe-Saint-Antoine, n. 62 : Meubles en tous genres.

1563 *Masson*, à Paris, passage des Panoramas, galerie Saint-Marc, n. 26 : Formes mécaniques pour chaussures.

N^os MM.

1464 *David*, à Paris, avenue de Saint-Cloud, n. 35 : Ouvrages de tonnellerie.

1465 *Poujade*, à Paris, rue Saint-Dominique-Saint-Germain, n. 43 : Meubles.

1466 *Champion*, à Paris, quai de Béthune, n. 28 : Fossets à futailles.

1467 *Wohlgemuth*, à Paris, rue de la Vieille-Estrapade, n. 27 : Tour à graver et à réduire en creux.

1468 *Dutzschhald*, à Paris, rue Saint-Nicolas, faubourg Saint-Antoine, n. 24 : Incrustations pour meubles.

1469 *Langlumé*, à Paris, rue Saint-Lazare, n. 10 : Enluminures.

1470 *De Roy*, à Paris, rue Saint-Thomas-du-Louvre, n. 42 : Dessins de broderies en tous genres.

1471 *Rypinski*, à Paris, rue Bourbon-Villeneuve, n. 5 : Dessins pour étoffes.

1472 *Pérès*, à Paris, rue du Faubourg-Saint-Martin, n. 116 : Peintures et Dorures sous verre.

1473 *Blondeau*, à Paris, quai de l'École, n. 10 : Nouveau pantographe.

1474 *Cobert*, à Paris, rue Saint-Hyacinthe, n. 8 : Impressions et Peinture à l'huile sur étoffes.

1475 *Saurel* et *Dache*, à Paris, rue de Cléry, n. 44 : Dessins pour châles.

1476 *Maître*, à Paris, rue Saint-Denis, n. 347 : Dessins pour châles.

1477 *Racinet*, à Paris, place Saint-Germain-l'Auxerrois, n. 31 : Dessins d'écritures lithographiés.

1478 *Barre*, à Paris, rue des Marais-Saint-Germain, n. 14 : Gravure sur métaux.

1479 *Seguin*, à Paris, passage du Caire, n. 57 : Imprimerie en taille-douce.

1480 *Lanet de Limencey*, à Paris, place de la Bourse, n. 9 : Appareil prompt-copiste.

1481 *Picquet*, à Paris, quai Conti, n. 17 : Atlas et Cartes géographiques.

1482 *Gohier Desfontaines*, à Paris, rue Feydeau, n. 28 : Nouvelle méthode de reliure.

1483 *Lahausse*, à Paris, rue Poissonnière, n. 31 : Taille-crayon.

1484 *Lebrun*, à Paris, rue de Grenelle-Saint-Germain, n. 126 : Reliure.

1485 *Verreaux* et fils, à Paris, boulevart Montmartre, n. 6 : Préparation des objets d'histoire naturelle.

1486 *Parzudaky*, à Paris, rue du Bouloy, n. 2 : Objets d'histoire naturelle.

1487 *Cambray*, à Paris, rue Saint-Martin, n. 223 : Décoration de table.

1488 *Coëssin*, à Paris, rue Saint-Honoré, n. 290 : Lampe à fond tournant.

N° MM.

1489 *Poirier*, à Paris, rue Saint-Nicolas-d'Antin, n. 29 : Lanternes de voitures.

1490 *Granger*, à Paris, rue Neuve-des-Mathurins, n. 12 : Lampes mécaniques.

1491 *Grivard*, à Paris, rue Neuve-des-Petits-Champs, n. 79 : Lampes dites *Carcel* simplifiées.

1492 *Clachet*, à Paris, rue Dauphine, n. 12 : Lampes à réflecteurs.

1493 *Jarrin*, à Paris, rue Saint-Honoré, n. 341 : Lampes.

1494 *Breuzin*, à Paris, rue du Bac, n. 13 : Lampes mécaniques.

1495 *Curt*, à Paris, rue des Ursulines-Saint-Jacques, n. 10 : Fourneaux économiques.

1496 *Faurie* fils, à Paris, rue de Clichy, n. 4 et 26 : Chaudronnerie et Poèlerie.

1497 *Faurie*, à Paris, rue de Clichy, n. 4 et 26 : Fourneaux.

1498 *Cauvard*, à Paris, rue Saint-Denis, n. 211 : Peignes en écaille et en buffle.

1499 *Massue*, à Paris, rue Aumaire, n. 3 et 5 : Peignes en ivoire et buis.

1500 *Cabanes* et *Marine-Heil*, à Paris, rue Saint-Martin, n. 13 : Éventails.

1501 *Charrière*, à Paris, rue de l'École-de-Médecine, n. 9 : Instruments de chirurgie. Médaille d'argent en 1834.

1502 *Charrière*, à Paris, rue de l'École-de-Médecine, n. 9 : Cordon porte-voix.

1503 *Evans*, à Paris, rue Jacob, n. 54 : Objets d'histoire naturelle.

1504 *Auzou*, à Paris, rue du Paon, n. 8 : Pièces d'anatomie classique. Médaille d'or en 1834.

1505 *Delvigne*, à Paris, Rond-Point-des-Champs-Élysés, n. 1. Nouveau système d'armement.

1506 *Achard* et *Comp.*, à Paris, rue du Renard-Saint-Sauveur, n. 11 : Épuration des couchers.

1507 *Mareschal*, à Paris, rue de la Planche, n. 20 : Appareil de filtrage.

1508 *Mercier* (madame), à Paris, rue Sainte-Anne, n. 40 : Blanchissage à la vapeur.

1509 *Biard*, à Paris, rue du Mont-Parnasse, n. 8 : Appareil pour utiliser la force du vent.

1510 *Gottfried-Peters*, à Paris, rue de l'Oratoire-du-Roule, n. 9 : Bouée de sauvetage.

1511 *Tiebault*, à Saint-Mandé, cours de Vincennes, n. 23 : Appareils de sauvetage en cas d'incendie.

1512 *Caron*, *Marlo* et *Comp.*, à Paris, rue de Cléry, n. 9 : Tissus plissés à plis fixes.

1513 *Raimbert*, à Chateaudon (Seine) : Couvertures de laine.

N^os MM.

1514 *Hindenlang*, fils aîné, à Paris, rue des Vinaigriers, n. 15 : Filature et Tissus de cachemire.

1515 *Chardin*, à Paris, rue Saint-Denis, n. 175 : Soie à coudre et à broder. Médaille de bronze en 1834.

1516 *Laure* (madame), rue Saint-Lazare, n. 82 : Broderies.

1517 *Vaison*, à Paris, rue Marbœuf, n. 13 : Tapis veloutés, Moquettes en tout genre.

1518 *Barthélemy*, à Paris, rue de Tivoli, n. 49 : Fil, Tubes, Sondes, Feuilles, etc., en caoutchouc.

1519 *Oberzynski*, à Paris, rue des Petits-Hôtels, n. 8 : Application du caoutchouc sur toutes étoffes.

1520 *Colleau*, à Paris, rue du Faubourg-Saint-Denis, n. 156 : Literie, Matelas en liége et en baleine.

1521 *Guérin* jeune, à Paris, rue des Fossés-Montmartre, n. 6 : Étoffes imperméables.

1522 *Godefroy*, à Paris, rue de Labarre, n. 2 : Impressions sur étoffes.

1523 *Vandendries*, à Vaugirard, rue de l'École, n. 8 : Tapis imprimés.

1524 *Cocu*, à Paris, rue de Ménilmontant, n. 86 : Tissus en caoutchouc.

1525 *Ferlier*, à Paris, rue Saint-Denis, n. 326 : Fleurs artificielles.

1526 *Dardier*, à Paris, rue Neuve-des-Petits-Champs, n. 95 : Gants de chevreau.

1527 *Mellier*, à Paris, rue Saint-Nicolas, faubourg Saint-Martin : Tannerie, Corroyerie.

1528 *Lolagnier*, à Paris, rue du Fer-à-Moulin, n. 16 : Peaux d'agneau et de chevreau pour ganterie.

1529 *Debeyme*, à Paris, rue Saint-Sauveur, n. 33 : Corroyerie.

1530 *Lauzin* fils, à Paris, rue Saint-Martin, n. 231 : Cuirs vernis.

1531 *Beulos* et *Budin*, à Paris, rue Censier, n. 11 : Peau de cheval tannée et corroyée.

1532 *Javal*, à Paris, rue du Faubourg-Saint-Martin, n. 82 : Cuirs vernis pour sellerie, etc.

1533 *Gouré*, à Paris, rue de Lancry, n. 43 : Mors de bride (dits *segundo*).

1534 *Micoud*, à Paris, rue Saint-Martin, n. 271 : Cuirs vernis imperméables, etc.

1535 *Lemercier*, à Paris, faubourg du Temple, n. 27 : Voitures, Sellerie, etc.

1536 *Lepart* et *Jouenne*, à Paris, rue Saint-Denis, n. 178 : Broderies or et argent.

1537 *Pastelot*, à Paris, rue du Petit-Carreau, n. 32 : Stores, Étoffes peintes à la main.

1538 *Bruyer*, à Paris, rue Saint-Martin, n. 259 : Registres de toute espèce.

N°s MM.

1539 *Legendre*, à Paris, rue Royale-Saint-Martin, n. 8 : Crayons, Plumes à pompe.

1540 *Sol*, à Paris, rue Neuve-des-Champs, n. 13 : Matière avec paille de froment réduite pour fabrication de papier.

1541 *Bouchet* et *Comp.*, à Paris, rue du Mont-Blanc, n. 12 : Papier en feuilles de maïs.

1542 *Chalet*, à Paris, rue Neuve-des-Petits-Champs, n. 39 : Registres.

1543 *Dehais*, à Paris, rue de la Croix, n. 15 : Papier de fantaisie, Cartonnage gaufré.

1544 *Valant*, à Paris, rue Mazarine, n. 40 : Papiers de fantaisie.

1545 *Rocque*, à Paris, passage des Panoramas, n. 19 : Tenture de papiers peints.

1546 *Girault*, à Paris, rue Saint-Guillaume, n. 20 : Impressions de papier de tenture.

1547 *Bouchon* et *Riollot*, à Paris, rue de Reuilly, n. 67 : Papiers peints.

1548 *Dubreuil*, à Paris, rue des Marais-du-Temple, n. 1 : Imitation du marbre en pierres peintes.

1549 *Texier*, à Montmartre (Seine) : Bustes, Statues en pierres artificielles. Citation en 1834.

1550 *Perronnet* et *Saint-Étienne*, aux Thermes (Seine) : Mastics bitumineux, Asphaltes.

1551 *Chameroy*, à Paris, boulevart Saint-Martin, n. 136 : Tuyaux et fontaines en bitume.

1552 *Mory* (de), à Paris, boulevart Saint-Martin, n. 15 : Croisées et châssis en fonte de nouvelle invention.

1553 *Milius* frères et *Comp.*, à Paris, rue Traversière-Saint-Antoine, n. 15 : Chromate de potasse et de plomb.

1554 *Fontoline*, à Paris, rue Royale-Saint-Martin, n. 9 : Fabrique de colliers de chien.

1555 *Camus*, à Paris, rue des Filles-du-Calvaire, n. 6 : Fer soudé avec la fonte, le cuivre, etc.

1556 *Lelieur*, à Paris, rue Saint-Méry, n. 11 : Bols couverts et objets à l'usage des limonadiers, en métal apprêté.

1557 *Pernon*, à Paris, rue du Chaume, n. 21 : Fils tors en bronze.

1558 *Chaumont*, à Paris, rue Chapon, n. 23 : Bronzes.

1559 *Grignon*, à Paris, rue d'Anjou, n. 13 : Bronzes.

1560 *Toy* et frères, à Paris, Chaussée d'Antin, n. 19 : Ornements en bronze appliqués à la porcelaine.

1561 *Nicolle* et *Fimbert*, à Paris, rue Amelot, n. 64 : Bronzes.

1562 *Richard*, *Eck* et *Durand*, à Paris, rue des Trois-Bornes, n. 15 : Bronzes d'arts et autres.

1563 *Ravrio*, à Paris, rue des Filles-Saint-Thomas, n. 19 : Bronzes pour le bâtiment et l'ameublement.

N^os MM.

1564 *Sanders*, à Paris, rue Soli, n. 13 : Fontaines à thé en cuivre bronzé.

1565 *Pompon*, à Paris, rue du Temple, n. 105 : Cuivre étiré et bronze pour décorations.

1566 *Bonnet*, à Paris, rue de la Perle, n. 4 : Lampes.

1567 *Moussier*, à Paris, rue des Fossés-Montmartre, n. 27 : Service de table imitant l'argent et sans cuivre.

1568 *Quevreux*, à Paris, rue Sainte-Avoye, n. 69 : Bijouterie.

1569 *Delamarre*, à Paris, rue Saint-Honoré, n. 270 : Joaillerie, Bijouterie, Orfévrerie.

1570 *Marret*, à Paris, rue Vivienne, 16 : Joaillerie, Bijouterie.

1571 *Marrel*, à Paris, passage Saulnier, n. 6, faubourg Montmartre : Bijouterie de fantaisie, Orfévrerie fine.

1572 *Ropet*, à Paris, rue du Faubourg-du-Roule, n. 108 *bis* : Cuirs à couteaux et à rasoirs.

1573 *Picard*, à Paris, rue Frépillon, n. 22 : Moules en fer blanc.

1574 *Camus*, à Paris, rue des Filles du Calvaire, n. 6 : Grilles de filtre pour cafetières, passoires, porte-molette complet.

1575 *Pequin*, à Cugand (Vendée) : Échantillons de laine filée. Mention honorable en 1834.

1576 *Faullin de Banville*, à Paris, rue du Four-Saint-Honoré, n. 33 : Serrure sans clef à combinaison.

1577 *Gascoin*, à Paris, rue Neuve-de-Chabrol, n. 3. Moulures en fer.

1578 *Gillot*, à Paris, rue Saint-Georges, n. 31 : Serrures de sûreté, Coffres-forts.

1579 *Courtois*, à Paris, rue Sainte-Appoline, n. 12 : Coffres-forts, Herse de laboureur.

1580 *Furcy Marlette*, à Paris, rue Saint-Maur-du-Temple, n. 65 : Espagnolettes.

1581 *Travers*, à Paris, rue du Faubourg-Poissonnière, n. 122 : Serrurerie de bâtiment et Ferronnerie.

1582 *Verstaen*, à Paris, rue Beaujolais-du-Temple, n. 6, 7 : Coffres-forts, Serrurerie.

1583 *Léonard*, à Paris, rue Neuve-Saint-Augustin, n. 3 : Lits en fer et en fonte.

1584 *Grand-Homme*, à Paris, passage de l'Industrie, n. 17 : Serrures de sûreté sans clefs.

1585 *Fleuret* (madame veuve) et fils, à Paris, passage Saulnier, n. 4, faubourg Montmartre : Serrurerie en bâtiment, Mécanique, Lits en fer forgé. Mention honorable en 1834.

1586 *Le Roy*, à Paris faubourg Saint-Denis : Nouveau système d'araire.

1587 *Poirée*, à Paris, quai Malaquais, n. 23 : Modèle d'épi mobile en remplacement du pertuis de la morue.

1588 *Jametel*, à Paris, rue des Prouvaires, n. 38 : Fours aérothermes.

1589 *Collier*, à Paris, rue Richer, n. 24 : Machine à peigner les laines.

N^os MM.

1590 *Menut*, à Paris, rue de la Pépinière, n. 7 : Modèles d'engrenage, machine à vapeur.

1591 *Basin*, à Paris, rue des Mathurins Saint-Jacques, n. 13 : Nouvelle invention pour peser les poids de tous les pays avec le même poids.

1592 *Collier* (madame veuve), à Paris, rue Saint-Dominique, faubourg Saint-Germain, n. 27 : Mécaniques de toutes espèces.

1593 *Labbé*, à Paris, rue Amelot, n. 52 : Objets de mécanique.

1594 *Lacoipierre*, à Paris, rue Saint-Denis, n. 371 : Roues de voiture ordinaire.

1595 *Pailliette*, à Paris, rue de la Montagne-Sainte-Geneviève, n. 32 : Soufflets à double effet et à vent continu.

1596 *Franchot*, à Paris, rue neuve des Poirées, n. 3 : Nouveau moteur pour l'air dilaté.

1597 *Bonnard*, à Paris, rue Montmartre, n. 134 : Lits à bascule, Armure métallique.

1598 *Lecomte* aîné, à Paris, rue Folie-Méricourt, n. 12 : Machine à vapeur.

1599 *Thilorier*, à Paris, place Vendôme, n. 21 : Appareil pour la liquifaction et la solidification de l'acide carbonique.

1600 *Tussaud*, à Paris, rue Neuve-de-Lappe, n. 2 : Cylindre de machine à vapeur.

1601 *Géruzet* (*Aimé*), à Bagnères-de-Bigorre (Hautes-Pyrénées) : Marbres des Pyrénées ; Colonne, Cheminées, Tables, et Echantillons de marbre de Bagnères-de Bigorre. Médaille d'argent en 1834.

1602 *Richard* (*Alphonse*), au Puy (Haute-Loire) : Dentelles en fil d'or et d'argent.

1603 *Bonnet* (*Joseph*), au Puy (Haute-Loire) : Appareil d'horlogerie destiné à *ôter* l'engrenage et à *planter*.

1604 *Montgolfier*, à Saint-Marcel-les-Annonay. — Grosberty-les-Annonay (Ardèche), Saint-Maur, près Paris : Papiers divers. Médailles d'or en 1801, 1806, 1819 et 1823.

1605 *Tracol*, à Annonay (Ardèche) : Peaux de chevreaux mégissées.

1606 *Lieud* (*François*) et *Comp.*, à Annonay (Ardèche) : Soie blanche. Médaille d'or en 1834.

1607 *Lieud* (*François*) et *Comp.*, à Annonay (Ardèche) : Peaux de chevreaux mégissées.

1608 *Pradier* (*Joseph*), à Annonay (Ardèche). Soie grège.

1609 *Dumaine*, à Tournon (Ardèche) : Soie grège.

1610 *Heller* (*Christian*), à Annonay (Ardèche) : Serviette ouvragée.

1611 *Pagèze de Lavernède*, à Malbosch (Ardèche) : Régule d'antimoine.

1612 *Ladreyt*, à Saint-Marcel-d'Ardèche (Ardèche) : Brodequins pour la chasse et Souliers sans couture, et dont l'un sans forme.

N° MM.

1613 *Digeon* et *Comp.*, à Javron (Mayenne) : Ardoises; divers échantillons.

1614 *Henry* fils aîné, à Laval (Mayenne) : Cheminée en marbre gris-fleuri.

1615 *Troupel*, *Turs*, *Favre*, entrepreneurs du service de la maison centrale d'Embrun (Hautes-Alpes) : Draps croisé, Tissus laine et fil, Laines peignées, Tissus en soie, Fantaisies en rame, Frisons écrus.

1616 *Allier*, directeur de la ferme modèle, près Gap (Hautes-Alpes) : Charrue à versoir mobile, nommée par l'Exposant. *Charrue des Alpes*.

1617 *Breysse* (*Xavier*), au Puy (Haute-Loire) : Cartons piqués pour la dentelle au moyen d'une machine inventée par l'Exposant.

1618 *Drouet*, aux Sables-d'Olonne (Vendée) : Boîtes de conserves de sardines à l'huile.

1619 *Picard Ballereau*, à Bourbon-Vendée (Vendée) : Boîtes de conserves de sardines à l'huile.

1620 Les propriétaires des mines de Faymoreau représentés par M. *Mercier*, leur fermier (Vendée) : Eau gazeuse à différentes atmosphères, destinée à faire connaître la force relative du verre.

1621 *Ayraud*, à Les Epesses (Vendée) : Mouchoirs de poche en fil.

1622 *Mouilli* (*Pierre*), à Cugand (Vendée) : Serge croisée, bronze, bleue et gris savon.

1623 *Durand Caille*, à Cugand (Vendée) : Serge croisée rouge mélangée de bleu, bleue et gris bleue.

1624 *Cheguillaume* et *Comp.*, à Cugand (Vendée) : Drap breton, Croisé noir, Molleton croisé, lisse, bleu, Castorine et Espagnolette croisées, laine filée, futaine croisée, coton ordinaire écru et coton fin.

1625 *Bizières*, à Bourbon-Vendée (Vendée) : Papier taroté par le cylindre perfectionné par l'Exposant.

1626 *Fages* (*Jean-Louis*), à Carcassonne (Aude) : Flanelles, Casimirs et Draps divers. Médaille en bronze et médaille d'argent en 1819; médaille d'or en 1827.

1627 *Viviés* fils et *Anduze*, à Saint-Colombe-sur-l'Hers (Aude) : Draps divers. Médaille en bronze en 1834, décernée à M. Emmanuel Viviés.

1628 *Mouisse* (*Jean-François*), à Limoux (Aude) : Draps divers. Médaille en bronze en 1834.

1629 *Daydé-Gary*, à Cenne-Monestiés (Aude) : Draps divers.

1630 *Sompayrac* aîné, à Cenne-Monestiés (Aude) : Draps divers. Médailles en bronze en 1827 et en 1834.

1631 *Belz-Sicard*, à Limoux (Aude) : Draps, castorine, tartan.

1632 *Paliopy* et *Comp.*, à Palairac et Maisons (Aude) : Divers produits des mines de l'Aude, de l'Ariège et des Pyrénées orientales.

1633 *Maume* (*Guillaume*), à Aubusson (Creuse) : Tapis.

N° MM.

1634 *Bellat (Michel-Médard)*, à Aubusson (Creuse) : Tapis.

1635 *Bourgeois-Duchez*, à Felletin (Creuse) : Droguets, flanelles rayées, tissu laine et fil.

1636 *Liebach-Hartmann* et *Comp.*, à Thann (Haut-Rhin) : Indiennes, jaconas, mousselines satinées, mousselines laine pure; étoffes en soie et en laine; robes chalis satiné; une pièce meuble pour store. Médaille d'argent en 1834.

1637 *Landmann (S.)* et *Comp.*, à Sainte-Marie-aux-Mines (Haut-Rhin) : Impressions sur calicot, teint en rouge andrinople, indienne sur fond lilas, andrinople, etc. Médailles de bronze en 1827 et 1834.

1638 *Barbé* et *Comp.*, à Vieux-Thann (Haut-Rhin) : Indiennes, gros de Naples.

1639 *Kayser* et *Comp.*, à Sainte-Marie-aux-Mines (Haut-Rhin) : Cravates en coton teint, tissu lisse, façonné, soie et coton, imitation des mouchoirs de batiste. Médaille d'argent en 1827; Rappel en 1834.

1640 *Weisgerber* frères et *J. Kaiser*, à Ribeauville (Haut-Rhin) : Madras ordinaires, fins, façon des Indes, cravates fines en coton, soie et coton, satinées ordinaires, cotonnades fantaisies ordinaires grand teint, coton filé teint en diverses nuances.

1641 *Laurent-Weber* (madame veuve) et *Comp.*, à Mulhausen (Haut-Rhin) : Toiles de ménage, coton pur, cotonnades diverses, mouchoirs en coton, soie et coton, coton filé en diverses couleurs, bobines de soie en diverses nuances.

1642 *Reber (J.-G.)* et *Comp.*, à Sainte-Marie-aux-Mines (Haut-Rhin) : Cravates satinées soie et coton, madras satinés à franges, calicots, percales, tissu croisé laine et coton. Rappel de médaille de bronze en 1827; Rappel en 1834.

1643 *Mohler* frères, à Sainte-Marie-aux-Mines (Haut-Rhin) : Cotonnades, toiles de ménage, guingans d'exportation, mouchoirs, madras pour la vente intérieure et pour l'exportation, châles tartan, tapis en coton pour tables et ameublement. Mentionné en 1834.

1644 *Japy* frères, à Beaucours (Haut-Rhin) : Quincaillerie et serrurerie, articles en fer battu, mouvements de grosse et petite horlogerie. En 1806 médaille d'argent, en 1819 médaille d'or, en 1823 rappel de médaille, en 1827 *idem*, en 1834 diplôme de rappel de médaille d'or.

1645 *Witz-Steffan Oswald* frères et *Comp.*, à Niederbruck (Haut-Rhin) : Cavettes et bobines, trait d'argent faux doré, fils de laiton pour toiles métalliques, cuivre rouge à émailler, clinquant laiton.

1646 *Migeon* et fils, à Grandvillars (Haut-Rhin) : Vis à bois en fer, laiton, pitons en fer, crochets d'armoires et gonds.

1647 *Hofer (Henri)*, à Kaysersberg (Haut-Rhin) : Filés de coton, chaîne en bobine et écheveaux en jumel pour tissage mécanique, numéros 48 à 68.

1648 *Dolfus-Mieg* et *Comp.*, à Mulhausen (Haut-Rhin) : Cotons filés, trame

Nᵒˢ MM.

et chaine de Louisiane, d'Alger, de Géorgie, longue soie, fil d'Écosse blanc, fil câble, jaconas, mousselines, organdis. Médailles d'argent en 1819, 1827 et 1834.

1649 *David Kœnig*, et pour l'apprêt, *Merzdorff* frères, à Mulhausen et Vieux Thann (Haut-Rhin) : Tissus de coton, madapolams, apprêt dit toiles d'Irlande, percales à rose d'or.

1650 *Baumgartner* (*Daniel*) et *Comp.*, à Mulhausen (Haut-Rhin) : Percales. Médaille d'argent en 1827 ; Médaille d'or en 1834.

1651 *Schlumberger* (*François-Médard*), à Mulhausen (Haut-Rhin) : Étoffes façonnées en coton pour meubles, teint et écru, Tapis de table en laine et coton.

1652 *Fergusson* et *Bornèque*, à Bavilliers (Haut-Rhin) : Tissus de coton, calicot-madapolam, coutils, cuir-coton.

1653 *Engelmann* père et fils, à Mulhausen (Haut-Rhin) : Lithographies et objets d'art par la chromolithographie. Médaille d'argent en 1823 ; Rappel en 1827 et 1834.

1654 *Zuber* (*Jean*) et *Comp.*, à Rixheim (Haut-Rhin) : Papier blanc et papiers peints pour tenture, panneaux de décors. 1806, Médaille d'argent ; 1819, Médaille de bronze sous le nom de Jean Zuber et Compagnie.

1655 *Kiener* frères, à Colmar (Haut-Rhin) : Papier blanc, surfin, collé et non collé.

1656 *Heitschlin* (*P.*) et *Gilardoni* frères, à Altkirch (Haut-Rhin) : Parquets en carrelage de terre cuite avec des dessins incrustés.

1657 *Hermann* (*J.*), à Bitschwiller (Haut-Rhin) : Broches de filature.

1658 *Gauss* (*J.-M.*), à Colmar (Haut-Rhin) : Papiers marbrés.

1659 *Blech-Fries* et *comp.*, à Mulhausen (Haut-Rhin) : Indiennes, Robes mousseline laine, et autres chaîne coton.

1660 *Herzog* (*A.*), Logelbach (Haut-Rhin) : Cotons filés. Médaille d'argent en 1819 ; Rappel en 1823, sous l'ancienne raison sociale de Schlumberger et Herzog. — Médaille d'argent en 1834, sous le nom de Ant. Herzog.

1661 *Durand*, à La Sauvetat-du-Drot (Lot-et-Garonne) : Four à double voûte, propre à cuire les prunes et autres fruits.

1662 *Poitevin* (*F.-E.*) fils et *Comp.*, à Tonneins (Lot-et-Garonne) : Fil pour toiles à voiles.

1663 *Leroux Darcet*, à Beaune (Côte-d'Or) : Sirop de fécule.

1664 *Bresson*, à Dijon (Côte-d'Or) : Huile de pépins de raisins.

1665 *Sommier* (mademoiselle), à Dijon (Côte-d'Or) : Soie filée et Costes peignées.

1666 *Buffel*, à Dijon (Côte-d'Or) : Charrue (petit modèle).

1667 *Du Mesnil*, Dijon (Côte-d'Or) : Lampe de mineur.

Nos MM.

1668 *Guasco-Jobard*, Dijon (Côte-d'Or) : Deuxième partie du Voyage pittoresque en Bourgogne.

1669 *Berthot* (madame *Caroline*), à Dijon (Côte-d'Or) : Tableaux en tapisserie.

1670 *Sirodot* père et fils, et *Popinot*, à Bèze (Côte-d'Or) : Toiture en tôle.

1671 *Tilloy-Bérard*, à Marcanay-le-Bois (Côte-d'Or) : Prussiate de potasse en cristaux.

1672 *Thévenin*, cultivateur à Dijon (Côte-d'Or) : Charrue.

1673 *Paris*, à Dijon (Côte-d'Or) : Instruments de musique, nommés harmoniphon-hautbois, harmoniphon-cor anglais, et soufflet expressif.

1674 *Meugnot*, à Maison-Neuve (Côte-d'Or) : Charrue-bascule et Versoir en fer estampé.

1675 *Busset*, à Dijon (Côte-d'Or) : Système d'imprimerie typographique de musique. Médaille de bronze en 1834.

1676 *Bazile* (*Maurice*), à Châtillon (Côte-d'Or) : Laines, plusieurs toisons de béliers et de brebis.

1677 *De la Teysonnière* et *Royer*, à Nuits (Côte-d'Or) : Articles de tonnellerie.

1678 *Benini* (*Roch*), à Paris, galerie Colbert, n. 18 et 22. Chapeaux de paille.

1679 *Delavelcye*, directeur de la fonderie de Dijon (Côte-d'Or) : Diverses pièces de fonderie, une Machine à vapeur et diverses autres pièces, telles que cylindres, pompes, robinets, cloches; plus, un frein de Prony, de construction nouvelle.

1680 *Godin* aîné, à Châtillon (Côte-d'Or) : Plusieurs toisons de brebis. Médaille d'argent en 1834.

1681 *Maitre* (*Joseph*), à Villotte (Côte-d'Or) : Plusieurs toisons de brebis.

1682 *Fournier*, à May (Seine-et-Marne) : Échantillons de soie récoltée sur les propriétés de l'exposant.

1683 *Hanriot*, directeur de l'École d'horlogerie de Dijon (Côte-d'Or) : Horlogerie et Thermomètre métallique. Médaille d'argent en 1823; Rappel en 1827; nouvelle Médaille d'argent en 1834.

1684 *Chevalier Asselineau*, à Saint-Aignan (Loir-et-Cher) : Cuir à la Jusée et Veau paré.

1685 *Fesneau Pestibeau*, à Montrichard (Loir-et-Cher) : Encre française.

1686 *Téry*, à Lamballe (Côtes-du-Nord) : Peaux de mouton, dites basannes.

1687 *Gapaillard* (*Joseph*), à La Prenessage (Côtes-du-Nord) : Fuseaux en bois de houx.

1688 *Gapaillard* (*Jean*), à La Prenessage (Côtes-du-Nord) : Fuseaux en bois de houx.

Nos MM.

1689 *Gapaillard* (*Louis*), à La Prenessage (Côtes-du-Nord) : Fuseaux en bois de houx.

1690 *Meunier* (*Jean*), à La Prenessage (Côtes-du-Nord) : Fuseaux en bois de houx.

1691 *Meunier* père et fils, à La Prenessage (Côtes-du-Nord) : Fuseaux en bois de houx.

1692 *Meunier* (*Pierre*), à La Prenessage (Côtes-du-Nord) : Fuseaux en bois de houx.

1693 *Meunier* fils (*Jean*), à La Prenessage (Côtes-du-Nord) : Fuseaux en bois de houx.

1694 *Courtel* (*François*), à La Prenessage (Côtes-du-Nord) : Fuseaux en bois de houx ; Médaille de bronze en 1829 ; Médaille d'argent en 1834.

1695 *Le Floch* (*Louis*), à La Prenessage (Côtes-du-Nord) : Fuseaux en bois de houx.

1696 *Le Guennec* (*Jacques-Alexis*), à Grâces (Côtes-du-Nord) : Toiles à tamis dites mi-fils.

1697 *Aubanel* (*Laurent*), à Avignon (Vaucluse) : Caractères typographiques.

1698 *Mugnier*, à Gray (Haute-Saône) : Tissus de crin noir, blanc et rouge avec dessins damassés et satinés en crin ou soie végétale. Mention honorable en 1834.

1699 *Lacompard* (*Laurent*) et *Comp.*, à Plancher-les-Mines (Haute-Saône) : Quincaillerie et Serrurerie. Médaille de bronze en 1827.

1700 *Forges de Ronchamp* (Société anonyme), à Ronchamp (Haute-Saône) : Tôle et Rails de chemins de fer.

1701 *De Bruyer*, à La Chaudeau (Haute-Saône) : Fer blanc et noir. Médaille d'or en 1827 et rappel en 1834.

1702 *Huguenin* et *Ducommun*, à Mulhausen (Haut-Rhin) : Table et pièces détachées pour un tour à graver les rouleaux, rouleaux en cuivre dont l'un sur axe en fer.

1703 *Scheibel* et *Loos*, à Thann (Haut-Rhin) : Banc de 88 broches et batteur-étaleur.

1704 *Taillade* (*Th.*), à Thann (Haut-Rhin) : Banc à Broches à engrenage, de 88 broches en acier fondu, Métier à filer de 300 broches, mouvant par engrenages, Nouveau système ; une corde double, un cadre avec diverses pièces détachées pour filature.

1705 *André Kœchlin* et *Comp.*, à Mulhausen (Haut-Rhin) : Banc à 136 broches, Mul Jenny de 360 broches, Métier à tisser à 9 marches et machine à papier continu avec machines accessoires.

1706 *Schlumberger* (*Nicolas*) et *Comp.*, à Guebwiller (Haut-Rhin) : Pièces pour un métier, un étaleur et un banc à broches pour filer le lin.

1707 *Klinglin* (Le baron de), à Plaine-de-Valsch et Vallerys-Thal (Meurthe) : Verre commun et de luxe façon de Bohême.

N°s MM.

1708 *Godard* et *Comp.*, à Baccarat (Meurthe) : Cristaux. Médaille d'or en 1823, et rappels en 1827 et 1834.

1709 *Kugel Jacob*, à Nancy (Meurthe) : Ébénisterie en bois de palissandre avec incrustation en cuivre.

1710 *Husson* et ses sept filles, à Nancy (Meurthe) : Lingerie et broderies sur batiste et sur mousseline, broderies au plumetis et aux points d'armes. Citation à l'exposition de 1834.

1711 *Driand* et *Marchal*, à Nancy (Meurthe) : Pâtes diverses et amidon.

1712 *Grandeury* frères, à Nancy (Meurthe) : Pâtes diverses et amidon.

1713 *Boilvin Marie* et *Neveu*, à Badonviller (Meurthe) : Alènes de différentes sortes. Médaille d'argent en 1823, et rappels en 1827 et 1834.

1714 *Picard* frères, à Nancy (Meurthe) : Draperie.

1715 *Goudchaux Picard* frères, à Nancy (Meurthe) : Draps cuir-laine, castorines et flanelles. Médaille de bronze en 1834.

1716 *Thirion*, à Norroy (Meurthe) : Alènes de différentes sortes. Mention honorable en 1823.

1717 *Miller-Thiry*, à Nancy (Meurthe) : Marbres.

1718 *Didot* père, à Lunéville (Meurthe) : Broderies sur tulle en or et coton.

1719 *Horrer Martin* et *Rozat*, à Blâmont (Meurthe) : Toiles de coton écru et cotons filés. Citation en 1834.

1720 *Ruffi-Jussel* (madame veuve), à Nancy (Meurthe) : Broderies sur mousselines et sur tulles. Médaille de bronze en 1834.

1721 *Bour*, à Nancy (Meurthe) : Cotons filés. Citation en 1834.

1722 *Picard* frères, à Nancy (Meurthe) : Draps cuir-laine.

1723 *Marx-Picard* et fils, à Nancy (Meurthe) : Châles en pould de soie, brodé en soie au crochet ; Mérinos cachemire, et Mousseline-laine brodée.

1724 *Batelot* (madame veuve) jeune, à Blâmont (Meurthe) : Articles de grosse taillanderie.

1725 *Marcot-Thiriet* et *Comp.*, à Nancy (Meurthe) : Draps cuir-laine et castorines. Médaille de bronze en 1834.

1726 *Bompard* (*Nicolas*) et *Comp.*, à Nancy (Meurthe) : Mousselines, calicots et percales, flanelles et Napolitaines. Médaille de bronze en 1834.

1727 *Millet* et *Robinet*, à la Magnanerie de Poitiers (Vienne) : Echeveaux de soie filée.

1728 *Millet* (madame), à la Magnanerie de la Cataudière, près Châtellerault (Vienne) : Echeveaux de soie filée.

1729 *Guérineau* fils, à Poitiers (Vienne) : Peaux d'oie (imitation cygne).

1730 *Fromentault* (*Hippolyte*), à Poitiers (Vienne) : Draps cuir-laine.

1731 *Grivel* fils, à Poitiers (Vienne) : Peaux de chevreaux, d'agneaux et de moutons.

1732 *Challuau-Dumèreau*, à Loudun (Vienne) : Tulles brodés.

Nᵒˢ MM.

1733 *Pichot*, à Poitiers (Vienne) ; Imitation de marqueterie sur ivoire et sur os.

1734 *Guillou-Zentler*, à Toulon (Var) : Épaulette avec corps et contour à point de Milan, à étoiles, les bouillons formant un câble avec trait guipé.

1735 *Mero (Joseph)* et *Carault*, à Grasse (Var) : Essences et parfums.

1736 *Stehelin* et *Huber*, à Bitschwiller (Haut-Rhin) : Machine locomotive à cylindre de 13 pouces de diamètre ; Roues de wagons montées sur leur essieu, et Grue hydraulique pour l'alimentation des tenders sur les chemins de fer.

1737 *Prodon-Pouzet*, à Thiers (Puy-de-Dôme) : Articles de coutellerie.

1738 *Pallu* et *Comp.*, à Pontgibaud (Puy-de-Dôme) : Litharge rouge et jaune ; Minerai lavé ; Gâteau d'argent ; divers échantillons de minerai brut ; Baguettes de plomb.

1739 *Navarron (Étienne)*, à Obset, près Thiers (Puy-de-Dôme) : Rasoirs ; Manches découpés.

1740 *Navarron-Jury* aîné, à Château-Gaillard, près Thiers (Puy-de-Dôme) : Rasoirs ; Manches découpés.

1741 *Tixier-Goyon*, à Thiers (Puy-de-Dôme) : Articles de coutellerie. Mention honorable en 1827 et 1834.

1742 *Navarron-Dumas*, à Obset, près Thiers (Puy-de-Dôme) : Articles de coutellerie.

1743 *Vedel-Souche*, à Thiers (Puy-de-Dôme) : Timbres secs, cachets et griffes, etc.

1744 *Bostmambrun (Philippe)* oncle et neveu, à Saint-Remy (Puy-de-Dôme) : Articles de coutellerie. Mention honorable en 1819. Médaille d'argent en 1823, et rappel en 1834.

1745 *Doumaux* frères, à Clermont (Puy-de-Dôme) : Persiennes en fer.

1746 *Jacod-Jalloustre*, à Clermont (Puy-de-Dôme) : Pistolets, et Fusil à bascule.

1747 *Drelon* et *Engelvin*, à Clermont (Puy-de-Dôme) : Divers produits d'antimoine.

1748 *Boudet-Drelon*, à Clermont (Puy-de-Dôme) : Pâtes dites de Gênes et Farines de légumes.

1749 *Foye*, à Ambert ((Puy-de-Dôme) : Tapis.

1750 *Jonard* et *Magnin*, à Clermont (Puy-de-Dôme) : Farines de légumes, Pâtes dites de Gênes. Médaille de bronze en 1834.

1751 *Bouyon*, à Clermont (Puy-de-Dôme) : Cuir de vache travaillé d'après un nouveau mode.

1752 *Colson*, à Clermont (Puy-de-Dôme) : Caractères d'imprimerie de nouvelle composition.

1753 *Thibaut (Émile)*, à Clermont (Puy-de-Dôme) : Vitraux peints.

1754 *Pradier-Gillet* et *Mégemont*, à Clermont (Puy-de-Dôme) : Becquets de plusieurs espèces.

N^os MM.

1755 *Gallet* et *Comp.*, à Clermont (Puy-de-Dôme) : Chocolats.

1756 *Barré-Russin*, à Orchamps, près Dôle (Jura) : Porcelaine blanche et brune à feu, dite higiocérame.

1757 *Robert*, à Dôle (Jura) : Pièces d'anatomie chirurgicale en plâtre.

1758 *Muel-Doublat* (*Édouard-Joseph-Claude*), propriétaire de forges à Abainville (Meuse) : Fers en barres et autres; Barre fer à jantes ou cercle intérieur de roues de locomotive; Fer à rebord pour roues de wagon et de locomotive; Échantillons de fer; Cornières et feuilles tôle pour chaudière à vapeur; Essieux pour locomotive, Tige de piston, Fils fer, Carrossage. Médaille de bronze en 1827; Rappel en 1834.

1759 *Werly* (*Jean*), à Bar-le-Duc (Meuse) : Corsets sans coutures; un Échafaud pour remplacer les cordes à nœuds; un Modèle de métier à fabriquer les paillassons pour les jardins. Mention honorable en 1834.

1760 *Oubriot* (*Maurice*), à Revigny (Meuse) : Charrue.

1761 *Chouilleux* (*Pierre-Vincent*), à Bar-le-Duc (Meuse) : un Spécimen de calligraphie anglaise.

1762 *Muel* (*Pierre-Adolphe*), à Tusey, près Vaucouleurs (Meuse) : Divers objets en fonte, notamment deux grandes Statues (un Fleuve et un Triton), Statuettes, Balcons, Marches et Contre-marches d'escalier, etc.

1763 *Serre* (*François*), à Saint-Mihiel (Meuse) : Cric à double noix.

1764 *Dillon* aîné, à Xivray, près Saint-Mihiel (Meuse) : Bas et gants en fil d'Écosse. Citation en 1834.

1765 *Soulain* (*Jean-Claude*), à Saint-Mihiel (Meuse) : Échantillons de coton à broder, un Dynamomètre et un Appareil à lessiver les fils et les tissus. Citation en 1834.

1766 *Chaine-Briclot* (*Victor*), à Verdun (Meuse) : Groupe d'objets d'histoire naturelle (oiseaux et divers petits animaux).

1767 *Douillot*, à Bonnet (Meuse) : Machines électriques. Médaille de bronze en 1834.

1768 *Noyer* frères, à Dieu-le-Fit (Drôme) : Soie grége et Organsin. Médaille d'argent en 1834.

1769 *Gérin* fils, à Valence (Drôme) : Soie grége et organsin.

1770 *Cornud* et *Comp.*, à Montélimart (Drôme) : Organsin jaune pour satin.

1771 *Barral* frères, à Crest (Drôme) : Organsin pour satin. Médaille d'argent en 1834.

1772 *Faure* (*Ernest*), à Saillans (Drôme) : Soie grége et organsin.

1773 *Chartron* père et fils, à Saint-Vallier et Saint-Donat (Drôme) : Soies, Crêpes, Organsins et Soie grége. Médaille d'argent de 2e classe en 1806, de bronze en 1819, d'argent en 1823 et 1827, et une médaille d'or en 1834.

1774 *Eymieu* (Pascal), à Saillans (Drôme) : Flottes soie fantaisie, dite

N^os MM.

Cardette ou fil gros, et autres mi-fines; Fantaisie, fils gros et fils fins. Médaille de bronze en 1834.

1775 *Planel*, à Saillans (Drôme) : Écheveaux de soie.

1776 *Morin* et *Comp.*, à Dieu-le-Fit (Drôme) : Étoffes dites Amazones, Mérinos, Molletons et Écheveaux de laine.

1777 *Chabrières*, à Crest (Drôme) : Étoffes en laine croisée, dite Marègue.

1778 *Dupont* (*Sophie*) et *Comp.*, à Valence (Drôme) : Mouchoirs en fil façon foulard, peints en diverses couleurs. Médaille de bronze en 1834.

1779 *Latune* et *Comp.*, à Crest (Drôme) : Papiers divers. Médaille de bronze en 1823 ; Médaille d'argent en 1834.

1780 *Revol* père et fils, à Saint-Uze (Drôme) : Divers objets de ménage en porcelaine. Mention honorable en 1823 et en 1827.

1781 *Souvion*, à Saillans (Drôme) : Écheveaux de chanvre et Écheveaux de fil.

1782 *Thomann*, à Besançon (Doubs) : Soufflets de forge. Mention honorable en 1834.

1783 *Nicot* (*François-Constant*), à la Grande-Combe de Morteau (Doubs) : Faux. Médaille de bronze en 1834.

1784 *Bobilier* (*Célestin*), à Maison-du-Bois (Doubs) : Faux. Médaille de bronze en 1827.

1785 *Prével* (*Jean-Baptiste*) aîné, à Besançon (Doubs) : Bourses en cuir à la mécanique.

1786 *Bécoulet* (madame veuve) et *Vaissier*, à Arcier (Doubs) : Papiers fins et communs à la mécanique.

1787 *Gloriod* (*François-Joseph*), à Les Gras (Doubs) : Tour à buriner pour l'horlogerie. Citation en 1834.

1788 *Baron* (*Joseph*), à Les Gras (Doubs) : Roues d'échappements pour l'horlogerie.

1789 *Garnache*, à Les Gras (Doubs) : Outils et machines pour l'horlogerie. Citation en 1834.

1790 *Bobilier* (*Jean-Claude*), à Grand-Combe (Doubs) : Faux.

1791 *Vincenti* et *Comp.*, à Montbéliard (Doubs) : Ébauches d'horlogerie à la mécanique.

1792 *Fougy*, à Besançon (Doubs) : Roues de montres à dentures diminuant les frottements et échappements à cylindre.

1793 *Paur*, à Sainte-Suzanne (Doubs) : Pièces de musique.

1794 *Moser* et *Marti*, à Montbéliard (Doubs) : Mouvement de pendule.

1795 *Bourlier* père et fils, à Montécheroux (Doubs) : Outils d'horlogerie.

1796 *Quelet* (*Pierre*), à Montécheroux (Doubs) : Outils d'horlogerie.

1797 *Séraut* (*Louis-Ambroise*), à Lac ou Villers (Doubs) : Outils d'horlogerie.

1798 *Garnache* (*Lucien*), à Les Gras (Doubs) : Outils d'horlogerie. Citation en 1834.

Nos MM.

1799 *Garnache-Barthod* frères, *Clément* et *Juvénal*, à Les Gras (Doubs) : Outils d'horlogerie. Citation en 1834.

1800 *Voinet* (*François*), à Les Gras (Doubs) : Outils d'horlogerie.

1801 *Gueutal*, à Montécheroux (Doubs) : Outils d'horlogerie.

1802 *Bouthey*, *Valengin* et *Rith*, à Morteau (Doubs) : Mouvements de montres et tour universel.

1803 *Guinaud* (madame veuve), à Lac ou Villers (Doubs) : Flint-Glass, Crown-Glass en matière brute et en disques. Médaille d'argent en 1834.

1804 *Berthet* aîné, à Morteau (Doubs) : Disques pour l'optique.

1805 *Peugeot* et *Comp.*, à Audincourt (Doubs) : Appareils pour filature de coton et laine à la mécanique.

1806 *Jacquot* (*Xavier*), Derrière-le-Mont, commune de Montlebon (Doubs) : Tuyères et bassin en cuivre.

1807 *Girard-Bobilier* et *Comp.*, à Les Gras (Doubs) : Tuyères. Médaille de bronze en 1834.

1808 *Garrisson* oncle et neveu, à Montauban (Tarn-et-Garonne) : Ratine, Bergopsom, Algérienne, Molleton. Médaille de bronze en 1819; Rappel en 1834.

1809 *Coudère* et *Soucaret* fils, à Montauban (Tarn-et-Garonne) : Toiles à tamis, Flottes de soie. Mention honorable en 1834.

1810 *Bergis* et *Comp.*, à Montauban (Tarn-et-Garonne) : Sucre indigène.

1811 *Détape*, à Bruniquel (Tarn-et-Garonne) : Fers de plusieurs dimensions divisés en quatre classes. Médaille d'argent en 1834.

1812 *Charrier-Barbette* frères, à Niort (Deux-Sèvres) : Angélique confite.

1813 *Labbé*, à Niort (Deux-Sèvres) : Fusil.

1814 *Chauvin*, à Niort (Deux-Sèvres) : Fusils dits préservateurs à simple poussoir, à fermoir et à poussoir composé.

1815 *Soulisse* (*Pierre-Remi*), à Niort (Deux-Sèvres) : Horloge astronomique. Mention honorable en 1834.

1816 *Soulisse* (*Simon*), à Niort (Deux-Sèvres) : Machines à engrenage, applicables à une pompe à incendie, et à combinaisons différentes. Médaille de bronze en 1834.

1817 *Falcon* (*Théodore*), au Puy (Haute-Loire) : Dentelles.

1818 *Llanta* (*Saturnin*), à Perpignan (Pyrénées-Orientales) : une Charrue Dombasles modifiée. Mention honorable en 1834.

1819 *Vignaud*, à Angoulême (Charente) : Encre.

1820 *Châtenet*, à Angoulême (Charente) : Deux volumes de lithographies.

1821 *Guénard*, à Saint-Yrieix (Charente) : Échantillons de soies. Mention honorable en 1834.

1822 *Callaud* (*E.*), à Angoulême (Charente) : Appareil distillatoire.

1823 *Marsat*, à Ruffec, Villemant-Lamothe (Charente) : Échantillons de fer.

1824 *Durandeau* aîné, *Lacombe* et *Comp.*, à Lacourade (Charente) Échantillons de papiers. Médaille de bronze en 1834.

Nos MM.

1825 *Laroche*, *Duchez*, *Lejeune* et *Comp.*, à Saint-Michel (Charente) : Échantillons de papiers.

1826 *Lacroix* frères et *Gaury*, à Angoulême (Charente) : Échantillons de papiers. Médaille de bronze en 1823 ; Rappel en 1834.

1827 *Callaud Bellisle Sazerac* et *Comp.*, à Veuze et Maumont (Charente) : Échantillons de papiers. Médaille d'argent en 1834.

1828 *Delâge* frères, à La Couronne (Charente) : Échantillons de toiles métalliques pour la fabrication des papiers. Citation à l'exposition de 1834.

1829 *Chrétien*, à Nersac (Charente) : Flôtres sans fin et sans coutures pour la fabrication du papier.

1830 *Longeau* aîné, à Angoulême (Charente) : Flôtres pour la fabrication du papier.

1831 *Callaud Bellisle* (G.), à Magnac-sur-Tourre (Charente) : Ciment romain.

1832 *Callaud* cousins, au Gond (Charente) : Échantillon de farine.

1833 *Gérardin*, à Angoulême (Charente) : une Boîte d'œufs gravés.

1834 *Tardat*, à Angoulême (Charente) : Tableaux à la plume.

1835 *Vachon* et *Comp.*, à Nantua (Ain) : Filature Thibet, Laine et Fantaisie Soie.

1836 *Lardin* frères, à Saint-Rambert (Ain) : Flottes en bobines, Soies filées. Médaille d'argent en 1827 ; Rappel en 1834.

1837 *Dobler* et fils, à Tenay (Charente) : Bobines laine pure, souffrées, thibet 1/4 soie, 3/4 laine, laine pure ; échevottes 1/2 soie, 1/2 thibet, 1/4 soie, 3/4 laine, 2/5 soie, 3/5 laine chaîne, laine souffrée pure.

1838 *Sourd* père et fils, (Ain) : Échevottes de thibet et soie, trame n. 25 à 210, chaîne n. 40 à 140.

1839 *Collet* fils, à Saint-Rambert (Ain) : Linge de table damassé.

1840 *Bernard*, à Villebois (Ain) : Pierres lithographiques.

1841 *Perrault de Jotemps*, à Naz (Ain) : Toisons de mérinos. Médaille d'or en 1823 ; Rappels en 1827 et 1834.

1842 *Audibert Faucher*, à Divonne (Ain) : Échantillons de papiers. Mention honorable en 1834.

1843 *Mermet*, à Châtillon-de-Michaille (Ain) : Notice descriptive d'une machine à battre le blé.

1844 *Jannin Béatrix*, à Saint-Germain (Ain) : Écrous à chapeaux pour essieux de voitures fabriqués à la mécanique. Médaille de bronze en 1834.

1845 *Boullier* et *Comp.*, à Condamine-la-Deye (Ain) : Couvertures fine, mi-fine, pure laine et superfine mérinos.

1846 *Poncet-Mercier*, à Oyonnax (Ain) : Peignes de cornes et articles de tour en buis et en bois.

1847 *Guyon*, à Montmerle (Ain) : Cadran solaire à équation.

1848 *Estivant* fils aîné, à Givet (Ardennes) : Échantillons de colle-forte. Médaille d'argent en 1819 ; Rappel en 1823, 1827 et 1834.

N^os MM.

1849 *Hasslaner* et *L. Fiolet*, à Givet (Ardennes) : Un assortiment de pipes. Citation en 1834.

1850 *Cellier-Rigaux*, à Raucourt (Ardennes) : Boucles et dés à coudre.

1851 *Camion* frères, à Viviers-Aucourt (Ardennes) : Fiches, Équerres et Charnières.

1852 *Estivant-Donau*, à Givet (Ardennes) : Colle forte. Médaille de bronze en 1834.

1853 *La Compagnie des Ardoisières de Rimogne et de Saint-Louis-sur-Meuse*, à Rimogne (Ardennes) : Ardoises.

1854 *Blaise*, à Signy-le-Petit (Ardennes) : Casseroles en fonte étamées et Fers à repasser creux.

1855 *Labrosset-Béchet* (*F.*), à Sedan (Ardennes) : Draps alpaga, Castorine, Azorine, Coating, Vigontine, Sibérienne, Laponienne, Obsterkin, Fashionable, Drap vigogne, Drap fourrure. Médaille d'argent en 1834.

1856 *Rousselet* (*Antoine*), à Wé et Sedan (Ardennes) : Draps casimirs et Satins de laine.

1857 *Marius-Paret*, à Sedan (Ardennes) : Draps, Casimirs et Satins de laine.

1858 *Trotrot* fils aîné, à Sedan (Ardennes) : Casimirs, Draps écarlate et cramoisi. Citations en 1827 et 1834.

1859 *Jacquemart-Lagard*, à Charleville (Ardennes) : Serrures perfectionnées.

1860 *Chayaux* frères, à Sedan et à La Ferté-sur-Thiers (Ardennes) : Draps, Cuir-laine, Alpagas, Casimirs et Satins de laine. Médaille d'argent en 1819 ; Médaille d'or en 1823, et Rappel en 1827.

1861 *Cunin-Gridaine* père et fils, à Sedan (Ardennes) : Draps. Médaille d'or en 1823 ; Rappel en 1827.

1862 *Leroy-Picart*, à Sedan (Ardennes) : Draps cuir-laine et Casimirs noirs, Draps cramoisi cachemire et Satins de laine.

1863 *La Compagnie des Verreries et des manufactures de Glaces de Saint-Quirin*, à Cirey et Monthermé (Ardennes) : Glaces étamées et non étamées de différentes grandeurs. Médailles d'argent en 1819, 1823, 1827 ; Médaille d'or en 1834.

1864 *Robert-Thomas*, à Givonne (Ardennes) : Casseroles, Fléaux et Pelles.

1865 *Neveux-Godard*, à Chenois-Auboncourt (Ardennes) : Articles de bonneterie, Gilets de flanelle, Bas, Caleçons. Mention honorable en 1823.

1866 *Estivant* frères, à Givet (Ardennes) : Rouleaux de cuivre et Tombac laminé.

1867 *Charles-Bernard*, à Torcy-Sedan (Ardennes) : Une Enclume.

1868 *Lépinois*, à Neuville et Day (Ardennes) : Charrue.

1869 *Mesmin* aîné, à Givet (Ardennes) : Fonds de chaudières et Planches

Nos MM.

en cuivre jaune et rouge, Bottes en fil de cuivre, Tombac, Laiton, Zinc laminé.

1870 *Devillez* frères, à Brévilly (Ardennes) : Feuille de tôle faite en laminoir, longueur $2^{m},730$, largeur $1^{m},020$, épaisseur $0^{m},023$, poids 462 kilogrammes; morceau coupé à cette même feuille.

1871 *Sauveau*, à Bergerac (Dordogne) : Linge de table avec lisières dans tous les sens.

1872 *Conte* (*Numa*), à Périgueux (Dordogne) : 1° Régulateur de cheminée, échappement Graam en rubis, 4 trous rubis, remontoir d'égalité, balancier compensateur de Janvier; 2° Régulateur avec sonnerie d'heures et demi-heures, échappement à chevilles, balancier compensateur de Rivoz ; 3° Régulateur à deux roues, échappement Graam, remontoir à poulie; 4° Pendule à cadran demi-circulaire.

1873 *Dupont* (*Auguste*), à Périgueux (Dordogne) : Autographies-écritures, Lithographies et gravure sur pierre, Dessins au crayon. Médaille de bronze en 1834.

1874 *Festugières* frères, à Eyziès (Dordogne) : Barres de fer pour axe de machines, Chaînes-câbles, Cylindres cannelés de filature et pour carrossage. Médaille de bronze en 1834.

1875 *Ferrer* jeune, à Perpignan (Pyrénées-Orientales) : Manches de fouet en bois dit de Perpignan.

1876 *Guimezanes* (*Bonaventure*), à Sorède (Pyrénées-Orientales) : Manches de fouet et de cravaches en bois dit de Perpignan.

1877 *Fraisse* (*Francois*), à Perpignan (Pyrénées-Orientales) : Échantillons de marbre, Serre-papiers, Socle et Vases.

1878 *Philippot* jeune, à Perpignan (Pyrénées-Orientales) : Échantillons de marbre.

1879 *Companyo*, à Perpignan (Pyrénées-Orientales) : Oiseaux empaillés.

1880 *Pairé* (mesdemoiselles *Anne* et *Antoinette*) sœurs, à Perpignan (Pyrénées-Orientales) : Robe de femme sans couture en tricot de fil à l'aiguille, avec dentelles catalanes, et un bonnet de même fabrication.

1881 *Lacoste* (*Alexis*), à Perpignan (Pyrénées-Orientales) : Deux paires de pendants d'oreilles en or, dits à la catalane.

1882 *Augé*, à Perpignan (Pyrénées-Orientales) : Échantillons de soie grège.

1883 *Vimort-Maux*, à Perpignan (Pyrénées-Orientales) : Cotons filés et teints, Échantillons de ouates.

1884 *Espériquette* (*Joseph*), à Perpignan (Pyrénées-Orientales) : Un Tableau de sondages exécutés dans le département.

1885 *Corbière* aîné, à Perpignan (Pyrénées-Orientales) : Soies grèges.

1886 *Bourré*, à Boulogne-sur-Mer (Pas-de-Calais) : Modèle de lavoir mécanique pour le noir animal en grains, et Appareil de révivification de cette matière.

N^os MM.

1887 *Leplant*, à Arras (Pas-de-Calais) : Cheminée à la prussienne en tôle à fond double servant de calorifère.

1888 *Catez*, à Arras (Pas-de-Calais) : Lampe à pression constante.

1889 *Quenut*, à Saint-Omer (Pas-de-Calais : Bottes en maroquin et en cuir à talon mobile et semelles élastiques, Socques à semelles de longueur variable, et Maroquins garnis en pluche.

1890 *Un officier de marine*, à Calais (Pas-de-Calais) : Tableau mosaïque en paille. Mention honorable en 1827.

1891 *Kœchlin*, à Auxi-le-Château (Pas-de-Calais) : Toiles de lin, cretonnes, fabriquées à la mécanique, Tissus de laine et coton, laine pure, dit mérinos renforcé.

1892 *Lahérard*, à Roellepot (Pas-de-Calais) : Fils écrus, Lins, Étoupes.

1893 *Dewild* et *Buffet*, à Arras (Pas-de-Calais) : Machine à vapeur sans balancier à cylindre vertical et fixe, Système de pompes pour presses hydrauliques.

1894 *Griffon*, à Wizernes, près Saint-Omer (Pas-de-Calais) : Papiers divers. Médaille d'or en 1834.

1895 *Toursel*, à Arras (Pas-de-Calais) : Soie obtenue en 1837 à Arras ; les vers ont été nourris de feuilles de mûriers blancs sauvageons cultivés à Arras.

1896 *Lecoq-Guibé*, à Alençon (Orne) : Mousselines brodées.

1897 *Philbert-d'Ocagne* fils, à Alençon (Orne) : Dentelles dites point d'Alençon et Mousselines brodées.

1898 *Vantillard*, à Merouvel, près l'Aigle (Orne) : Aiguilles diverses, pointes doubles à carder le lin, pointes aplaties et non aplaties à carder la laine et la soie.

1899 *Cadou Taillefer*, à l'Aigle (Orne) : Aiguilles et Hameçons, Fils d'acier de divers numéros.

1900 *Huc*, à l'Aigle (Orne) : Filières d'acier et Échantillons de métaux. Médaille de bronze en 1834.

1901 *Behin (F.)*, à l'Aigle (Orne) : Boites en bois.

1902 *la Société en commandite d'horlogerie*, à Trun (Orne) : cinq Montres d'or dites calibres Lépine, perfectionnées, entièrement établies dans la fabrique; un finissage (montre au second degré d'établissement). Mention honorable en 1834.

1903 *Clérambault (Charles)*, à Alençon (Orne) : Mousselines brodées, façon suisse. Mentions honorables en 1827 et 1834.

1904 *Boisselot* et fils, à Marseille (Bouches-du-Rhône) : Pianos. Médailles d'argent en 1827 et 1834.

1905 *Bernex* et *Comp.*, à Marseille (Bouches-du-Rhône) : Papiers peints et Décors.

1906 *Sigoret (Auguste)*, à Marseille (Bouches-du-Rhône) : Colle forte commune, façon de Flandre et surfine. Médaille d'argent en 1834.

N°s MM.

1907 *Villeneuve (de)* et *Tochi*, à Marseille (Bouches-du-Rhône) : Ciment de Roquefort ; une Tête moulée avec cette matière.

1908 *Imbs (Xavier)*, à Aubagne (Bouches-du-Rhône) : deux Peaux tannées par un procédé rapide et économique ; Cuir pour semelles.

1909 *Bosq* frères, à Auriol (Bouches-du-Rhône) : une Règle à coulisse pour faire les rainures aux montants de fenêtres ; un Coupoir pour les briques dites *tomettes* ; une machine à faire des broches.

1910 *Carle (Philippe)*, à Marseille (Bouches-du-Rhône) : Registres grand-livre à simples et à doubles coutures.

1911 *Rozan* oncle et fils, à Marseille (Bouches-du-Rhône) : Gobelets, Verres et Carafes.

1912 *Bœuf* et *Garaudy*, à Marseille (Bouches-du-Rhône) : Divers objets en corail.

1913 *Barbaroux de Mégy*, à Marseille (Bouches-du-Rhône) : Divers objets en corail ; Camées.

1914 *Dugué* frères, à Nogent-le-Rotrou (Eure-et-Loir) : Burat pour mantille écrue ; Voile de religieuse ; Bournous ordinaires des Arabes ; Ceintures arabes.

1915 *Buisson*, à Illiers (Eure-et-Loir) : une Charrue.

1916 *Saint-Marc* (madame veuve), *Porteu* et *Tétiot* aîné, à Rennes (Ille-et-Vilaine) : Toiles blanches et demi-blanches, basse voile. Médaille d'or en 1827.

1917 *Desbouillons* et *Jouon*, à Rennes (Ille-et-Vilaine) : Toiles à voiles à fils simples, demi-blancs, à fils doubles ; ancienne toile grise en lin, à fils doubles. Médaille de bronze en 1834.

1918 *Morin du Lérain* fils et *Comp.*, à Rennes (Ille-et-Villaine) : Toiles basses voiles, Toiles mélis double, fort, fin ; Toiles bonnettes, Toile doublage. Mention honorable en 1819, confirmée en 1823.

1919 *Gratien*, à Fougères (Ille-et-Vilaine) : Toiles fines de chanvre ; Toiles en lin (mécanique).

1920 *Galais*, à Fougères (Ille-et-Vilaine) : Toiles de Chanvre. Citation en 1823 ; Rappel en 1827.

1921 *Dubois*, à Fougères (Ille-et-Vilaine) : Flanelles rayées de diverses couleurs.

1922 *Lesénéchal*, à Dol (Ille-et-Vilaine) : Échantillons de laines teintes de diverses nuances.

1923 *Brison* fils, à Rennes (Ille-et-Vilaine) : Cuirs à la Jusée ; Peaux de veaux sèches en croûte, etc. Médaille d'argent en 1834.

1924 *Lair-Lamotte*, à Saint-Malo (Ille-et-Vilaine) : Cuirs à l'usage de la marine ; Sceaux à incendie ; Baches pour les diligences, etc.

1925 *Joly* fils aîné, à Saint-Malo (Ille-et-Vilaine) : Cordages, Funin pour haubans, Lignes du banc, tannée. Mention honorable en 1834.

1926 *Amiel*, à Saint-Malo (Ille-et-Vilaine) : Cordages fil fin goudronné, fil fin blanc, fil ordinaire blanc.

N^os MM.

1927 *Palmié* et *Peyraud*, à Saint-Malo (Ille-et-Vilaine) : Chaux hydraulique artificielle; Pouzzolane, Briques, Tuiles, Carreaux, Conduits; Enduit d'un an, en chaux à double cuisson, arraché d'un mur. Médaille d'argent en 1819.

1928 *Lebesnier* et *Comp.*, à Rennes (Ille-et-Villaine) : Appareil pour le traitement d'une cambrure de la jambe et du pied chez un enfant; autre Appareil pour le traitement d'un pied-bot.

1929 *Goinard* aîné, à Rennes (Ille-et-Vilaine) : Chandelles moulées. Citation en 1823; Rappel en 1827.

1930 *Barillé*, à Rennes (Ille-et-Vilaine) : Bottes et Claques-Sandales.

1931 *Gervais*, à Caen (Calvados) : Cotons filés n°s 16, 19 et 21; Chaînes continues. Médaille de bronze en 1834.

1932 *Gast*, à Caen (Calvados) : Modèle d'un procédé nouveau pour lancer les navires.

1933 *Reverdy*, à Caen (Calvados) : Chapeaux de soie et de feutre.

1934 *Durand*, à Rully (Calvados) : Peau de veau tannée sans autre apprêt.

1935 *Juhel-Desmares*, à Vire (Calvados) : Draps bleu, cuir-laine, zéphir, etc. Médaille de bronze en 1834.

1936 *Fournet-Brochaye*, à Lizieux (Calvados) : Drap pilote, Molleton à poil, croisé. Citation en 1834.

1937 *Maufras* (mademoiselle), à Caen (Calvados) : Châles d'Angora tricotés.

1938 *Sorel*, à Caen (Calvados) : Schal d'Angora au métier.

1939 *Polignac* (*le comte de*), à Gouvix (Calvados) : Laine provenant de mérinos pure race; Toisons de bélier et de brebis. Médaille d'or en 1823; Rappels en 1827 et 1834.

1940 *Lecard*, à Vire (Calvados) : Potasses fabriquées avec les cendres du sarrasin; Potasse régénérée.

1941 *Bellamy* frères, à Caen (Calvados) : Bas de coton.

1942 *Rebut*, à Caen (Calvados) : petites Boîtes de bourres métalliques pour charger les fusils de chasse. Mention honorable en 1834.

1943 *Bénard* et *Comp.*, à Rabut (Calvados) : Plomb de chasse.

1944 *Fournier-Lamotte* père et fils et *Dufay*, à Condé-sur-Noireau (Calvados) : Nappes et Serviettes à dessins.

1945 *Manoury* (*Arsène*), à Caen (Calvados) : Bas.

1946 *Lemoine-Gondon*, à Condé-sur-Noireau (Calvados) : Échantillons de cotons mélangés à la carde.

1947 *de Manneville*, à Troussebourg, près Honfleur (Calvados) : Machines à préparer les bois de tonnellerie. Mention honorable en 1834.

1948 *Berthe*, à Honfleur (Calvados) : Sulfates de fer.

1949 *Regnauld*, à Caen (Calvados) : Plomb de chasse.

1950 *Daurey de Sainte-Foix*, au Gast (Calvados) : Vases en granit blanc, forme Médicis.

Nos MM.

1951 *Bourdon* (*Charles*), à Caen (Calvados) : Robes et autres objets en blonde ou dentelle de soie.

1952 *Villain* (mesdemoiselles) sœurs, à Caen (Calvados) : Tulles brodés, dits points de Caen.

1953 *Violard*, à Caen (Calvados) : Blondes et Dentelles. Médaille de bronze en 1834.

1954 *Vardon* (mademoiselle), à Caen (Calvados) : Tulle brodé.

1955 *Juhel Pondegrenne*, à Vire (Calvados) : Coupes de drap.

1956 *Entrepreneur des services de la Maison centrale de détention de Beaulieu*, (l'), à Caen (Calvados) : Franges et autres objets.

1957 *Lafont-Vaisse*, à Mazamet (Tarn) : Molletons, Flanelles, Espagnolettes, Casquettes, Casimir frisé.

1958 *Cormouls* (*Ferdinand*), à Mazamet (Tarn) : Molletons, Flanelles diverses, Tartans, Alpagas. Médaille de bronze sous la raison sociale Vene, Houlès, Cormouls et Comp.

1959 *Houlès* père et fils, à Mazamet (Tarn) : Molletons, Flanelles diverses, Tartans, Châles, Bernet et Casquettes de plusieurs nuances.

1960 *Lagassé* (*André*) et *Molinier* (*Jacques*), à Lavaur (Tarn) : Échantillons de soie filée à six cocons.

1961 *Maraval* (*Isidore*), à Lavaur (Tarn) : Échantillons de soie filée à six cocons.

1962 *Rivière* (*Jean-Pierre*), à Lavaur (Tarn) : Échantillons de soie filée à six cocons.

1963 *Fauré* (*François*) et *Rivière* (*Guillaume*), à Lavaur (Tarn) : Échantillons de soie filée à six cocons.

1964 *Jau* (*François*) et *Sepet* (*Madeleine*), à Lavaur (Tarn) : Échantillons de soie filée à cinq cocons.

1965 *Bastié* (*Joseph*) et *Donadille* (*François*), à Lavaur (Tarn) : Échantillons de soie filée à six cocons.

1966 *Rivals* (*Armand*), à Lavaur (Tarn) : Échantillons de soie filée à deux cocons.

1967 *Ventouillac* (*Jean-Antoine*), à Lavaur (Tarn) : Plan d'une étuve pour l'étouffage des cocons.

1968 *Debar* aîné, à Castel-Bert, commune de Lavaur (Tarn) : Carreaux d'appartements en terre cuite et de plusieurs couleurs.

1969 *Gisclard* fils, à Albi (Tarn) : Essence d'anis, d'absynthe, de menthe poivrée, de genièvre et de girofle. Mention honorable en 1834.

1970 *Guibal* (*Jean-Pierre-Julien*), à Castres (Tarn) : Drap bleu de troupes, garance ; Cuirs-laine de différentes couleurs et qualités. Médaille d'or en 1834.

1971 *Ackerman-Laurence* (*Jean-Baptiste*), à Saumur (Maine-et-Loire) : Échantillons de vin d'Anjou champanisé.

1972 *Lesourd-Delisle* (*Antoine*), à Angers (Maine-et-Loire) : Vin d'Anjou champanisé.

Nos MM.

1973 *Cosnier* (*Prosper*), à Angers (Maine-et-Loire) : Échantillons de laine.

1974 *Joubert-Bonnaire* et *Comp*, à Angers (Maine-et-Loire) : Toiles à voiles. Médaille d'argent en 1823; Rappel en 1827.

1975 *Moreau-Joubert* et *Ducos* frères, à Angers (Maine-et-Loire) : Échantillons de chanvre peigné.

1976 *Dauphin*, à Angers (Maine-et-Loire) : Une Machine planétaire.

1977 *Lehec*, à Angers (Maine-et-Loire) : Une Machine à diviser, munie d'un diviseur universel et une varlope.

1978 *École royale des arts et métiers d'Angers* (l') (Maine-et-Loire), : Une Machine à vapeur à moyenne pression, un Tour en l'air et un Tour à l'archet avec accessoires, un Étau à chaud, une Machine à vapeur à basse pression, une Presse hydraulique de la force de 150,000 kil., un Modèle de machine à forer. Mention honorable en 1819; Médaille de bronze en 1823; Mention honorable en 1827, et Médaille de bronze en 1834.

1979 *Houyau* (*Victor*), à Angers (Maine-et-Loire) : Une Meule courante en fonte et pierres, une Meule gisante, un Garde-graisse, un Système de suspension, une Archure de forme nouvelle.

1980 *Tessié* (*Cyprien*), à Cholet (Maine-et-Loire) : Un Fusil (nouveau système).

1981 *Cahier*, à Soissons (Aisne) : Une Horloge pour un édifice.

1982 *Poilly*, à Folembray (Aisne) : Cloches à jardins, et Bouteilles.

1983 *Colnet* (de), à Quicangrogne, commune de Wimy (Aisne) : Bouteilles accompagnée d'une Notice sur les verreries.

1984 *Pille*, à Soissons (Aisne) : Une Boîte contenant de la scie. Mention honorable en 1834.

1985 *Bernoville* frères, à Saint-Quentin et Bohain (Aisne) : Mousseline laine.

1986 *Graux*, à Juvincourt (Mauchamp) (Aisne) : Échantillons de laine soyeuse et lustrée. Mention honorable en 1834.

1987 *Meuret*, à Haris (Aisne) : Charrue pour terrains défrichés.

1988 *Fiévet*, à Boué (Aisne) : Fils à dentelles.

1989 *Antierboche*, à Hierson (Aisne) : Mécanisme pour préserver de la fumée.

1990 *Tillancourt* (de), à Montfaucon (Aisne) : Échantillons de soie.

1991 *Fabrique* (la) *royale de Saint-Gobain*, à Chauny (Aisne) : Produits chimiques. Médaille d'argent en 1834.

1992 *Evrad Latron*, à Soissons (Aisne) : Mesures appliquées au nouveau système.

1993 *Pétigny* (de), à Soissons (Aisne) : Une Carabine.

1994 *Deviolaine*, à Prémontré et Vauxrot (Aisne) : Cloches à jardins, Glaces, Verres blancs et de couleur, Litres, Bouteilles. Médaille de bronze en 1823; Rappel en 1827 et 1834.

Nos MM.

1995 *Paris*, à Tavaux (Aisne) : Charrue à quatre fers, dite *Brabant*.

1996 *Mennot-Leroy*, à Poutru (Aisne) : Échantillon de toison d'un troupeau électoral. Médaille d'argent en 1834.

1997 *Dupont* (*Louis-Guislain*), à Étayes et Bocquiaux (Aisne) : Dessins d'une charrue.

1998 *Poisson-Livorel*, à Saint-Quentin (Aisne) : Mousselines brochées.

1999 *Jardin* (*Ch.*), à Saint-Quentin (Aisne) : Mousseline laine pure écrue.

2000 *Daudeville* et *Comp.*, à Neuville-Saint-Amand et Nauroy (Aisne) : Tissus en coton.

2001 *Davin*, *Defresne*, à Saint-Quentin (Aisne) : Linge de table.

2002 *Dambrun* frères, à Vendelles-Saint-Quentin (Aisne) : Mousselines.

2003 *Picart* jeune et fils, à Saint-Quentin (Aisne) : Jaconas, Batistes, Linge damassé. Médaille d'argent en 1834.

2004 *Billard*, à Levernier (Aisne) : Charrue.

2005 *Robert-Belein*, à Saint-Quentin (Aisne) : Tulles. Médaille d'argent en 1834.

2006 *Pelletier*, à Saint-Quentin (Aisne) : Linge damassé.

2007 *Deletain*, à Château-Thierry (Aisne) : Un Volume contenant les offices en plain-chant de la Semaine sainte, lithographié sur bois de marronnier.

2008 *Dumérin*, à Aiguirande (Indre) : Une Charrue, dite *Dumérin*, à double régulateur.

2009 *Morin-Jolly*, à Bouges (Indre) : Une Charrue, dite *Morin*, pouvant fonctionner avec ou sans avant-train.

2010 *Ponroy* fils, à Issoudun (Indre) : Sujets d'empreintes en plâtre, dites *Imitations métalliques*, et Bronzes sur plâtre durci.

2011 *Louanet* (*Prosper*), à Villedieu (Indre) : Service de table et Cabaret en porcelaine. Médaille de bronze en 1823 ; Rappel en 1834.

2012 *Colas* (*Antoine*), à Charroux (Allier) : Une Charrue, dite *Colas*, à la bourbonnaise ; Charrue à butter avec son extirpateur.

2013 *Denizot*, à Saint-Pourçain (Allier) : Pompe à incendie.

2014 *Tallard* (*Louis-Joseph*), à Moulins (Allier) : Échantillons de soie blanche et jaune, filés à quatre cocons. Cité en 1819 et 1823. Mention honorable en 1827, pour la fabrication de ses bas.

2015 *Desrosiers* (*Pierre-Antoine*), à Moulins (Allier) : Un Exemplaire, les douze dames de rhétorique, petit in-folio, peint. Médaille d'argent en 1834.

2016 *Dewilde* et *Buffet*, à Arras (Pas-de-Calais) : Une Machine à vapeur sans balancier, à cylindre vertical et fixe ; une Pompe pour presses hydrauliques.

2017 *Compagnie* (la) *des Verreries de Saint-Louis*, à Saint-Louis (Moselle) : Cristaux divers.

2018 *Utzschneider* et *Comp.*, à Sarreguemines (Moselle) : Assiettes, Moule à pâté, Vases, Bols, Cornets à fleurs, Marabouts, Cafetières, Théiè-

Nos MM.

res en faïence fine de diverses couleurs, et autres articles de luxe : Objets en grès, unis et en relief. Médaille d'or en l'an IX et X ; Rappel en 1806, 1819, 1823, 1827 et 1834.

2019 *D'Huart de Nothomb*, à Longwy et Audun-le-Tige (Moselle) : Faïencerie, Terre cuite, Vases terre anglaise, demi-porcelaine.

2020 *Georges (L.)*, à Metz (Moselle) : Boite à chapeau garnie d'un nécessaire ordinaire, Malle à système mécanique, Sac de nuit.

2021 *Gillard* frères, à Sierck (Moselle) : Une pièce de cuir fort.

2022 *Chevrcusse* et *Bouvert*, aux Bordes (commune de Vallières), (Moselle) : Tuiles plates, creuses, Ardoises, Briques et Carreaux.

2023 *Michels-Maire*, à Metz (Moselle) : Bottes en cuir verni, Souliers et Galoches à ressort, Bottes corioclaves à double semelle, Souliers de chasse, etc. Médaille de bronze en 1834.

2024 *Marchal*, *Berger* et *Comp.*, à Bitche (Moselle) : Verres de montre en cristal.

2025 *Burgun*, *Wallet*, *Berger* et *Comp.*, à Goetzenbrück (Moselle) : Verres de montres et de pendules en cristal.

2026 *Germain (Aug.)*, à Moutiers, près Briey (Moselle) : Draps de diverses couleurs pour les troupes.

2027 *Firmenich*, à Metz (Moselle) : Colle forte.

2028 *Champigneulle* jeune, à Metz (Moselle) : Flôtre cylindrique pour les fabricants de papiers.

2029 *Lazar*, *Aron*, à Metz (Moselle) : Flanelles et Molletons.

2030 *Schmaltz*, à Metz (Moselle) : Pluche.

2031 *Massing* frères, *Huber* et *Comp.*, à Puttelange (Moselle) : Pluche.

2032 *Haffeur*, à Metz (Moselle) : Briques réfractaires pour hauts fourneaux, Carreaux pour âtres de fours, Briques à divers usages, Tuiles.

2033 *Hesse* (madame veuve), à Puttelange (Moselle) : Colle forte.

2034 *Girardot*, à Briey (Moselle) : Tuiles bombées et autres.

2035 *Marchal* et *Guguon*, à Metz (Moselle) : Tableau représentant une figure prise à la cathédrale de Metz, et exécutée sur verre.

2036 *Léonard (J.-P.)*, à Courcelle-Chaussy (Moselle) : Une machine à battre le trèfle et les gerbes avec manége en bois et bâtisse pour ce manége.

2037 *Meyer (J.-J.)* et *Comp.*, à Mulhausen (Haut-Rhin) : Un nouveau système de regard du couronnement du trou d'homme et de prise de vapeur à appliquer aux générateurs de vapeur ou chaudières à vapeur ; trois indicateurs du niveau de l'eau dans les chaudières à vapeur ; un régulateur-compensateur à vapeur en bronze.

2038 *Boyer* aîné, à Limoges (Haute-Vienne) : Flanelles de diverses qualités. Mentions honorables en 1827 et 1834.

2039 *Laporte* frères, à Limoges (Haute-Vienne) : Flanelles de diverses qualités.

N^os MM.

2040 *Boudet* aîné, à Limoges (Haute-Vienne) : Droguets et Flanelles de diverses qualités fabriqués avec les laines du pays.

2041 *Valentin*, à Limoges (Haute-Vienne) : Un corset à busc, à charnière, se délaçant à la minute.

2042 *Michel* et *Valin*, à Limoges (Haute-Vienne) : Pendules, Flacons et Vases (genre rocaille et arabe). Mention honorable en 1834 ; Citation en 1834.

2043 *Tharaud*, à Limoges (Haute-Vienne) : Porcelaines, Vases peints, Plateaux, Coupes et autres Objets. Mention honorable en 1823.

2044 *Roche*, à Limoges (Haute-Vienne) : Porcelaines, Assiettes à dessert, Tasses turques, une sainte Vierge.

2045 *Dumas*, à Limoges (Haute-Vienne) : Chocolat.

2046 *Manœuvrier* aîné, à Limoges (Haute-Vienne) : Couteaux de diverses grandeurs, Sécateur simplifié, scie à serpette.

2047 *Laporte* aîné, à Limoges (Haute-Vienne) : Un Sécateur, une Scie.

2048 *Dubouché*, à Limoges (Haute-Vienne) : Pistolet propre à faire éclater les souches.

2049 *Boulaud*, à Limoges (Haute-Vienne) : Machine à sauvetage pour incendie.

2050 *Dally*, à Limoges (Haute-Vienne) : Une chaise de fantaisie.

2051 *Jourde*, à Limoges (Haute-Vienne) : Sabots-souliers et Sabots plissés.

2052 *Guillat*, à Limoges (Haute-Vienne) : Sabots plissés.

2053 *Coudert*, à Limoges (Haute-Vienne) : Sabots.

2054 *Duprat*, à Cieux (Haute-Vienne) : Sabots. Médaille de bronze en 1827.

2055 *Mayeras*, à Limoges (Haute-Vienne) : Sabots d'enfants.

2056 *Michalowski* et *Stimpinski*, à Junieu (Haute-Vienne) : Papiers peints.

2057 *Herigoyen*, à Oradour-sur-Gland (Haute-Vienne) : Papier de paille pure couleur naturelle.

2058 *Ardant* frères, à Limoges (Haute-Vienne) : Articles de librairie, Reliures, Clichés.

2059 *Dutreix*, à Limoges (Haute-Vienne) : Une petite romaine décimale, oscillante, marquant les doubles décagrammes du côté faible, et les demi-hectogrammes du côté fort.

2060 *Gérard* et *Mielot* aîné, à Brevannes (Haute-Marne) : Limes. Rappel de Médaille d'argent en 1834.

2061 *Mugnier* (*Étienne*), à Vassy (Haute-Marne) : Clous, Boulons d'artillerie et de marine. Médaille de bronze en 1834.

2062 *Ariet-Truffet*, à Chaumont (Haute-Marne) : Pompe à incendie d'après un nouveau système.

2063 *André*, à Osne-Leval (Haute-Marne) : Fonte moulée, Balcons, Borne-fontaine, Croix et autres Articles.

N°s MM.

2064 *Jaulin-Duseutre*, à Corme-Royal, canton de Saujon (Charente-Inférieure) : Une charrue à avant-train avec versoir en fer battu, étançon en fer forgé, et un nouveau système de jaugeage appliqué à l'étançon, une Baratte à manivelle composée, un Semoir à brouette avec un jeu de cuiller.

2065 *Bigot* et *Comp.*, à Amboise (Indre-et-Loire) : Castorines.

2066 *Chauveau* et *Comp.*, à Tours (Indre-et-Loire) : Pâte féculante.

2067 *Hardy* fils et *Bienvenu*, à Châteaurenault (Indre-et-Loire) : Cuirs de bœuf et de vache.

2068 *Crémière* et *Briand*, à Saint-Symphorien, près Tours (Indre-et-Loire) : Limes et Râpes.

2069 *Delaunay* et *Comp.*, à Saint-Symphorien, près Tours (Indre-et-Loire) : Minium, Céruses et Mine Orange. Médaille en bronze en 1834, sous la raison *Pallu* jeune et fils.

2070 *Huard* fils, à Saint-Symphorien, près Tours (Indre-et-Loire) : Amidon.

2071 *Rimoneau-Cochet*, à Saint-Symphorien, près Tours (Indre-et-Loire) : Amidon.

2072 *Pian-Picault*, à Saint-Symphorien, près Tours (Indre-et-Loire) : Amidon.

2073 *Bellanger* père et *Nourisson*, à Tours (Indre-et-Loire) : Tapis fabriqués avec des poils de chevreau et tapis de soie. Médaille en bronze en 1827 ; Rappel en 1834.

2074 *Peltier* et *Compagnie*, à Amboise (Indre-et-Loire) : Aiguilles.

2075 *Haussmann*, *Jordan-Hirn* et *Compagnie*, à Logelbach, près Colmar (Haut-Rhin) : Indiennes diverses d'après de nouveaux procédés de teinture ; Imprimés à la main et sur une nouvelle machine à rouleau ; Mousseline-laine imprimée à la main. Médaille d'or en 1806, 1819 et 1823 ; Confirmation en 1827 ; Rappel en 1834, sous la raison *Haussmann* frères.

2076 *Schlumberger* (*Daniel*) et *Compagnie*, à Mulhausen (Haut-Rhin) : Indiennes ; Jaconas, et Riches impressions. Médaille d'argent en 1819 ; Rappel en 1834, sous la raison *Schlumberger* (*D.*) et *Compagnie*.

2077 *Fries* et *Callias*, à Guebwiller (Haut-Rhin) : Napperons damassés en fil de lin ; Mousseline-laine ; Indiennes mi-fond et diverses ; Calicots.

2078 *Hofer* (*Josué*), à Mulhausen (Haut-Rhin) : Mousseline-laine ; Toiles peintes.

2079 *Dorgebray*, à Kingersheim, près Mulhausen (Haut-Rhin) : Indiennes, fonds divers au rouleau et impressions à la planche.

2080 *Ziegler*, à Mulhausen, (Haut-Rhin) : Mousselines Jacquart ; Diverses percales ; Gazes ; Calicots ; Écrus légers ; Toiles de ménage et pour la troupe.

Nos MM.

2081 *Schlumberger-Schwartz* (*G.*), à Mulhausen (Haut-Rhin) : Serviettes damassées ; Nappes ; Napperons, etc.

2082 *Kœchlin-Ziegler*, à Mulhausen (Haut-Rhin) : Gravures sur rouleaux, sur planche de cuivre ; Diverses empreintes de gravures sur molettes. Médaille d'argent en 1834.

2083 *Risler* (*Mathieu*), à Cernay (Haut-Rhin) : Garnitures de cardes pour filature de coton. Médaille de bronze en 1834.

2084 *Schlumberger*, *Kœchlin* et *Comp.*, à Mulhausen (Haut-Rhin) : Jaconas imprimés ; Mousseline-laine ; Indiennes diverses. Médaille d'or en 1834.

2085 *Lefébure* (*E.*), à Orbey (Haut-Rhin) : Une pièce calicot, 100 portées pour l'impression ; une seconde pièce, 75 portées, et une troisième pièce, 85 portées, destinée à la vente en blanc.

2086 *Kœchlin*, *Dollfus* et frères, à Mulhausen (Haut-Rhin) : Cotons filés en bobines et échevettes de chaîne, et en cannette de trame.

2087 *Grosjean* fils, à Mulhausen (Haut-Rhin) : Mousselines diverses ; Jaconas. Médaille d'or en 1834, sous la raison *Grosjean*, *Kœchlin* et *Compagnie*.

2088 *Schlumberger* jeune et *Compagnie*, Thann (Haut-Rhin) : Indiennes diverses ; Impressions sur jaconas au rouleau avec rentrures, etc. Médaille d'argent en 1834.

2089 *Kestner* père et fils, à Thann (Haut-Rhin) : Produits chimiques consistant en sels d'étain, soude brute, sel de soude, cristaux de soude, nitrate et pyrolignite de plomb, acide tartrique, sulfate de zinc et de plomb.

2090 *Hartmann* (*Jacques*), à Munster (Haut-Rhin) : Cotons filés ; Bobines des nos 20 à 300 et 45 à 300 ; Chaînes nos 46 à 226. Médaille d'or en 1834.

2091 *Hartmann* et fils, à Munster (Haut-Rhin) : Mousselines diverses ; Organdi écru, tissé à la mécanique ; Jaconas. Médaille d'or en 1834.

2092 *Schmid* et *Salzmann*, à Ribeauvillé (Haut-Rhin) : Cotonnades ; Mouchoirs, dits Madras ; Guingans ; Cravates fantaisie ; Tissus divers.

2093 *Gros-Odier*, *Roman* et *Compagnie*, à Wesserling (Haut-Rhin) : Indiennes diverses ; Organdis imprimés ; mousseline-laine imprimée ; Satin imprimé. Médaille d'or en 1819, sous la raison *Gros-Davilliers*, *Roman et Compagnie* ; Rappel en 1834, sous la raison *Gros-Odier*, *Roman* et *Compagnie*.

2094 *Hofer* frères, à Mulhausen (Haut-Rhin) : Indiennes diverses.

2095 *Robert-Roulet*, à Thann (Haut-Rhin) : Indiennes et impressions sur mousselines.

2096 *Kress* (*Charles*), à Colmar (Haut-Rhin) : Une Pompe à incendie portative avec avant-train, pièces de rechange, tuyaux, seaux et autres accessoires.

2097 *Naegely-Charles*, à Mulhausen (Haut-Rhin) : Divers échantillons ; Cotons filés, dix-huit écheveaux et dix-sept bobines.

N^os MM.

2098 *Virebent* frères, à Toulouse (banlieue) (Haute-Garonne) : Ornements d'architecture en argile. Médaille de bronze en 1834.

2099 *Virebent* (*Auguste*), *Moucreau* et *Compagnie*, à Toulouse (Haute-Garonne) : Ouvrages en Stalactite et Stalagnite de Montbrun, arrondissement de Muret.

2100 *Boussard*, à Toulouse (Haute-Garonne) : Un Fusil de sûreté. Mention honorable en 1824.

2101 *Granié* frère, à Toulouse (Haute-Garonne) : un Fauteuil pliant, en fer forgé, le dossier porte une feuillure en fer qui n'est pas rapportée et qui est prise sur le rondin lui-même.

2102 *Maruéjouls* (*Frédéric*), à Touille (Haute-Garonne) : Faux, Aciers, Bandes d'acier, Ressort de voiture au marteau, à deux corroyages, Barres d'acier à fuseau, au marteau, à deux corroyages pour taillanderie.

2103 *Fouque*, *Arnoux* et *Comp.*, à Saint-Gaudens (Haute-Garonne) : Poteries diverses, Faïences fines et Porcelaines. Médaille de bronze en 1823; Médaille d'argent en 1834.

2104 *Boussard*, à Toulouse (Haute-Garonne) : une Lampe dite *Boussard*. Mention honorable en 1827.

2105 *Pradal*, à Nantes (Loire-Inférieure) : un Instrument de chirurgie, destiné à couper les gencives qui recouvrent la dernière molaire chez les adultes.

2106 *Guichard*, à Nantes (Loire-Inférieure) : Céruse en poudre et en pains. Mention honorable en 1834.

2107 *Bertrand* et *Feydeau*, à Nantes (Loire-Inférieure) : Conserves alimentaires, Vases perfectionnés. Médaille de bronze en 1834 sous le nom de *Leidig* et *Comp.*

2108 *Levraud*, à Nantes (Loire-Inférieure) : Conserves alimentaires, telles que poissons, viandes, pains de semoule et fruits.

2109 *Bonamy de Conninck* et *Comp.*, à Nantes (Loire-Inférieure) : Savon de Paleuc et Bougie stéarique.

2110 *Bridon*, à Nantes (Loire-Inférieure) : Fil, cœur lin, blanc, lessivé et à la mécanique, Étoupes.

2111 *Cherot* et *Comp.*, à Nantes (Loire-Inférieure) : Toiles à voiles à fils câblés.

2112 *Prin* et *Comp.*, à Nantes (Loire-Inférieure) : Cuirs corroyés, Veaux cirés.

2113 *Bonraisin-Tillault* et *Comp.*, à Nantes (Loire-Inférieure) : Coutils sur laine, Flanelles rayées et Droguets.

2114 *Merlant* (*L.*) jeune, à Nantes (Loire-Inférieure) : Cuirs corroyés.

2115 *Pracontal* (*de*), à Bion (Manche) : Diverses pièces en fonte, en fer, telles que Marmite, Galletoire, Casserole, Cassolin, Tuyau.

2116 *Frestel*, à Saint-Lô (Manche) : Diverses pièces de coutellerie, telles que Rasoirs, Couteaux garnis, Serpettes, Jardinière, Ciseaux. Men-

Nos MM.

tion honorable en 1819. Médailles de bronze en 1823 et 1827, et Rappel en 1834.

2117 *Cousinet*, à Saint-Lô (Manche) : Lampe-Veilleuse en argent ciselé.

2118 *Baillet*, à Avranches (Manche) : Batelet de sauvetage.

2119 *Delaunay-Vildieu*, *Couturier* et *Comp.*, aux usines de Cherbourg et à Tourlaville (Manche) : Produits chimiques obtenus de la soude brute qui provient elle-même des varechs brûlés sur la côte. Mentions honorables en 1827 et 1834 à M. *Couturier*.

2120 *Colleville*, à Cherbourg (Manche) : quatorze Statuettes de personnages formant trois scènes différentes : 1. Un bureaucrate ; 2. Un fermier et sa femme ; 3. Une scène bachique.

2121 *Lansot*, à Coutances (Manche) : Peaux vélin parchemin pour écrire, Peaux de veau de caisse et tambour.

2122 *Lansot* (*Charles*) (madame veuve), à Coutances (Manche) : Peaux de veau pour grosse caisse de musique, pour caisse et tambour, Peaux de veau vélin parchemin pour écrire.

2123 *Leparquois*, à Saint-Lô (Manche) : Lainages, Finette dite flanelle de Saint-Lô de Virginie, 3/4 fil et laine. Mention honorable en 1834, sous le nom de *Lambert*.

2124 *Angot-Levrard*, à Saint-Lô (Manche) : Finette dite flanelle, Chaîne en fil, Finette dite Virginie, Chaîne-fil.

2125 *Angot-Garnier*, à Saint-Lô (Manche) : Flanelle dite Virginie.

2126 *Legras*, à Gouville (Manche) : Chapeau de paille de seigle, façon d'Italie.

2127 *Durande*, à Canisy (Manche) : Tissus en fil, Couvertures pour cheval, Coutils blancs, écrus, pour pantalon de troupe. Médaille de bronze en 1834, sous le nom de *Lecluze-Biard*.

2128 *Vallée-Lerond* (madame veuve), à Camelours près Saint-Lô (Manche) : Mousseline mi-double-chaîne et trame retorses.

2129 *Anne* dit *Saint-Michel*, à Saint-Lô (Manche) : Chapeaux fabriqués avec laines d'agneau, poils de chevreaux, de chameau et de lièvre.

2130 *Guion-des-Moulins*, à Coutances (Manche) : Marbres des carrières de Regueville, Montmartin-sur-Mer, Montchaton et du Mesnilaubert. Mentions honorables en 1827 et 1834.

2131 *Auvray* frères, à Forêt-de-Gavray (Manche) : Sabots et autres chaussures en bois.

2132 *Gervaise*, à Coutances (Manche) : un Doublier, tissu en fil damassé de 4 mètres 76 centimètres de longueur, sur 2 mètres 37 centimètres de largeur.

2133 *Pagezy* et fils, à Montpellier (Hérault) : Couvertures en laine pour l'exportation, autres pour campement de l'armée.

2134 *Barbot* et *Fournier*, Lodève (Hérault) : Tartans, Châles et Draps cuir de laine. Médaille de bronze en 1834.

Nos MM.

2135 *Barthez (Sylvestre)*, à Saint-Pons (Hérault) : Draps divers. Médaille de bronze en 1834.

2136 *Mercier*, à Montpellier (Hérault) : un Échantillon de soie.

2137 *Delarbre-Aigoin*, à Ganges (Hérault) : Soie grège et Soie ouvrée.

2138 *Laurel* frères, à Ganges (Hérault) : Bas de soie et de fil d'Écosse unis et brodés, une flotte soie blanche.

2139 *Troupel* fils, entrepreneur de la maison centrale de détention, à Montpellier (Hérault) : Bas et Gants en bourre de soie, ou déchets cardés filés à la main, Bonnets de fantaisie, Mitons-soie, Cordonnet, Dentelles, Mouchoirs coton. Mention honorable à l'exposition de 1834.

2140 *Sabatier*, à Montpellier (Hérault) : Lithotome double de M. Dupuytren, servant pour la taille latérale.

2141 *Bourdeaux*, à Montpellier (Hérault) : Sécateurs perfectionnés, Forceps modifiés ; une Scie charnon mobile et trois Pinces-artères ; un Couteau catalan modifié. Médaille de bronze en 1834.

2142 *Michel (Georges)*, à Aniane (Hérault) : une Peau de veau tannée au chêne vert.

2143 *Larguèze* aîné, à Montpellier (Hérault) : Cuirs et Peaux.

2144 *Roques*, à Montpellier (Hérault) : Peau de moutons et de brebis tannée en roux.

2145 *Giraud (Étienne)*, à Aniane (Hérault) : Peau de veau.

2146 *Sagnier (Louis)*, à Montpellier (Hérault) : Bascules et Romaines à deux et à trois crochets.

2147 *Grimes*, à Montpellier (Hérault) : Tables et autres objets en marbres de diverses couleurs extraits des carrières de Faugères, de celles de Caunes (Aude), des montagnes des Cévennes, de la montagne de Cette et de la Valette. Médaille de bronze.

2148 *Farel (Paulin)*, à Montpellier (Hérault) : Indigo extrait du polygonum tinctorium ; Echeveaux de laine et de soie teintes en vert et bleu avec cet indigo.

2149 *Figuier*, à Montpellier (Hérault) : Chlorure d'or et de sodium cristallisé.

2150 *Triaire (J.-François)*, à Ganges (Hérault) : un Filet pour la pêche, fabriqué au métier.

2151 *Dejean (Cyprien)*, à Montagnac (Hérault) : Vin de Tokai, récolté dans le département de l'Hérault.

2152 *Laurent*, à Montpellier (Hérault) : un Tableau en cheveux.

2153 *Leroux (P.-J.)*, à Vitry-le-Français (Marne) : Flacons de salicine succédanée de sulfate de quinine.

2154 *Dupont* et *Lecomte*, gérants de la manufacture d'Ourscamps (Oise) : Cotons filés, Calicots. Médaille de bronze en 1827.

2155 *Lemoine (Victor)*, à Noyon (Oise) : Armes de chasse et de guerre, cinq Fusils, un Canon.

Nos MM.

2156 *Damainville*, à Crépy (Oise) : Chaine de Vaucanson perfectionnée, Siphon à loupe, Niveau de montagne, Marteau à numéroter, un Perçoir universel. Citation en 1834.

2157 *Clugny* (le marquis de), à Liancourt (Oise) : Échantillons de limes.

2158 *Liancourt* (le duc de), à Liancourt (Oise) : Échantillons de cardes à laine. Médaille de bronze en l'an X et 1806 ; Mention honorable en 1819 ; Médaille d'argent en 1834.

2159 *Valès* (*Léon*) et *Bouchard*, à Ronquerolles, commune d'Aguets (Oise) : Laines filées pour broderie, pour bonneterie, pour mitaines.

2160 *Saint-Cricq Caseaux* (de), à Creil (Oise) : Porcelaine opaque en blanc, imprimée bleu, Service forme anglaise, Porcelaine transparente. Médaille d'argent en 1819 ; Rappel en 1827 ; Médaille d'or en 1834.

2161 *Mégard*, à Crépy (Oise) : Peaux d'agneaux.

2162 *Geoffroy Feret*, à Beauvais (Oise) : Boutons de nacre en os noir poli, Boutons en hippopotame.

2163 *Montier*, à Compiègne (Oise) : un Fusil, nouveau système.

2164 *Caron-Lefèvre*, à Beauvais (Oise) : Tapis de foyer haute laine, Tapis carrés fond noir.

2165 *Malard* et *Barré*, à Beauvais (Oise) : Tapis de pied veloutés, en point de Hongrie, et autres. Médaille de bronze en 1823 et 1834.

2166 *Vérité* fils, à Beauvais (Oise) : Échappement libre à force constante, applicable aux pendules.

2167 *Caron Langlois* fils, à Beauvais (Oise) : Tapis de pied haute laine, Tapis de table imprimés sur drap, sur pluche de soie, Foulards de fil imprimés sur envers, Etoffes imprimées pour robes et pour meubles, Châles imprimés. Médaille d'argent en 1824, 1827 et 1834.

2168 *Gillet* (*Pierre-Alexandre*), à Milly (Oise) : une Charrue.

2169 *Mary*, à Saint-Rimault (Oise) : Toiles demi-hollande, provenant de lin filé à la main dans le pays.

2170 *Lemaire*, à Compiègne (Oise) : Serrures de sûreté.

2171 *Vilcoq*, à Brie-Comte-Robert (Seine-et-Marne) : un Tarare avec deux tiroirs servant à cribler toute espèce de grains.

2172 *Kœning*, à Meaux (Seine-et-Marne) : un Tarare pour cribler toute espèce de grains, un Coupe-racines perfectionné,

2173 *Fontenelle*, à Avon (Seine-et-Marne) : Machine propre à battre le blé avec deux tiroirs. Mention honorable en 1834.

2174 *Billard*, à Melun (Seine-et-Marne) : Carreaux, Briques angulaires et simples, Briques-socle figurées en bois.

2175 *Lebreton*, à Meaux (Seine-et-Marne) : Bottes et Souliers d'une confection toute particulière, et qui sont revêtus d'un enduit imperméable.

Nos MM.

2176 *Japuis (Adrien)* et *Japuis (Jean-Baptiste)*, à Claye (Seine-et-Marne) : Impressions sur tissus de coton et de fil pour ameublement. Médaille d'or en 1834.

2177 *Japuis (Jean-Marie)* aîné, à Claye (Seine-et-Marne) : Toiles imprimées.

2178 *Jolly* et *Godard*, à Paris (Seine-et-Marne) : Mouchoirs vignettes à festons, Foulards chamois, bleus et puce unis.

2179 *Morize*, à Melun, maison centrale de détention (Seine-et-Marne) : Articles de Serrurerie et de Quincaillerie.

2180 *Roch*, à Melun (Seine-et-Marne) : Un Dessus de table, Marqueterie en marbre de différentes couleurs avec sujet.

2181 *Briet*, à La Ferté-sous-Jouarre (Seine-et-Marne) : Bleu dit d'outre-mer.

2182 *Caille*, à Lieusaint (Seine-et-Marne) : Échantillons de laines. Médaille de bronze en 1834.

2183 *Beauvais*, à Gastins (Seine-et-Marne) : Échantillons de laine mérinos avec une partie de toison.

2184 *Garnot*, à Gastins (Seine-et-Marne) : Échantillons de laines mérinos.

2185 *Bealay*, à Limoges-Fourches (Seine-et-Marne) : Encaustique vernis pour les meubles, les marbres.

2186 *Mérat* et *Thavenot*, à Montereau (Seine-et-Marne) : Têtes de pipes coloriées et Stumels peints.

2187 *Ratier*, à Fay (Seine-et-Marne) : Échantillons de soie blanche.

2188 *Husson*, à Melun (Seine-et-Marne) : Perles façon anglaise, argentées et brutes.

2189 *Bournet*, à Fontainebleau (Seine-et-Marne) : Serrures avec leur panneau.

2190 *Aubergé*, à Courquetaine (Seine-et-Marne) : Sappes, Faucilles.

2191 *Janet* et *Comp.*, à Nemours (Seine-et-Marne) : Échantillons de marbres, extrait des carrières de Treuxy, canton de Nemours; Modèle de l'obélisque de Luxor; Cheminées et Tablettes.

2192 *Linas (de)*, à Fontainebleau (Seine-et-Marne) : Marbres extraits de la carrière dite Sainte-Marguerite, à Noisy, près Montereau, un Anneau en marbre, Colonne d'un seul morceau de douze pieds et demi, Cheminées variées, Balustrade, Modèles gothiques et divers Échantillons.

2193 *Fichet*, à Meaux (Seine-et-Marne) : Chariot-Chèvre.

2194 *Foin*, à Sens (Yonne) : Une Pompe rotative excentrique.

2195 *Hugues*, à Bordeaux (Gironde) : Semoirs et Sarcloirs.

2196 *Mothes* frères, à Bordeaux (Gironde) : Machine à battre, Coupe-paille, Coupe-racines.

2197 *Sterling*, à Bordeaux (Gironde) : Guindeau perfectionné, Vis de Redages.

N^{os} MM.

2198 *Johnston* (*D.*), à Bordeaux (Gironde) : Poteries fines.

2199 *Gateau* et *Déon*, à Sens (Yonne) : Cornets acoustiques, dits *Oreilles acoustiques*.

2200 *Masquelez*, à Rochefort (Charente-Inférieure) : Modèle d'une Machine à ébouer les routes.

2201 *Marx-Picard* et fils, à Nancy (Meurthe) : Un Schal brodé en soie au crochet, une Robe de chambre, et deux Robes de mousseline laine brodées en soie.

2202 *Boullard*, à Villeneuve-l'Archevêque (Yonne) : Plumes en cristal propres à écrire et à dessiner.

2203 *Gayrard* et *Lagrèze*, à Albi (Tarn) : Essences d'anis et d'absynthe.

2204 *Raoul*, à Guingamp (Côtes-du-Nord) : Pelotes et Écheveaux de fils retors.

2205 *Blaise* (*Armand*), à Guingamp (Côtes-du-Nord) : Pelotes et Écheveaux de fils retors. Citation en 1834.

2206 *Ludger-Guéléot*, à Guingamp (Côtes-du-Nord) : Pelotes et Écheveaux de fils retors.

2207 *Côle-John*, à Guingamp (Côtes-du-Nord) : Cuirs de cheval et de génisse corroyés.

2208 *Leroy*, à Saint-Aubin-sur-Gaillon (Eure) : Une Charrue à un cheval.

2209 *Hérouard* frères, à La Couture (Eure) : Instruments de musique.

2210 *Martin*, à La Couture (Eure) : Instruments de musique. Médaille de bronze en 1834.

2211 *Jauson-Maurupt*, à Vitry-le-Français (Marne) : Une nouvelle Pompe à incendie avec une lance, vingt pieds de tuyaux, une clef et un tourne-vis.

2212 *Dufour*, à Beurth (Eure) : Épingles superfines.

2213 *Vallery*, à Saint-Paul-sur-Rille (Eure) : Bois de teinture triturés. Médaille d'argent en 1834.

2214 *Wulliamy*, à Nonancourt (Eure) : Laines filées. Médaille de bronze en 1834.

2215 *Buisson*, à Augerville (Eure) : Instruments aratoires.

2216 *Fouquet*, à Rugles (Eure) : Fils de cuivre et de laiton, Épingles peintes de Paris, etc. Médaille d'argent en 1834.

2217 *Tannery*, à Saint-Marcel (Eure) : Une Charrue en fer forgé.

2218 *Lucas* frères, à Reims (Marne) : Laines peignées, n°s 1 à 16, Laines cardées, n°s 9 à 12.

2219 *Charpentier* (Mlle), à Saint-Souplet (Marne) : Écheveaux de laine peignée, filée au petit rouet.

2220 *Rousseau*, à Épernay (Marne) : Instruments dits *Acuponcteurs*.

2221 *Lachapelle* et *Levarlet*, à Reims, (Marne) : Laines, chaînes n°s 1, 2, 3 et 4, chaîne, peignage non mécanique, n° 5; bobine de pei-

N^os MM.

gnage mécanique, n°s 12, 13 et 14, contenant ensemble un échantillon des n^os précédents.

2222 *Picot*, à Châlons (Marne) : Feuilles de placage, Filets en bois, Album, Lithographies, etc.

2223 *Chamosset* et *Compagnie*, à Châlons (Marne) : Laines peignées et cardées, n°s 1, 3 et 4, triples ; n° 5, double ; n°s 2, 6, 7 et 8, simples.

2224 *Barbat*, à Châlons (Marne) : Diverses Lithographies.

2225 *Pierquin-Grandin*, à Reims (Marne) : Flanelles lisses, croisées, dites *Bolivar*.

2226 *Caillez*, à Châlons (Marne) : Une Pompe pouvant aspirer et lancer cent litres d'eau par minute, ou seulement alimenter une pompe ordinaire ; elle sert encore aux épuisements.

2227 *Bodelet*, à Brugny (Marne) : Poterie et Grès anglais.

2228 *Camu* fils et *Croutelle*, à Pontgirard (Marne) : Laine filée. Médaille d'argent en 1834.

2229 *Blouet* et *Compagnie*, à La Ferté-sous-Jouarre (Seine-et-Marne) : Deux meules à moulin.

2230 *Henriot* frère, sœur et *Compagnie*, à Reims (Marne) : Flanelles, Molletons, Bolivard, Mérinos, Mousseline, Tartan pour gilet, Satins brochés, Cachemires brochés, Châles damassés, kabyles. Médaille d'or en 1827 ; Rappel en 1834.

2231 *Buffet-Périn* oncle et neveu, à Reims (Marne) : Coating, Satins, Tricot athénien, Drap vert pour tapis.

2232 *Gueuvin*, *Bouchon* et *Compagnie*, à La Ferté-sous-Jouarre (Seine-et-Marne) : Deux Meules à moulins.

2233 *Givelet-Assy* et *H. Rollin*, à Reims (Marne) : Sibériennes, Satins, Cachemire, Châles kabyles.

2234 *Benoist-Malo* et *Compagnie*, à Reims (Marne) : Étoffes pour gilets, Stoffs, Fourrure et Mérinos double, Étoffes pour pantalons, Châles damassés. Médaille d'argent en 1834.

2235 *Riviert-Lefert*, à Reims (Marne) : Étamines à bluteaux.

2236 *Rohart* père et fils, à Reims (Marne) : Couvertures de laine.

2237 *Visneux*, à Aubilly (Marne) : Cric à vis non tournantes.

2238 *Houzeau* et *Velly*, à Reims (Marne) : Noir animal, Sulfate et Sel ammoniaque, Gélatine d'os, Phosphore, Huile d'eaux savonneuses et Savon de potasse et de soude. Médaille d'argent en 1834.

2239 *Blanchet*, à Reims (Marne) : Chasse ou battant mécanique pour tisser.

2240 *Lecler-Allart*, à Reims (Marne) : Flanelles.

2241 *Henriot* fils, à Reims (Marne) : Flanelles, Châles, Molletons. Médailles d'argent en 1827 et 1834.

2242 *Milon-Marquant*, à Reims (Marne) : Mousseline-laine et Laines peignées.

Nos NM.

2243 *Dauphinot-Férard*, à Isles (Marne) : Mérinos. Médaille de bronze en 1834.

2244 *Lestournière*, à Pithiviers (Loiret) : Herse-rateau avec deux roues et ses divisions mobiles.

2245 *Quenard*, à Courtenay (Loiret) : Charrue perfectionnée.

2246 *Nouel de Buzonnière*, à Orléans (Loiret) : Dynamomètre chronométrique.

2247 *Cardon (Hippolyte)*, à Buges, près Montargis (Loiret) : Rouleaux de papier d'un seul bout et Papier goudronné.

2248 *Boullier*, à Sully-sur-Loire (Loiret) : Phloridine, nouvelle substance médicamenteuse contre les fièvres.

2249 *Léger-Francollin*, à Patay (Loiret) : Couvertures de laine blanches et vertes.

2250 *Potier* (le général comte de), à la Magnanerie de Lancy, près Montargis (Loiret) : Échevette de soie blanche.

2251 *Amelot de Chaillou* (le marquis), à la Magnanerie de Lamivoye (Loiret) : Une Échevette de soie blanche.

2252 *Lockhart*, à Orléans (Loiret) : Sorbetière à manivelle pour faire des glaces en peu de temps.

2253 *Guyon de Boullen* et *Comp.*, à Gien (Loiret) : Assiettes et autres objets en faïence façon anglaise, et Porcelaine opaque.

2254 *Loddé*, à Orléans (Loiret) : Piano perfectionné.

2255 *Fouqueau*, à Orléans (Loiret) : Un Billard avec table de nouvelle invention et des ornements nouveaux.

2256 *Dutheil*, à Orléans (Loiret) : Un Bureau bibliothèque à cylindre à quatre faces, en bois indigène et d'acajou.

2257 *Santelet* jeune et *Comp.*, à Orléans (Loiret) : Objets en fonte ; une Tête de cheval, un buste d'homme, un Masque de Napoléon et une Statuette (le Temps).

2258 *Bérenger* et *Petit*, à Orléans (Loiret) : Échantillons de limes, râpes, etc. Médaille de bronze en 1834.

2259 *Carlier* et *Comp.*, à Olivet, près Orléans (Loiret) : Bonnets de coton sans couture, Calottes et Tricots.

2260 *Lavenarde-Bailly*, à Orléans (Loiret) : Robinet à gaz à plusieurs tuyaux pour porter le gaz alternativement dans les appartements.

2261 *Michel (Athanase)*, à Orléans (Loiret) : Nouveau fusil.

2262 *Valentin-Feau*, *Béchard* et *Comp.*, à Orléans (Loiret) : Bonnets orientaux.

2263 *Valentin-Feau* et *Béchard*, à Orléans (Loiret) : Tuiles polies sur deux faces et sur une seule face, un Carreau à 6 pans.

2264 *Monmonceau* frères, à Orléans (Loiret) : Échantillons divers de limes, râpes, etc. Médaille d'or en 1823 ; Rappel en 1827 et 1834.

N^os MM.

2265 *Hazard* et *Bienvenu*, à Orléans (Loiret) : Draps de diverses couleurs et dimensions.

2266 *Latte*, à Château-Renard (Loiret) : Un modèle de mécanique appelée de *brayage à courroies mortes*. Citation en 1834.

2267 *Thory*, à Orléans (Loiret) : Formes à sucre, Coquilles et Pots.

2268 *Gilbert* (*Laurent*), à Orléans (Loiret) : Formes à sucre, Briques réfractaires, Matras, Filtres, Cornues, Creusets et Piles. Médaille de bronze en 1823; Rappel en 1827 et 1834.

2269 *Michel* (*Jules*), au Rondon, près Meung (Loiret) : Couvertures en laine verte et Draps de diverses qualités.

2270 *Perrault* (*Félix*), à Orléans (Loiret) : Roues de nouvelle invention fabriquées avec le secours d'un cric-corne, un Soc, et une Forme à soc.

2271 *Porcher*, à Orléans (Loiret) : Noir animal de diverses qualités.

2272 *Paillet* (*Adolphe*), à Orléans (Loiret) : Formes à sucre, Creusets et Poterie diverse.

2273 *Blanchet* frères et *Kléber*, à Rives (Isère) : Échantillons de papiers. Médaille de bronze en 1834.

2274 *Caurt* (*J.-D.*), à Renage (Isère) : Échantillons de papiers.

2275 *Breton* frères et *Comp.*, à Pont-de-Claix (Isère) : Échantillons de papiers.

2276 *Berthaud* fils, à Vienne (Isère) : Draps satin noir, cuir-laine, noir anglais, satin fourré.

2277 *Meniguet*, à Vienne (Isère) : Draps cuir-laine, alpagas, casterines.

2278 *Rigat*, à Vienne (Isère) : Draps cuir-laine.

2279 *Gabert* fils aîné et *Genin*, à Vienne (Isère) : Draps cuir-laine. Médaille de bronze en 1834.

2280 *Poix-Coste* et *Dervieux*, à Vienne (Isère) : Draps cuir-laine.

2281 *Grenier* père et fils, à Vienne (Isère) : Draps cuir-laine et Laines peignées et cardées.

2282 *Badin* père et *Lambert*, à Vienne (Isère) : Draps cuir-laine et castorine. Médaille d'argent en 1823; Rappel en 1827 et 1834.

2283 *Gabert* fils aîné, à Vienne (Isère) : Draps divers, alpagas. Médaille de bronze en 1834.

2284 *Guillot* aîné, *Chapot* (*Aug.*) et *Comp.*, à Vienne (Isère) : Draps cuir-laine et double, croisé.

2285 *Bourjat*, à Lacrouche (Isère) : Peaux de veaux et de moutons chamoisées.

2286 *Jouffray* et *Dermet*, à Vienne (Isère) : Cabriolet de scie, Machine appropriée pour les moulins à blé, plus un Appareil de machine.

2287 *Blanchet* frères, à Tullins (Isère) : Échantillons d'acier. Médaille de bronze en 1834.

N^os MM.

2288 *Durand (Charles)*, à Rioupéroux (Isère) : Échantillons de fers faits avec des fontes. Médaille d'argent en 1834.

2289 *Giroud* père, à Allevard (Isère) : Échantillons de fontes. Médaille d'argent en 1834.

2290 *Gourju*, à Rives (Isère) : Échantillons d'acier martelé et Filières. Médaille de bronze en 1834.

2291 *Vial (Auguste)* fils, à Renage (Isère) : Baguettes, Carreaux et Barres d'acier.

2292 *Cournier*, à Crolles (Isère) : Échantillons de soie grège.

2293 *Farconnet (Régis)*, à Saint-Bonnet-de-Chavannes (Isère) : Une Machine pour l'éducation des vers à soie.

2294 *Gueymard (Émile)*, à Grenoble (Isère) : Échantillons de soie.

2295 *Landini (Victor)*, à Grenoble (Isère) : Gélatine, Colle-forte, Noir animal et noir d'imprimeur.

2296 *Sapey (Charles)*, à Vizille (Isère) : Poudre minérale pour la fabrication du papier.

2297 *Allire-Bouhon*, à Chatte (Isère) : Une Machine pour filer la soie.

2298 *Mesny* et *Favard*, à Vienne (Isère) : Savon gélatineux diaphane.

2299 *Chilliard (Célestin)*, à Brezins (Isère) : Un Échantillon de fécule de pommes de terre.

2300 *Blanc (Alphonse)*, à Grenoble (Isère) : Cordes sans bout.

2301 *Durand (Charles)*, à Rioupéroux (Isère) : Tôles et fers laminés.

2302 *Jouvin (Xavier)*, à Grenoble (Isère) : Gants en peau et instruments pour les tailler.

2303 *Perrucat (Charles)*, à Grenoble (Isère) : Gants en peau.

2304 *Matton (Auguste)*, à Grenoble (Isère) : Gants en peau.

2305 *Primat* fils et *Comp.*, à Grenoble (Isère) : Gants en peau.

2306 *Boffard (Emmanuel)*, à Montferrat (Isère) : Un Rayeur de pré.

2307 *Breton* père et fils, à Pont-de-Clair (Isère) : Un Coupe-chiffons, un Volant en fonte.

2308 *Sapey (Victor)*, à Grenoble (Isère) : Un Buste de Vaucanson en marbre du Valsenestre.

2309 *Frère-Jean (Victor)*, à Pont-l'Évêque, près Vienne (Isère) : Feuilles de Tôles, Fonds de chaudières, Échantillons de fer fin, une Coupe ou Baquet de cuivre rouge. Médaille d'or en 1827; Rappel en 1834.

2310 *Charrut (Hippolyte)*, à Grenoble (Isère) : Ciseaux excentriques destinés à la coupe des feuilles du mûrier.

2311 *Bergeon*, à Bordeaux (Gironde) : Essieu perfectionné.

2312 *Capdeville*, à Budos (Gironde) : Huile de colza.

2313 *Aguila*, à Bordeaux (Gironde) : Une Chèvre pour enfoncer et retirer les pieux.

Nos MM.

2314 *Bonneau*, à Bordeaux (Gironde) : Carbonate de potasse (cendre gravelée).

2315 *Festugières*, à Lugos (Gironde) : Chaîne-câble en fil de fer brasé.

2316 *Debergue*, *Desfrieches* et *Gillotin*, à Lisieux (Calvados) : Rots ou peignes à tisser.

2317 *Larreillet* (*Dominique*), à Ischoux (Landes) : Fers en barre.

2318 *Muret-de-Bord*, à Châteauroux (Indre) : Draps cuir-laine. Médaille d'argent en 1823; Rappel en 1827 et 1834.

2319 *Compagnie* (la) *des Forges de Framont*, commune de Grandfontaine (Vosges) : Feuilles de tôle de différentes dimensions et un Tambour en fonte tourné pour filatures. Médaille de bronze en 1834.

2320 *Falatieu* (le baron), à Bains (Vosges) : Feuilles de fer-blanc brillant et Bottes de fil de fer. Médaille d'argent en 1823; Rappel en 1834; en 1827, Médaille d'or et Rappel en 1834 pour les fils de fer.

2321 *Muel* (*Gustave*), à Sionne (Vosges) : Persiennes en fer.

2322 *Marque* frère, à Lahutte, commune d'Hennezel (Vosges) : Limes et Râpes.

2323 *Marquiset* (*Achille*), à Éloges (Vosges) : Pointes à la mécanique de différentes dimensions, un Régulateur de vannes et une nouvelle Pompe pour le mouillage des cannettes de tissage.

2324 *Ferry* et *Comp.*, à Épinal (Vosges) : Couverts en palladium, en métal ferré, en métal algérien ferré, et Squelette de couvert.

2325 *Boullangier* fils, à Darney (Vosges) : Couverts en fer battu.

2326 *Paulon* et *Bresson*, à Darney (Vosges) : Couverts et poche en fer battu.

2327 *Michaut* frères, à Laval (Vosges) : Papiers divers.

2328 *Nicet* aîné et *Comp.*, à Vraichamp, commune de Docelles (Vosges) : Échantillons de papiers.

2329 *Seillière* (*A.-B.*), *Provensal* et *Comp.*, à Senones (Voges) : Cotons filés, n. 30 à 330; Calicots. Médailles d'argent en 1823 et 1834.

2330 *Cabasse* frères, à Remiremont (Vosges) : Calicots.

2331 *Dupas* frères, à Mirecourt (Vosges) : Échantillons de dentelles.

2332 *Aubry Feborel*, à Mirecourt (Vosges) : Dentelles variées. Médaille de bronze en 1834.

2333 *Belfoy* fils. à Mirecourt (Vosges) : Dentelles variées.

2334 *Lété*, à Mirecourt (Vosges) : Deux Orgues d'église. Médaille d'argent en 1823.

2335 *Leroux* aîné, à Mirecourt (Vosges) : Flûtes, Clarinettes et un Hautbois.

2336 *Derazey*, à Mirecourt (Vosges) : une Basse, quatre Violons et un Alto.

Nos MM.

2337 *Goudot-Mollot*, à Mirecourt (Vosges) : un Violon, un Alto et une Basse.

2338 *Buthod*, à Mirecourt (Vosges) : une Basse, un Alto et sept Violons.

2339 *Thouvenel*, à Mirecourt (Vosges) : une Vielle à bateau.

2340 *Coffe*, à Mirecourt (Vosges) : Guitares. Médaille de bronze en 1834.

2341 *Anciaume*, à Mirecourt (Vosges) : Guitares.

2342 *Ferry*, à Mirecourt (Vosges) : une Guitare et autres, trois Flûtes et une Clarinette.

2343 *Durand*, à Ronceux (Vosges) : Charrue perfectionnée reproduisant le système de la charrue *Grangé*.

2344 *L'Huilier*, à Remiremont (Vosges) : Pompe à incendie lançant par minute 350 litres d'eau à la hauteur de 100 pieds.

2345 *la Société anonyme des marbres des Vosges*, à Épinal (Vosges) : Colonnes de marbre-Napoléon, Tablettes et Echantillons de marbres divers. Médaille de bronze en 1834.

2346 *Fabrique (la) de produits chimiques*, à Épinal (Vosges) : Acides sulfurique et tartrique; Soude brute et artificielle; Carbonate de soude, Sulfate de soude et de zinc, Chlorure de chaux, Echantillons de manganèse provenant des mines du département.

2347 *Simonin* et *Tocquaine*, à Remiremont (Vosges) : Sulfate de magnésie.

2348 *Maulbon-d'Arbaumont*, à Épinal (Vosges) : Un Diagographe servant à écrire facilement en voyage, soit à pied ou à cheval, soit en voiture, le jour ou la nuit.

2349 *Vétillart* père et fils, au Mans (Sarthe) : Toiles et Fils retors.

2350 *Berger-Delcinte*, à Fresnay (Sarthe) : Toiles.

2351 *Cerlin (François)*, à Fresnay (Sarthe) : Toiles.

2352 *Livache (Joseph)*, à Fresnay (Sarthe) : Toiles.

2353 *Goupille (Constant)*, à Fresnay (Sarthe) : Toiles. Médaille de bronze en 1834.

2354 *Souchu (Toussaint)*, à Bouloire (Sarthe) : Toiles de cordier.

2355 *Fourché* et *Salmon*, au Mans (Sarthe) : Couvertures de laine.

2356 *Perrochel (Maximilien de)*, à Saint-Aubin-de-Locquenay, près Fresnay (Sarthe) : Toiles.

2357 *Billon (Jacques)*, à Fresnay (Sarthe) : Toiles.

2358 *Laudeau* frères, à Sablé (Sarthe) : Marbre noir.

2359 *Grison (Paul)*, à René (Sarthe) : Un Fusil simple et deux Serrures.

2360 *Rivemale (Pierre)*, à Sainte-Affrique (Aveyron) : Échantillons de draperie de diverses qualités.

2361 *Muret*, *Solanet* et *Palargié* frères, à Saint-Geniez (Aveyron) : Echantillons de draperie de diverses qualités.

2362 *Daures* fils, à Rhodez (Aveyron) : Chandelles perfectionnées.

N^os MM.

2363 *Acquier* (*François*) et *Comp.*, à Rhodez (Aveyron) : Chandelles perfectionnées.

2364 *Mazars*, à Rhodez (Aveyron) : Chandelle perfectionnée sans odeur de suif.

2365 *Benoît* jeune, à Rhodez (Aveyron) : Couteaux de différents genres.

2366 *Houssin*, à Villefranche (Aveyron) : Échantillons de marbres provenant des carrières récemment découvertes dans les arrondissements de Rhodez, Espalion et Villefranche.

2367 *Compagnie (la) des houillères et fonderies de l'Aveyron*, à Decazeville (Aveyron) : Rails pour chemins de fer, et Coussinets.

2368 *Abat*, *Morlière* et *Comp.*, à Pamiers (Ariége) : Aciers divers et Limes. Mention honorable en 1819 ; Médaille d'argent en 1823 ; Rappel en 1827 ; Confirmation en 1834.

2369 *Dastis* et fils, à Lavelanet (Ariége) : Draps divers. Médaille de bronze en 1819 ; Rappel en 1823 ; Médaille d'argent en 1834.

2370 *Debuchy* (*François*), à Lille (Nord) : Coutils et Tissus pour pantalons. Médaille de bronze en 1834.

2371 *Malmazet* aîné, à Lille (Nord) : Plaques et Rubans pour carder les déchets de laine les plus grossiers jusqu'au duvet de chèvre, depuis le n. 3 jusqu'au n. 32, et pour carder le coton dans tous les numéros. Médaille d'argent en 1834.

2372 *Harding* (*Thomas*), à Tourcoing (Nord) : Peignes en acier fondu pour le peignage de la laine et du lin ; *Gills*, ou petits peignes en acier fondu, servant dans les machines préparatoires de la filature du lin ; Rubans de *cardes à pointes* pour étoupes et laines.

2373 *Dupont* (*Louis*), à Landas (Nord) : Fil de lin filé au rouet et employé pour les tissus de batiste et les dentelles.

2374 *Charvet* (*Henri*), à Lille (Nord) : Coutils, Fils façonnés en dessins variés.

2375 *Roussel* frères et *Requillard*, à Tourcoing (Nord) : Tapis en laine dits *Moquettes*, de dessins variés. Mention honorable en 1827.

2376 *Yon* (*Adolphe*), à Lille (Nord) : Fil de Chine n. 60 à 600, représentant un n. 40 à 200 métriques.

2377 *Vernus*, à Valenciennes (Nord) : Foyer calorifère à courant d'air et à régulateur.

2378 *Laurent-Defrocourt*, à Lille (Nord) : Tulle-laine ; Échevettes de laine-cachemire.

2379 *Villepin* (*de*), à Masnières (Nord) : Bouteilles et autres verreries.

2380 *Pluquet* (*Édouard*), à Lannoy (Nord) : Courte-pointe en coton piqué. Mention honorable en 1834.

2381 *Vantroyen-Cuvelier* et *Comp.*, à Lille (Nord) : Cotons filés simples et retors. Médaille d'or en 1834.

2382 *Courmont*, à Wazemmes (Nord) : Cotons filés n. 200 et 250.

2383 *Liénard-Plays*, à Hem (Nord) : Satin ouvragé fil et soie.

N^os MM.

2384 *Desmont*, à Millonfosse (Nord) : Une Charrue perfectionnée. Mention honorable en 1834.

2385 *Defontaine-Cuvelier*, à Tourcoing (Nord) : Coupe de tissus, chaîne et trame en fil de lin variées par couleur et disposition.

2386 *Vasseur*, à Anzin (Nord) : Rail, Barres de fer-tôle à chaudière, Coussinets.

2387 *Carlos-Florin*, à Roubaix (Nord) : Laines filées n°s 52, 72, 80.

2388 *Degrandel*, à Roubaix (Lille) : Étoffes de laine damassées, Broderies pour calottes.

2389 *Wacrenier-Delvinquier*, à Roubaix (Nord) : Damassé-laine, laine et soie, laine et coton et pur fil. Médaille de bronze en 1834.

2390 *Lecapitaine*, à Lille (Nord) : Un Pendule.

2391 *Pitat*, à Valenciennes (Nord) : Vernis copal et autres.

2392 *Jolly* et *Godard*, à Cambrai et Valenciennes (Nord) : Batistes.

2393 *Lefebvre* (*Théodore*) et *Comp.*, aux Moulins (Nord) : Céruse, Blanc de plomb en écailles. Médaille d'argent en 1834.

2394 *Leblanc* et *Comp.*, à Prémesques (Nord) : Fils et Tissus de lin.

2395 *Charvez* (*André*) et *Fevez*, à Loos, près Lille (Nord) : Calicots et Jaconas imprimés, Tissu de laine imprimé.

2396 *Scrive* frères, à Lille (Nord) : Rubans et Plaques pour cardage de laine, coton, étoupes de lin. Médaille de bronze en 1823 ; Médaille d'argent en 1827 ; Médaille d'or en 1834.

2397 *Tierce-Cambrai*, à Lille (Nord) : Cylindres de pression en cuir.

2398 *Delattre* (*Henri*), à Roubaix (Nord) : Stoffs et Damassés.

2399 *Debuchy* (*Désiré*), à Tourcoing (Nord) : Satins façonnés fil, soie et coton pour pantalons, Tissus fil de lin, Draps d'été, Étoffes jaspées, Coutils. Médaille de bronze en 1827 ; Rappel en 1834.

2400 *Lefebvre-Horrent*, à Roubaix (Nord) : Linge de table damassé et Tissus fil de lin.

2401 *Vantenkiste*, dit *Dorus*, à Valenciennes (Nord) : Amidon.

2402 *Potalier* cousins, à Roubaix (Nord) : Tissus pour gilets et nouveautés, Cachemire d'été.

2403 *Dessaint-Florin* (madame veuve), à Roubaix (Nord) : Échantillons de stoff.

2404 *Ternynck* frères, à Roubaix (Nord) : Étoffes fil et laine, fil de lin, Satin fil.

2405 *Cox* (*Edmond*) et *Comp.*, à la Louvrière, près Lille (Nord) : Cotons filés fins, simples, écrus, retors et blanchis.

2406 *Delloye*, *Jourdan* aîné et *Lehècre*, à Cambrai (Nord) : Toiles de lin et Toiles de coton.

2407 *Prus-Grimonprez*, à Roubaix (Nord) : Damassés-laine, laine et soie, laine et co[illegible], et bordures. Médaille de bronze en 1834.

N^os MM.

2408 *Cordonnier* (madame veuve), à Roubaix (Nord) : Casimirs laine.

2409 *Tribouillet* et *Comp.*, à Saint-Amand et Tourcoing (Nord) : Graisse extraite des eaux provenant du lavage des laines, Tourteau extrait des mêmes eaux, Savon jaune.

2410 *Lejeune* et *Comp.*, à Roubaix (Nord) : Laine filée en couleurs.

2411 *Kuhlmann* frères, à Loos (Nord) : Produits chimiques.

2412 *Dervaux* aîné, à Roubaix (Nord) : Casimirs, Lastings et Lustrines pour apprêt et teinture.

2413 *Delannoy* (*Jules*), à Cambrai (Nord) : Lustrines pour apprêt et teinture.

2414 *Lepoutre-Roussel* (madame veuve), à Roubaix (Nord) : Couvre-lit.

2415 *Bulteau* et *Comp.*, à Roubaix (Nord) : Articles en coton.

2416 *Ribaucourt-Notte*, à Roubaix (Nord) : Casimirs-laine.

2417 *Dazin* fils aîné, à Roubaix (Nord) : Tissus façonnés fil et coton.

2418 *Tesse-Petit*, à Lille (Nord) : Coton filé. Médaille d'argent en 1834.

2419 *Wattinne-Bredart* (madame veuve), à Roubaix (Nord) : Satins-cotons.

2420 *Boca* frères, à Valenciennes (Nord) : Sucre raffiné.

2421 *Screpel-Louage*, à Roubaix (Nord) : Tissus pour gilets.

2422 *Faure*, à Wazemmes (Nord) : Blanc de céruse en poudre et pain de céruse. Mention honorable en 1834.

2423 *Dewavrin* (*Anselme*), à Tourcoing (Nord) : Étoffes fil-coton.

2424 *Roy* (*Blimond*), à Saint-Blimond (Somme) : Serrures à secret.

2425 *Dacheux* (*Jean-Baptiste*), à Boisrault (Somme) : Un Instrument aratoire servant à butter les pommes de terre en extirpant les herbes qui peuvent se trouver entre les lignes.

2426 *Facquet*, à Vergies (Somme) : Laines peignées.

2427 *Tavernier Obry* et *Comp.*, à Prouzel (Somme) : Papiers divers.

2428 *Cailleux* (madame veuve) et *Lannoy*, à Amiens (Somme) : Étoffes diverses, Satin *Lavaubalière*, *Taglioniennes*, Mousselines satinées, Satins damassés, Bombazine.

2429 *Beauger* et *Wier* frères, à Belloy-sur-Somme (Somme) : Tapis, Moquette et autres.

2430 *Bodelet Lacroix*, à Bellevue-Bertangles (Somme) : Briques réfractaires.

2431 *Trasimed Leroux*, à Amiens (Somme) : Café-chicorée.

2432 *Debaussaux*, à Amiens (Somme) : Réfrigérant propre au refroidissement de la bière.

2433 *Leclerc* (*Didier*), à Roisel (Somme) : Tissus de coton avec dessins à la *Jacquart* et autres. Cité en 1834.

2434 *Chamary* (*Auguste-Charlemagne*), à Esmery-Hallon (Somme) : Lampe-réveil.

Nos MM.

2435 *Fevez Destré* et *Comp.*, à Amiens (Somme) : Étoffes diverses, *Éoliennes*, Robes brodées, *Taglioniennes*, etc.; Satin-laine, Robes brodées.

2436 *Ponche-Bellet*, à Amiens (Somme) : Étoffes diverses, *Eoliennes*, Tabliers, Bombazine.

2437 *Administration* (l') *des Mines de Bouxwiller* (Bas-Rhin) : Aluns, Sulfate de fer, Vitriol, Sel ammoniac, Muriate et Carbonate d'ammoniaque, Prussiate de potasse cristallisé, Phosphate de soude, Rouge d'Angleterre, Noir d'os, Colle d'os, Bleu de Prusse, Bleu minéral. Médaille d'argent en 1823 ; Rappels en 1827 et 1834.

2438 *Maire* (*Charles*), à l'île du Wacken, banlieue de Strasbourg (Bas-Rhin) : Sel de saturne.

2439 *Lantzenberg* (*L.*) et *Comp.*, à Strasbourg (Bas-Rhin) : Maroquins divers et Peaux d'âne apprêtées.

2440 *Emmerich* et *Gœrger* fils, à Strasbourg (Bas-Rhin) : Peaux maroquinées. Médaille d'argent en 1823 ; Rappel en 1834.

2441 *Reinhardt* (*J.M.*), à Strasbourg (Bas-Rhin) : Moulin à cylindre de moyenne grandeur, autre Moulin à cylindre, destiné à être mu à bras, deux petites Meules en pierre.

2442 *Goldenberg* (*G.*) et *Comp.*, à Zornhoff (Bas-Rhin) : Aciers, Ressorts et Scies, Outils, Armes blanches. M. de Guaita, ancien propriétaire des usines de Zornhoff, a obtenu une Médaille de bronze en 1827, et une Médaille d'argent en 1834.

2443 *Coulaux* aîné et *Comp.*, à Molsheim (Bas-Rhin) : Aciers, Limes et Râpes, Ressorts et Scies, Faulx et Outils, Outils de toute espèce. Médaille d'argent en 1806 et 1819; Médailles d'or en 1823, 1827 ; Rappel en 1834.

2444 *Heiligenthal* et *Comp.*, à Strasbourg (Bas-Rhin) : Ornements et Statues d'architecture en mastic-pierre.

2445 *Klotz* (*Antoine*), à Strasbourg (Bas-Rhin) : Panneaux de parquet.

2446 *Silbermann* (*G.*), à Strasbourg (Bas-Rhin) : Deux Presses connues, l'une sous le nom de presse *Hagar*, et l'autre sous celui de presse *Dingler*; plusieurs pièces d'Impression polychrome se distinguant par la variété des couleurs.

2447 *Rollé* (*Frédéric*) et *Schwilgué*, à Graffenstaden (Bas-Rhin) : Balances-bascules triangulaires, du calibre de 750 kil., et dont l'une, avec plateau, à l'usage des houillères; Balance à table, dite de ménage; Pompe rotative, dite à *Hotte*, sans piston et à manivelle; Crics et Presse à timbre sec. Médaille de bronze en 1823 ; Médaille d'argent en 1827 et 1834.

2448 *Bourguignon* et *Schmidt*, à Bischwiller (Bas-Rhin) : Draps brun et noir. Mention honorable en 1834, pour fabrication de gants de laine.

2449 *Ruef* et *Bicard*, à Bischwiller (Bas-Rhin) : Drap bleu et drap cuir-laine.

Nos MM.

2450 *Greinier* et *Kuntzer*, à Bischwiller (Bas-Rhin) : Drap cuir-laine, Drap noir et Drap d'été.

2451 *Simon* fils, à Strasbourg (Bas-Rhin) : Dessins au crayon et à la plume. Gravures sur pierre, Carte topographique, Feuilles imprimées en couleur *Chriptogame*, etc., Lithographies tirées en plusieurs couleurs à la fois, Écritures autographiques.

2452 *Drant*, à Haguenau (Bas-Rhin) : Une Sphère elliptique.

2453 *Seib* (*Adam*), à Strasbourg (Bas-Rhin) : Tapis cirés, Calicot ciré élastique, Toiles cirées, Percale elastique pour manteaux. Médaille de bronze en 1834.

2454 *Roswag* (*A.*), à Schelestadt (Bas-Rhin) : Tissus métalliques, Toiles métalliques à l'usage des papeteries mécaniques, Cylindres égoutteurs destinés au même usage. Médaille d'argent en 1806 ; Rappel en 1819 ; Médaille d'or en 1823 ; Rappels en 1827 et 1834.

2455 *Michy* (*Denis-Augustin*), à Montmorency (Seine-et-Oise) : Serrure de sûreté adaptée à une boîte de bois ; la même, en petit, à une tabatière.

2456 *Biétry* (*Laurent*), à Vilpreux (Seine-et-Oise) : Tissus fils de cachemire. Mention honorable en 1823 ; Médaille d'argent en 1827, et Médaille d'or en 1834.

2457 *Boulig* (*LouisFrançois*), à Rueil (Seine-et-Oise) : Modèle d'un lavoir à foulon roulant.

2458 *Langevin* et *Comp.*, à La Ferté-Alais (Seine-et-Oise) : Échantillons de bourres de soies filées. Médaille d'argent en 1834, à MM. Wais-Wriglay et Comp., précédents propriétaires de l'établissement.

2459 *Piret* (*Jean-Baptiste*), à Neauphle-le-Château (Seine-et-Oise) : Charrue légère à un cheval.

2460 *Girard*, à Chevreuse (Seine-et-Oise) : Châles cachemire, façon indienne, au fuseau. Médaille d'argent en 1827 ; Médaille d'or en 1834.

2461 *Tissot* (*Féréol*), à Ville-d'Avray (Seine-et-Oise) : Quatre Modèles : 1° suspension de cloches, 2° machine à battre les pieux, 3° machine hydraulique, 4° girouette à mouvement libre.

2462 *Dubois* (*François*) et *Noiron*, à Versailles (Seine-et-Oise) : Parquets mosaïques.

2463 *Benoit* (*A.*) et *Comp.*, à Versailles (Seine-et-Oise) : Montres terminées et Montres en fabrication, divers autres preduits d'horlogerie. Médaille d'argent en 1834.

2464 *Dumonthier* (*Joseph-Célestin*), à Houdan (Seine-et-Oise) : Ciseaux à branches-mailchort, Couteaux-verroux de sûreté.

2465 *Rabourdin* (*Antoine*), à Villacoutbay, commune de Velizy (Seine-et-Oise) : Charrue à bascule et à brisure.

2466 *Pfeiffer* (*Emile*) et *Comp.*, à Versailles (Seine-et-Oise) : Pianos présentant un nouveau moyen de faciliter l'accord.

N°s MM.

2467 *Rigaux*, au Pecq (Seine-et-Oise) : Métier à tricot, dit *Métier français*.

2468 *Vernier*, à Beaumont (Seine-et-Oise) : Machine à tamiser la fécule.

2469 *Cherrier (Prosper-Adolphe-Léon)*, à Bièvre (Seine-et-Oise) : Gravures sur bois.

2470 *Gaigneau* frères, à Essonne (Seine-et-Oise) : Laines filées.

2471 *Lhoste (Henri)*, à Corbeil (Seine-et-Oise) : Veaux cirés.

2472 *Huard* frères, à Versailles (Seine-et Oise) : Chronomètres, Montres, Ebauches et pièces d'horlogerie. Médaille en bronze en 1834.

2473 *Marchon (Alexis-Aimable)*, à Étampes (Seine-et-Oise) : Machine à épurer les grains, Machine à battre le beurre.

2474 *Poquet*, à Étampes (Seine-et-Oise) : Cordages en chanvre, en fils de fer et en laiton.

2475 *Delbut* et *Comp.*, à Saint-Germain (Seine-et-Oise) : Échantillons de cuirs. Médaille de bronze en 1834.

2476 *Baudry (A.)*, à Athis-Mons (Seine-et-Oise) : Six bottes d'acier.

2477 *Papeterie (la) de la société anonyme d'Echarcon* (Seine-et-Oise) : Papiers de différentes natures et qualités. Médaille d'or en 1834.

2478 *Menet (Henri)* et *Comp.*, à Essonnes (Seine-et-Oise) : Papiers divers.

2479 *Metcalfe (J.-D.)*, à Meulan (Seine-et-Oise) : Cardes pour laine et coton. Médaille de bronze en 1823 ; Médaille d'argent en 1827 et 1834.

2480 *Jacot (A.)*, à Versailles (Seine-et-Oise) : Deux Chronomètres, une Montre et un Nécromètre.

2481 *Parot (J.-A.)*, à Saint-Germain (Seine-et-Oise) : Sécateurs, Grattoirs, Outils de graveurs, etc.

2482 *Ducrocq (C.)*, à Roissy (Seine-et-Oise) : Charrue à double versoir.

2483 *Guerct* et *Hervis*, à Roissy (Seine-et-Oise) : Deux Herses tricycles et une pièce de rechange pour la herse n. 2.

2484 *Lucas*, à Versailles (Seine-et-Oise) : Grelin en laiton fabriqué pour le palais de Versailles, Echelle en aloës sans nœuds, Soudure d'un vieux grelin, Différents nœuds de cordes.

2485 *Dupré (L.)*, au Pecq (Seine-et-Oise) : Pains de céruse. Médaille de bronze en 1827 et 1834.

2486 *Camille Beauvais*, aux Bergeries de Senart (Seine-et-Oise) : Échantillons de soie blanche. Médaille d'argent en 1834.

2487 *Blum (A.)* et *Comp.*, à Épinac (Saône-et-Loire) : Bouteilles de différents calibres.

2488 *Revillon*, à Mâcon (Saône-et-Loire) : Un Pressoir cylindrique à vin.

2489 *Batillat*, à Mâcon (Saône-et-Loire) : Sulfate de chaux pour la fabrication du papier.

2490 *Auloy Millerand*, à Marcigny (Saône-et-Loire) : Linge de table,

N[s] MM.

Nappes dalhia, et autres serviettes à thé et autres, Mouchoirs damassés. Médaille de bronze en 1834.

2491 *Mazille-Perrier*, à Marcigny (Saône-et-Loire) : Nappes et Serviettes damassées.

2492 *Saski*, à Châlons-sur-Saône (Saône-et-Loire) : Un Fourneau économique, modèle en bois.

2493 *Selligue*, à Saint-Leger-du-Bois (Saône-et-Loire) : Schistes bitumineux, Bitume liquide, Matière grasse provenant des schistes, Huile fine pour l'éclairage direct, Bougie provenant de produits bitumineux, Goudron minéral solide et Huile volatille.

2494 *Brosson* frères, à Vichy (Allier) : Bi-carbonate.

2495 *Rousseau* (*Pierre*), à Fresnay (Sarthe) : Toiles de lin. Mention honorable en 1834.

2496 *Mullier*, au Mans (Sarthe) : un Coupe-paille, un Coupe-racines.

2497 *Perrochel* (*Maximilien* de), à Saint-Aubin-de-Locquenay (Sarthe) : Une Cheminée et une Tablette de marbre indigène.

2498 *Peugeot* frères aînés, à Herimoncourt (Doubs) : Quincaillerie, Scies et autres objets en acier. Médaille d'argent en 1823 ; Rappel en 1827.

2499 *Dartois* et *Paget*, à Besançon (Doubs) : Trois Pendules encadrées, l'une avec musique ; un Baromètre.

2500 *Plantié* et *Comp.*, à Louhossoa (Basses-Pyrénées) : Pâte simple de kaolin, Pâte composée et Email à porcelaine.

2501 *Lombré* et fils aîné de Nay, à Mirepeix (Basses-Pyrénées) : Une coupe de calicot d'un mètre de largeur, Toile unie en fil de lin.

2502 *Noulibos*, à Pau (Basses-Pyrénées) : Linge de table, Mouchoirs.

2503 *Bégué* (*Félix*), à Pau (Basses-Pyrénées) : Linge de table ouvré et damassé. Mention honorable en 1834.

2504 *Talabot* (*Léon*) et *Comp.*, à Toulouse (Haute-Garonne) : Faux, Limes et Rapes.

2505 *Grossinger*, à Lyon (Rhône) : Meules de Guimpier.

2506 *Godemar* et *Meynier*, à Lyon (Rhône) : Velours étoffes de soie façonnées et brochées, Machine à brocher.

2507 *Julin* et *Achard*, à Lyon (Rhône) : Cardes pour le coton, la laine et la soie.

2508 *Ollat* et *Desvernay*, à Lyon (Rhône) : Châles en velours, Écharpes en soie, Foulards, Cravates et autres étoffes de soie. Rappel de Médaille d'or en 1834.

2509 *Girard* et *Accary*, à Lyon (Rhône) : Couvertures en coton.

2510 *Grillet* aîné, à Lyon (Rhône) : Châles brochés et imprimés. Médaille d'argent en 1834, sous la raison *Grillet* et *Trotton*.

2511 *Fournel* (*Victor*), à Lyon (Rhône) : Étoffes de soie pour ameublements, Coussin tout monté.

Nos MM.

2312 *André* jeune, à Perigny (Charente-Inférieure) : Charrues diverses, Extirpateur à cinq socs avec sa herse, Coupe-racines, Flottes de soie et Chapelets de cocons. Médaille de bronze en 1834.

2313 *Salmon* (*Alexandre*), à Tarare (Rhône) : Mousselines unies et brochées.

2314 *Gaveaux*, à Paris, rue Traverse, n. 15 : Tondeuse longitudinale.

2315 *Girard* neveu, à Lyon (Rhône) : Châles et Gilets en velours.

2316 *Leutner* et *Comp.*, à Tarare (Rhône) : Mousselines unies, brodées et brochées. Médaille d'or en 1819 ; Rappel en 1823, 1827 et 1834.

2317 *Vigezzi-Riva* et *Dominelly*, à Lyon (Rhône) : Machine pour le moulinage des soies grèges.

2318 *Mathevon* et *Bouvard*, à Lyon (Rhône) : Étoffes brochées pour ameublement. Médaille d'or en 1834.

2319 *Alexandre*, à Lyon (Rhône) : Soie grège.

2320 *Moras* et *Dauphin*, à Lyon (Rhône) : Châles brochés.

2321 *Eymard*, *Drevet* et *Comp.*, à Lyon (Rhône) : Étoffes façonnées soie, laine et coton.

2322 *Bonnot* et *Moreau*, à Lyon (Rhône) : Châles brochés.

2323 *Thevenin*, à Lyon (Rhône) : Fers pour fabriquer le velours et la peluche.

2324 *Lambert*, *Franchet* et *Comp.*, à Lyon (Rhône) : Étoffes de soie façonnées.

2325 *Ricard* et *Zacharie*, à Lyon (Rhône) : Velours façonnés.

2326 *Potton*, *Crozier* et *Comp.*, à Lyon (Rhône) : Étoffes de soie façonnées. Médaille d'argent en 1834.

2327 *Vidalin*, à Lyon (Rhône) : Étoffes diverses. Médaille d'argent en 1834.

2328 *Boyriven* et *Gelot*, à Lyon (Rhône) : Châles brochés. Médaille de bronze en 1834.

2329 *Amblet*, à Lyon (Rhône) : Étoffes de soie brochées.

2330 *Villard*, à Lyon (Rhône) : Plantes en métal.

2331 *Servant* et *Ogier*, à Lyon (Rhône) : Étoffes pour gilets et cravates, Machine à brocher. Médaille d'argent en 1834.

2332 *Maurier* et *Bernard* (*Antoine*), à Lyon (Rhône) : Velours et Satins.

2333 *Bourcier* (*Jules*) et *Morel*, à Lyon (Rhône) : Métier mécanique pour le filage de la soie.

2334 *Pagès* (*Charles*) et *Comp.*, à Lyon (Rhône) : Châles longs.

2335 *Guimet*, à Lyon (Rhône) : Bleu d'outre-mer factice. Médaille d'or en 1834.

2336 *Chabert*, à Lyon (Rhône) : Peignes métalliques pour la toilette.

N^os MM.

2337 *Luquin* frères, à Lyon (Rhône) : Châles brochés. Médaille de bronze en 1834.

2338 *Grand* frères, à Lyon (Rhône) : Étoffes pour ameublement et ornements d'église.

2339 *Salles* jeune et *Comp.*, à Lyon (Rhône) : Châles en tulle.

2340 *Burel* frères, à Lyon (Rhône) : Châles, Cravates, Étoffes pour ornements d'église.

2341 *Guinand*, à Lyon (Rhône) : Peignes pour fabriquer les étoffes de soie.

2342 *Grosboz*, à Lyon (Rhône) : Étoffes pour ameublements et ornements d'église.

2343 *Chatelard* et *Perrin*, à Lyon (Rhône) : Peignes pour fabriquer les étoffes de soie. Médaille de bronze en 1834.

2344 *Gabriel* et *Ravaisse*, à Lyon (Rhône) : Étoffes en laine et coton.

2345 *Berna-Sabran*, à Lyon (Rhône) : Châles et Étoffes de soie.

2346 *Jacquand* père et fils, à Lyon (Rhône) : Cirage pour la chaussure.

2347 *Yemeniz*, à Lyon (Rhône) : Étoffes pour ameublements et ornements d'église.

2348 *Didier Petit* et *Compagnie*, à Lyon (Rhône) : Étoffes pour ameublements et ornements d'église. Médaille d'argent en 1834.

2349 *Lallier*, à Lyon (Rhône) : Maillons pour le tissage des étoffes de soie, Coton, etc.

2350 *Lemire*, *Danguin* et *Compagnie*, à Lyon (Rhône) : Étoffes en soie pour ameublements et ornements d'église. Rappel de médaille d'or, en 1833, au nom de *Lemire*.

2351 *Chastel* et *Rivoire*, à Lyon (Rhône) : Étoffes en soie façonnées.

2352 *Damiron*, à Lyon (Rhône) : Châles et Écharpes. Médaille d'argent en 1834.

2353 *Charles* et *Compagnie*, à Lyon (Rhône) : Cravates longues en soie et laine.

2354 *Blanchet*, à Lyon (Rhône) : Machine pour la fabrication des étoffes de soie façonnées.

2355 *Decaën* et *Compagnie*, à Grigny (Rhône) : Porcelaines.

2356 *Decaën* frères et *Compagnie*, à Arboras (Rhône) : Porcelaines opaques. Médaille de bronze en 1834.

2357 *Cinier* et *Fatin*, à Lyon (Rhône) : Châles et Étoffes de soie pour ameublements et ornements. Médaille d'argent en 1834.

2358 *Arnaud*, à Lyon (Rhône) : Mécanique pour la fabrication des étoffes en soie.

2359 *Jarrin* et *Trotton*, à Lyon (Rhône) : Châles.

2360 *Troubat* (*Louis*) et *Compagnie*, à Lyon (Rhône) : Châles indous.

2361 *Vucher*, *Reymer* et *Perrier*, à Lyon (Rhône) : Étoffes de soie, Nouveautés.

N^os MM.

2562 *Fournet*, à Lyon (Rhône) : Mesures en baleine.

2563 *Estragniat* fils aîné, à Tarare (Rhône) : Mousselines unies et brodées.

2564 *Fion (Jules)*, à Tarare (Rhône) : Mousselines brodées.

2565 *Lacy-Sédillot*, à Tarare (Rhône) : Mousselines brodées.

2566 *Golay* père et fils, à Lyon (Rhône) : Bandage herniaire et Appareils propres à redresser les jambes.

2567 *Liénard* et *Compagnie*, à Lyon (Rhône) : Bougies stéariques.

2568 *Arquillière* et *Mourron*, à Lyon (Rhône) : Étoffes de soie unies.

2569 *Bourget* et *Peter*, à Lyon (Rhône) : Orseille. Médaille d'argent en 1827.

2570 *Peter*, à Lyon (Rhône) : Orseille.

2571 *Pramondon (André)*, à Tarare (Rhône) : Mousselines unies et brodées.

2572 *Esprit*, à Lyon (Rhône) : Remisse régulateur à mailles mobiles.

2573 *Savoie*, à Lyon (Rhône) : Velours.

2574 *Gagnière*, à Vaise (Rhône) : Compas de sculpteur.

2575 *Reverchon (Paul)*, à Saint-Genis-Laval (Rhône) : Charrue.

2576 *Boyer* aîné et *Compagnie*, à Lyon (Rhône) : Étoffes chinées.

2577 *Clément* (madame veuve), à Lyon (Rhône) : Boa en soie.

2578 *Plantier*, à Lyon (Rhône) : Châles.

2579 *Ducly-Moras*, à Lyon (Rhône) : Broderies en tous genres.

2580 *Société anonyme des usines d'Imphy*, à Imphy, arrondissement de Nevers (Nièvre) : Feuilles en fer forgé, pudlé; Plaques et barres de cuivre martelé, cuivre jaune, rouge; Bronze; Casseroles avec couvercle et autres ustensiles de cuisine; Clous fondus et forgés, cuivre allié; Fer noir clinquant en feuilles; Fers blancs; Corps bruts d'enclumes en fer; Tôles diverses; Médaille d'or en 1819; Rappels en 1823 et 1827; nouvelle Médaille d'or en 1834.

2581 *De Raffin (Jean-Baptiste)* et *Comp.*, à Lapique, près Nevers (Nièvre) : Charrues en fer et en bois; Défonceur en fer; Chaînes d'agriculture; Étau tournant; une Enclume. Médailles d'argent en 1827 et 1834.

2582 *Pot-de-Fer*, à Nevers (Nièvre) : Étau à double jumelle, ordinaire; Enclume à pied rond; Bigorne. Mention honorable en 1827; Médaille de bronze en 1834.

2583 *Gobelet (Jean-Baptiste)*, à La Charité (Nièvre) : Aciers plats et carrés.

2584 *Courot-Bigé*, à Corbelin (Nièvre) : Aciers; Plaques de charrues. Médaille de bronze en 1834.

2585 *Paignon* et *Compagnie*, à Bize (Nièvre) : Aciers plats et carrés; Barreaux en fonte noire de plusieurs qualités. Médaille de bronze en 1823; Médaille d'argent en 1834.

N^s MM.

2586 *Dequenne*, à Raveau (Nièvre) : Acier cémenté. Médaille d'or en 1819; Rappels en 1823, 1827 et 1834.

2587 *Paichereau* (madame veuve), à Prémery (Nièvre) : Essieux en fer.

2588 *Soyer*, à Nevers (Nièvre) : Limes.

2589 *Gourjon*, à Nevers (Nièvre) : Limes. Mention honorable en 1827; Médaille de bronze en 1834.

2590 *Bouchard*, à Nevers (Nièvre) : Cordages divers.

2591 *Julliard*, à Nevers (Nièvre) : Bas à jour.

2592 *Savaresse*, à Nevers (Nièvre) : Cordes harmoniques. Médaille de bronze en 1827; Rappel en 1834.

2593 *Mévolhon d'Auchel*, à Nevers (Nièvre) : Produits chimiques.

2594 *Teste*, à Château-Chinon (Nièvre) : Romaine nouvelle, nécessaires pour la vérification des poids et mesures.

2595 *Martin (Emile)* et *Compagnie*, à la fonderie de Fourchambault (Nièvre) : Plate-forme, Couronne, Plaques de fondation, Galets, Collier, Crapaudine en fonte; Frettes, Cercles en fer, Rails, Boulons de galets, de rails, de crapaudine et de cercles en fer; Arbre en fer; Rondelle en cuivre et autres objets. Médaille d'argent en 1827; Médaille d'or en 1834.

2596 *Montaignac* (de), à Nevers (Nièvre) : Trappe cylindrique à betteraves et à pommes de terre; petit Moulin à fécule; Vis de presse d'huilerie, et Modèle de Chemin de fer.

2597 *Boigues* frères, *Hochet* et le comte *Jaubert*, à Fourchambault (Nièvre) : Barres de fer, Bottes de fer feuillard et rond; Cornières pour chaudières et bateaux à vapeur; bordages pour wagons et machines locomotives; Fer à T et à vitrages; Objets de moulage en fonte; Bustes de Louis-Philippe, de Napoléon et du Christ. Médaille d'or en 1827.

2598 *Quinet*, à Paris, rue Croix-des-Petits-Champs, n. 4 et 14 : Presse lithographique.

2599 *Gardissal*, à Paris, rue Meslay, n. 32 : Machine à remblayer et déblayer, à versement continu.

2600 *Dontail*, à Paris, rue du Verbois, n. 27 : Bourlet mécanique, Roues de voiture de chemins de fer.

2601 *Beaudat*, à Paris, rue de Charonne, n. 23 : Machine à scier l'ivoire et le placage d'épaisseur.

2602 *Saulière*, à Paris, passage Lemoine, rue Saint-Denis, n. 380 : Machine à vapeur.

2603 *Duclos*, à Paris, rue de l'Église, n. 3 et 4 : Machine à vapeur.

2604 *Boillé*, à Paris, rue d'Assas, n. 3 : Mécanique à la Jacquart.

2605 *Lorenzo*, à Paris, rue Madame, n. 16 : Moulin à vent à douze ailes.

2606 *Gauthier*, à Paris, avenue de Villars, n. 2 : Aéro-séchoir portatif.

N°s MM.

2607 *Mongodin*, à Paris, rue des Petites-Écuries, n. 6 : Machines hydrauliques.

2608 *Contamin*, à Paris, rue Montmorency, n. 40 : Mécaniques de tous genres.

2609 *D'Ambreville*, à Paris, rue Fontaine-au-Roi, n. 16 : Pompe.

2610 *Dinocourt*, à Paris, rue du Petit-Pont, n. 25 : Instruments de physique et de chimie en verre.

2611 *Saint-Aubin*, à Paris, rue de Vaugirard, n. 16 : Instruments de géométrie.

2612 *Jacob*, à Paris, rue Jean-Jacques-Rousseau, n. 3 : Horlogerie de précision.

2613 *Berthoud*, à Paris, rue du Faubourg-Saint-Honoré, n. 92 : Chronomètres.

2614 *Sedille*, à Paris, rue du Marché-Neuf, n. 34 : Microscopes et Instruments d'optique.

2615 *Gambey*, à Paris, rue Pierre-Levée, n. 17 : Instruments d'astronomie.

2616 *Delisle*, à Paris, rue de Provence, n. 29 : Nouveau pavage.

2617 *Bruneau*, à Paris, Palais-Royal, galerie de Valois, n. 150 : Horlogerie, Pendules.

2618 *Jocquet*, à Paris, rue Tiquetonne, n. 17 : Horlogerie, Pendules.

2619 *Reymondon* et *Martin*, à Paris, rue Saint-Denis, n. 300 : Mécanique.

2620 *Rozé*, à Paris, rue des Juifs, n. 16 : Horlogerie et Mécanique.

2621 *Tabarié*, à Paris, rue de Chaillot, n. 68 : Appareils pneumatiques.

2622 *Wurtel*, à Paris, galerie Vivienne, n. 38 et 40 : Horlogerie, Pièces à mécanique.

2623 *Vaucher de la Croix*, à Paris, impasse Sainte-Marine, n. 2 : Horlogerie et Instruments de mathématiques.

2624 *Campbell*, à Paris, place de l'Oratoire, n. 4 : Montres marines, Pendules de voyage, etc.

2625 *Ottin*, à Paris, rue Dauphine, n. 40 : Pièces d'anatomie; Phrénologie.

2626 *Gasche*, à Paris, galerie d'Orléans, n. 20 : Montres et Pendules.

2627 *Pascual-Rubio*, à Paris, rue de la Cossonnerie, n. 6 : Chronomètre.

2628 *Neuman (Ernest)*, à Paris, rue de Seine-Saint-Germain, n. 56 : Horlogerie, petites Mécaniques.

2629 *Jandrand*, à Paris, rue de Bretagne, n. 4 : Clés de montres à rochet.

2630 *Denand*, à Paris, rue Charlot, n. 43 : Horlogeries et Bronzes.

2631 *Démard*, à Beau-Grenelle, n. 9 (Seine) : nouveaux Échappements de montres, modèles.

2632 *Mehl*, à Paris, rue d'Anjou-Dauphine, n. 11 : Pianos.

N^os MM.

2633 *Endres*, à Paris, rue de la Pépinière, n. 16 : Instruments de musique.

2634 *Beckers*, à Paris, rue Saint-André-des-Arts, n. 51 : Harpes et Pianos.

2635 *Michel*, à Paris, boulevart Saint-Denis, passage du Bois-de-Boulogne : Pianos.

2636 *Rinaldi*, à Paris, boulevart Saint-Denis, n. 11 : Pianos en tous genres.

2637 *Biersteds*, à Paris, rue Montmartre, n. 127 : Pianos.

2638 *Pfeffel*, à Belleville, rue de Beaune, n. 9 (Seine) : Pianos.

2639 *Gautier*, à Paris, rue de Bretagne, n. 14 (Marais) : Accordéon à cylindre.

2640 *Langrenez*, à Paris, rue Saint-Louis, n. 16 : Pianos.

2641 *Reintjer*, à Paris, rue Saint-Germain-l'Auxerrois, n. 26 : Pianos.

2642 *Allard*, à Paris, rue de Bièvre, n. 31 : Orgues.

2643 *Vuillaume*, à Paris, rue Croix-des-Petits-Champs, n. 46 : Instruments de musique.

2644 *de Labbaye*, à Paris, rue du Faubourg-Poissonnière, n. 53 : Instruments de musique en cuivre.

2645 *Jullien*, à Paris, rue Verdelet, n. 2 : Flûtes et Clarinettes.

2646 *Cœur*, à Paris, rue de l'Abbaye, n. 4 : Flûte perfectionnée.

2647 *Bobée* et *Lemire*, à Paris, rue du Faubourg-Saint-Martin, n. 106 : Produits chimiques; Carbonisation.

2648 *Ringaut* frères et *Comp.*, à Paris, rue de l'Hôpital-Saint-Louis, n. 15 : Produits chimiques.

2649 *Boudin*, à Paris, rue Royale, n. 52 : Fabrique de moutarde.

2650 *Vigny*, à Paris, rue Bar-du-Bec, n. 17 : Chocolats.

2651 *Fèvre*, à Paris, rue Saint-Honoré, n. Saint-Honoré, n. 398 : Sirops en poudre; Poudres gazeuses.

2652 *Lemoyne*, à Paris, rue des Lombards, n. 30 et 32 : Articles de confiseur.

2653 *Forbin-Janson* et *Lecointre*, à Paris, rue de Grenelle-Saint-Germain, n. 122 : Échantillons de sucre de betteraves.

2654 *Demouy-Perint*, à Paris, rue du Faubourg-Saint-Denis, n. 64 : Café indigène, Café-chocolat.

2655 *Collas*, à Paris, rue Dauphine, n. 10 : Sulfate de magnésie.

2656 *Pesquet*, à Paris, rue Sainte-Croix-de-la-Bretonnerie, n. 24 : Rouge à polir.

2657 *Tricotel* et *Chapuis*, à Paris, rue Paradis-Poissonnière, n. 40 : Liquide remplaçant l'huile et l'essence.

2658 *Delondre*, à Nogent (Marne) : Cyanure et Bleu bon teint.

Nos MM.

2659 *Milori*, à Paris, rue de la Poterie-des-Arcis, n. 20 : Couleurs sèches, en pâtes et vernies.

2660 *Ferrand*, à Paris, rue Mongalet, n. 7 : Couleurs fines.

2661 *Colcombe Bourgeois*, à Paris, quai de l'École n. 18 : Couleurs fines.

2662 *Mondher* et *Le Capitaine*, à Paris, rue Jean-Pain-Mollet, n. 24 : Échantillons de couleurs.

2663 *Fontrouge*, à Paris, rue Rousselet-Saint-Germain, n. 14 : Briques nouvelles dites métopes.

2664 *Morel*, à Paris, Ile-Saint-Louis, n. 4 : Faïence.

2665 *Malbec*, à Paris, rue Mademoiselle, n. 4 : Pipes turques.

2666 *Decaen* et *Comp.*, à Paris, rue Saint-Denis, n. 80 : Porcelaine anglaise.

2667 *Marrel*, à Paris, passage Saulnier, n. 6 : Vitreaux de couleurs et blancs.

2668 *Billard*, à Paris, rue Neuve-Ménilmontant, n. 15 : Peinture vitrifiée sur verre.

2669 *Guionnet*, à Paris, rue Amelot, n. 10 : Sculpture.

2670 *Deschamps*, à Paris, rue de Chabrol, n. 17 : Ornements en carton pierre.

2671 *Guillaume*, à Paris, Chemin-des-Dames, n. 7, à la barrière Blanche : Carton pierre, Candelabres.

2672 *Profilet*, à Paris, rue Royale, n. 8 : Découpures en marqueterie, Pendules.

2673 *Berg*, à Paris, rue Saint-Antoine, n. 193 : Ébénisterie.

2674 *Chassang*, à Paris, rue du Cherche-Midi, n. 108 : Parquets, Carrelage à languettes mécaniques.

2675 *Mazeron* et *Comp.*, à Paris, rue Ménilmontant, n. 86 : Machine à vapeur.

2676 *Bercher*, à Paris, rue de Bourgogne, n. 40 : Tapisserie, Fauteuils, etc.

2677 *Bonnemain*, à Paris, rue de Suresne, n. 23 : Fauteuils de voyage.

2678 *Bellangé* fils, à Paris, rue des Marais, faubourg Saint-Germain, n. 33 : Ébénisterie.

2679 *Petit*, à Paris, rue de la Cité, n. 19 : Nécessaires de voyage et toilette de femmes.

2680 *Bégue*, à Paris, rue Montholon, n. 24 : Appareils nouveaux pour renfermer le lait.

2681 *Morisot*, à Paris, rue de l'Égout, n. 16 : Moulures en tout genre pour le bâtiment.

2682 *Geiseler*, à Paris, place Royale, n. 12 : Ébénisterie.

2683 *Malenfant*, à Paris, rue Neuve-Samson, n. 2 : Dessins pour objets en bronze.

N^s MM.

2684 *Chebeaux*, à Paris, rue du Croissant, n. 10 : Dessins pour les manufactures.

2685 *Fay*, à Paris, quai de la Grève, n. 12 : Dessins de tapis, Dentelles, etc., damassés.

2686 *Lacrampe* et *Comp.*, à Paris, rue Damiette, n. 2 : Typographie.

2687 *Duval*, à Paris, rue des Martyrs, n. 23 : Atlas universel des sciences.

2688 *Quiney*, à Paris, rue du Ponceau. n. 28 : Traité de comptabilité.

2689 *Panckoucke*, à Paris, rue des Poitevins, n. 14 : Livres.

2690 *Busset*, à Paris, rue de la Chaussée-d'Antin, n. 27 *bis* : Impression de la musique par des caractères mobiles.

2691 *Gauchard*, à Paris, rue de Sèvres, n. 129, faubourg Saint-Germain : Imprimerie en couleurs.

2692 *Audot*, à Paris, rue du Paon, n. 8 : Librairie.

2693 *Megret*, à Paris, rue Notre-Dame-de-Lorette, n. 29 : Cartes géographiques.

2694 *Letort*, à Paris, rue Croix-des-Petits-Champs, n. 52 : Gravure sur métaux :

2695 *Mantois* (madame), à Paris, rue du Pot-de-Fer-Saint-Germain, n. 14 : Figures d'anatomie coloriées.

2696 *Adorni*, à Paris, rue de la Barouillère, n. 6 : Machine tranographique.

2697 *Lardière*, à Paris, rue Louis-le-Grand, n. 35 : Reliures.

2698 *Morize*, à Paris, rue Transnonain, n. 12 : Modelures en cire et terre pour bijouterie.

2699 *Desrosiers*, à Paris, faubourg Saint-Martin, n. 18 : Bustes en cire et autres ouvrages.

2700 *Susse* frères, à Paris, place de la Bourse, n. 7, 8 : Bronzes, Papeteries, Porcelaines, etc.

2701 *Frappier*, à Paris, rue Sainte-Croix-de-la-Bretonnerie, n. 25 : Tableaux, Pendules.

2702 *Thilorier*, à Paris, place Vendôme, n. 31 : Nouvelle lampe hydrostatique.

2703 *Chatel*, à Paris, rue des Trois-Pavillons, n. 18 : Lampes Carcel, Lustres.

2704 *Cordier*, à Paris, rue des Gravilliers, n. 10 : Lampes et Bronzes.

2705 *Gotten*, à Paris, place des Victoires, n. 1 : Bronze, Horlogerie, Lampes mécaniques.

2706 *Laurens*, à Paris, rue des Fossés-Montmartre, n. 12 : Lampes, Objets d'invention.

2707 *Chabrié*, à Paris, rue de la Monnaie, n. 9 : Lampes et Bronzes.

2708 *Lalande*, à Paris, rue du Roule, n. 10 : Lampes, Lustres d'église.

N°s MM.

2709 *Nagelen*, à Paris, rue Pastourelle, n. 32 : Lanternes de voiture.

2710 *Decourt*, passage Choiseul, n. 28 et 30 : Lampes mécaniques.

2711 *Roger*, à Paris, rue de Surennes-Saint-Honoré, n. 25 : Fourneaux, Calorifères.

2712 *Fournier*, à Paris, rue Saint-Laurent, n. 4 : Foyers économiques en fonte.

2713 *Soudan* fils, à Paris, rue de la Verrerie, n. 97 *bis* : Fourneau pour la fabrication du café-chicorée-moka.

2714 *Darche* (madame veuve), à Paris, rue Charlot, n. 4 : Poêles économiques pour blanchisseurs.

2715 *Liré*, à Paris, rue de l'Arbre-Sec, n. 42 : Fourneaux économiques et Appareils culinaires.

2716 *Irroy*, à Paris, rue de Marivaux, n. 3 : Appareils de chauffage, éclairage.

2717 *Clamorgan*, à Paris, rue Vivienne, n. 57 : Éventails.

2718 *Fayard*, à Paris, rue Montholon, n. 18 : Clysobols (Seringue-pompe).

2719 *Boignes*, à Paris, rue Saint-Lazare, n. 85 : Chaudronnerie.

2720 *Reclus* et *Carville*, à Paris, rue des Arcis, n. 2 : Nouvelle Seringue dite Hemeroclyde.

2721 *Feuillatre*, à Paris, rue Croix-des-Petits-Champs, n. 39 : Garde-robes inodores.

2722 *Astorquiza* (*Barthélemy*), à Paris, rue Saint-Pierre-Amelot, n. 18 : Billards.

2723 *Ardisson*, à Belleville (Seine), rue des Couronnes, n. 5 : Billards.

2724 *Laisné*, à Paris, esplanade des Invalides, n. 18 : Modèles de machines.

2725 *Schutzenberger*, à Paris, rue du Nord, n. 8 : Câbles pour la marine, Tuyaux élastiques à ressorts métalliques pour opérations chirurgicales.

2726 *Guérin*, à Paris, rue de l'École-de-Médecine, n. 9 : Préparations pour l'ostéologie et l'anatomie.

2727 *Lachaud*, à Paris, rue Neuve-Saint-Eustache, n. 30 : Habillement de chasse.

2728 *Houssay*, à Neuilly (Seine), rue de Seine, n. 107 : Appareils pour dompter les chevaux.

2729 *Institution royale des Jeunes Aveugles*, à Paris, rue Saint-Victor, n. 68 : Vannerie, Tisseranderie, Tapisserie, etc.

2730 *Bienvenu*, à Paris, rue Taitbout, 5 : Corps mécaniques pour essayer les robes.

2731 *Taupier*, à Paris, rue de Monsigny, n. 6 : Méthode d'écriture.

2732 *Rouget*, à Paris, rue Neuve-Saint-Georges, n. 5 : Appareils de sauvetage dans les incendies.

N°s MM.

2733 *Rabon*, à Paris, rue de la Paix, n. 4 : Appareil de sauvetage dans les incendies.

2734 *Ducros*, à Garchizy (Nièvre) : Une Charrue à la Dombasle perfectionnée.

2735 *Bache-Mallet*, *Dietz* et *Comp.*, à Clermont-Ferrand (Puy-de-Dôme) : Une Pièce de toile tissée à la mécanique.

2736 *Gorce-Ferru*, à Riom (Puy-de-Dôme) : Coupons de coutil provenant des ateliers de la maison centrale de Riom.

2737 *Fleury* (*Édouard*), à Brest (Finistère) : Papiers, Toiles et autres Tissus tirés des végétaux rendus incombustibles.

2738 *Souchon* (*Théodore*), à Brest (Finistère) : Soufflet de forge, métallique et à vent continu.

2739 *Ollivier* (*Désiré*), à Landernau (Finistère) : Pipes bretonnes.

2740 *Le Mazurier* (*Paul*) : à Brest (Finistère) : Nouveau modèle de lampe.

2741 *Le Gluen-Kernezon*, à Brest (Finistère) : Grand et petit Sécateur de jardinier, modèle d'avant-train.

2742 *Chevillotte* (*Alexandre*) : à Brest (Finistère) : Cuirs de veau, cirés, blancs, Tiges noires, cirées et blanches.

2743 *Mayeux* (*Joseph*), à Lannilis (Finistère) : Sabots vernis.

2744 *Legendre* (*Victor*), à Brest (Finistère) : Lampes Carcel perfectionnées, Marteaux de ferblantiers et Cisailles.

2745 *Lairan* (*Charles*), à Brest (Finistère) : Modèle de guindeau.

2746 *Michel* (*Guillaume*), à Lambezellec (Finistère) : Nouveau modèle de croisée préservant les appartements des eaux pluviales, et modèle de télégraphes à satellites.

2747 *Belhommet* (madame veuve) et fils, à Landernau (Finistère) : Chandelles de deuxième qualité de douze au kilo.

2748 *Trupel* (*Joseph*), à Brest (Finistère) : Treuil manœuvré par un levier (nouveau modèle).

2749 *Paugam* (*René-Auguste*), à Brest (Finistère) : Échantillon de laine lavée et peignée.

2750 *Guézénec* et *Morot*, à Brest (Finistère) : Modèle de lit mécanique.

2751 *Hamel* (*Auguste*), à Brest (Finistère) : Chapeaux vernis.

2752 *Huau* (*Louis*), à Brest (Finistère) : Instruments de chirurgie.

2753 *Kermarec* (*Léonard-Joseph*), à Brest (Finistère) : Modèles d'échelle de lançoir, de tonneau, de sceau sans couture pour incendie, modèle de machine à battre la terre pour la poterie. Médaille de bronze en 1823 ; Médailles d'argent en 1827 ; Rappel en 1834.

2754 *Cerf Mayer*, à Brest (Finistère) : Toiles chinées, Tapis de pied imprimé, Toile noire drapée, écarlate, et Tablier pour nourrice. Médaille de bronze en 1834.

N^os MM.

2755 *Crouan* (*Germain*), à Brest (Finistère) : Planche en cail-cédra, couverte de peinture et vernis.

2756 *Guingant* (*Jean-Pierre*), à Brest (Finistère) : Modèle de bateau mécanique.

2757 *Muller*, à Brest (Finistère) : Poudre dite café substantiel.

2758 *Painchant* (*François*), à Lambezellec (Finistère) : Ridage à crémaillères à l'usage de la marine.

2759 *Violette* (*François*), à Brest (Finistère) : Linéagraphe dont un en cuivre et l'autre en étain.

2760 *Touboulic* (*Pierre-Marie*), à Brest (Finistère) : Sillomètre à marche et à recul (nouveau modèle). Mention honorable en 1834.

2761 *Michel* et *Lebreton*, à Quimper (Finistère) : Cuirs divers, jusés, lissés, en croûte, cirés et corroyés.

2762 *Bélignic* et *Lavigne*, à Quimper (Finistère) : Un Valet d'établi à genoux, avec une allonge formant serre-joints.

2763 *Lenormant*, à Loc-Tudy (Finistère) : Machine à laver la pomme de terre pour la confection de la fécule.

2764 *Bernard-Manceaux*, à Quimper (Finistère) : Coffret en marqueterie incrusté d'ivoire, de nacre et de cuivre.

2765 *Daulce*, à Quimper (Finistère) : Vélocipède (nouveau modèle).

2766 *Le Marié*, à Ergué-Gabéric, près de Quimper (Finistère) : Papier de tenture et Papier cloche.

2767 *Béléguic*, à Quimper (Finistère) : Coupe-racine.

2768 *Delahubaudière* jeune, à Quimper (Finistère) : Un Filtre en grès.

2769 *Talabot* et *Comp.*, à Saint-Juery (Tarn) : Faux sans talons, Acier corroyé, Aciers étirés pour taillanderie, coutellerie, lames de papeterie, ressorts de voiture, pour coutellerie fine, rasoirs, etc. Médaille d'or en 1834.

2770 *Pellé*, à Lorient (Morbihan) : Pistolets sans batterie apparente et à sous-garde à répercussion renfermée dans une boîte, contenant également un petit maillet en buis, une baguette du même bois et un moule à balles.

2771 *Roullin*, à Pontivy (Morbihan) : Un Cuir de bœuf.

2772 *École* (l') *royale d'arts et métiers de Châlons-sur-Marne* : Modèles de métier à filer, de défeutreur double, simple, de petite réunion, bobinoir, de machine à vapeur, de presse hydraulique, de pompe aspirante et foulante à jet continu ; six Dessins de machines. Médaille d'argent en 1834.

2773 *Picot*, à Paris, rue Saint-Martin, n. 291 : Teinture et Nettoyage d'étoffes.

2774 *Depaige* (madame), à Paris, cour du Palais-de-Justice, n. 16 : Blanchissage et Teinture de blondes et dentelles.

2775 *Société* (la) *imbéroléofuge*, à Paris, rue Geoffroy-l'Angevin, n. 7 : Chapellerie.

N°s NM.

2776 *Société* (la) *de l'apprêt hydrofuge*, à Paris, rue Neuve-Saint-Roch, n. 16 : Apprêt pour rendre les étoffes imperméables.

2777 *Monier*, à Paris, rue Montesquieu, n. 8 : Chapellerie.

2778 *Frick*, à Paris, rue de la Paix, n. 9 : Teinture, Nettoyage et Apprêt.

2779 *Gibus*, à Paris, rue Vivienne, n. 20 : Chapeaux mécaniques.

2780 *Bouillant*, à Paris, rue du Faubourg-Saint-Antoine, n. 325 : Étoffes et Tissus imperméables.

2781 *Malet* (madame), à Paris, rue Saint-Honoré, n. 357 : Cachemires, Dentelles, Blondes.

2782 *Poinsot*, à Paris, rue Sainte-Avoye, n. 57 : Chapeaux de paille et Cabas.

2783 *Victor* (madame), à Paris, rue du Caire, n. 29 : Blanchissage de blondes et dentelles.

2784 *Duchêne*, à Paris, rue Geoffroy-Langevin, n. 7 : Chapellerie.

2785 *Chenard* frères, à Paris, rue Sainte-Avoye, n. 41 : Chapellerie.

2786 *Carrier*, à Paris, passage Pecquet, n. 11 : Chapellerie.

2787 *Monain*, à Paris, rue Saint-Honoré, n. 181 : Coiffure en cheveux.

2788 *Jay*, à Paris, rue de Soly, n. 8 : Chapellerie.

2789 *Huault*, à Paris, rue des Ménestriers, n. 6 : Teinture de chapeaux de feutre.

2790 *Binet*, à Paris, rue des Jeûneurs, n. 3 : Tapisserie à l'Aiguille.

2791 *Lindsay Ormsby*, à Paris, rue Caumartin, n. 29 : Stores pour croisées et voitures.

2792 *Beaudouin*, à Paris, rue de la Cité, n. 8 : Chaussons en tresse.

2793 *Baj* frères, à Paris, rue du Plâtre-Sainte-Avoye, n. 12 : Chapellerie.

2794 *Souchard*, à Paris, sue Castiglione, n. 4 : Perruques à la mécanique.

2795 *Sterlingue* et *Comp.*, à Paris, rue Mouffetard, n. 321 : Corroyerie.

2796 *Zegelaar*, à Paris, rue de la Corderie, n. 1 : Cire à cacheter.

2797 *Béranger*, à Paris, rue Saint-Jacques, n. 22 : Encre indélébile.

2798 *Durand*, à Paris, rue du Petit-Thouars, n. 20 : Gauffrage de papiers.

2799 *Fournier*, à Montmartre, chaussée de Clignancourt, n. 38 (Seine) : Tuyaux mobiles.

2800 *Bavozet* frères, à Paris, rue Saint-Étienne-Bonne-Nouvelle, n. 15 : Pendules en bronze et dorées.

2801 *Willemsens*, à Paris, rue Sainte-Avoye, n. 57 : Bronzes, Dorures.

2802 *Lecocq*, à Paris, rue de Harlay, n. 2, au Marais : Ornements en cuivre estampés.

2803 *Courtois*, à Paris, rue Saint-Lazare, n. 142 : Châssis à tabatière en métal.

N°s MM.

2804 *Vacoulin*, à Paris, rue de l'Université, n. 108 : Rampes en fer,

2805 *Letestu*, à Paris, rue des Vieilles-Audriettes, n. 4 : Serrurerie, Pompes, etc.

2806 *Dulché* et *Piet*, à Paris, rue Saint-Bernard, faubourg Saint-Antoine, n. 21 : Machine-liquéfacteur à battre le blé.

2807 *Leclerc*, à Paris, quai Bourbon, n. 15 : Tabatières, Compteurs.

2808 *Purée-Hubert*, à Paris, rue Bourtibourg, n. 12 : Instruments de mathématiques.

2809 *Chavanis*, à Paris, rue des Deux-Portes-Saint-Sauveur, n. 26 : Instruments pour prendre le niveau de la surface sur l'eau.

2810 *Chauvin*, aux Batignoles, rue des Dames, n. 38 : Instruments de géométrie.

2811 *Brunner*, à Paris, rue des Bernardins, n. 34 : Instruments de mathématiques et d'optique.

2812 *Margoz*, à Paris, rue de Ménilmontant, n. 21 : Tours en tous genres.

2813 *Fourneaux*, à Paris, rue du Petit-Reposoir, n. 6 : Orgues, Pianos, Accordéons.

2814 *Blandin*, à Paris, rue de Charenton, n. 179 : Vinaigre de melasse.

2815 *Bignon*, à Paris, rue des Gravilliers, n. 54 : Vernis.

2816 *Etard*, à Paris, rue Pagevin, n. 4 : Emballage et Articles de voyage.

2817 *Drescher*, à Paris, rue du Roi-de-Sicile, n. 25 : Ébénisterie.

2818 *Cremer*, à Paris, rue de l'Entrepôt, au Marais, n. 29 : Marqueterie.

2819 *Jolly*, à Paris, rue du Faubourg-Saint-Antoine, n. 38 : Ébénisterie.

2820 *Règle*, à Paris, rue Saint-Antoine, n. 181 : Ébénisterie.

2821 *Poulin*, à Paris, rue du Faubourg-Saint-Antoine, n. 55 : Ébénisterie.

2822 *Loiseau*, à Paris, rue Beaubourg, n. 53 : Formes pour la chapellerie.

2823 *Glaize*, à Paris, rue de la Fidélité, n. 11 : Chaises roulantes.

2824 *Klein*, à Paris, rue du Faubourg-Saint-Antoine, n. 110 : Ébénisterie.

2825 *Bailly*, à Paris, rue du Faubourg-Saint-Antoine, n. 52 : Ébénisterie.

2826 *Servais*, à Paris, rue des Beaux-Arts, n. 9 : Dorure sur meubles sculptés.

2827 *Bonnet*, à Paris, rue Plumet, n. 4 *bis* : Tableaux chronologiques.

2828 *Remiot*, à Paris, rue de l'Arbre-Sec, n. 6 : Encadrement et nettoyage de gravure.

2829 *Lessore*, à Paris, boulevart Pigale, n. 8 : Lithographie en couleur.

N°s MM.

2830 *Schenetz*, à Paris, rue Git-le-Cœur, n. 5 : Gravure sur pierre lithographique.

2831 *Prugneaux*, à Paris, rue du Faubourg-Saint-Martin, n. 136 : Chevalet mécanique.

2832 *Carpentier*, à Paris, rue Saint-Maur, n. 70 : Cheval modèle.

2833 *Thibierge*, à Paris, rue Vide-Gousset, n. 4 : Perruques.

2834 *Cleroille*, à Paris, rue Montorgueil, n. 84 : Perruques.

2835 *Fichot*, à Paris, passage de l'Opéra, n. 1 : Perruques.

2836 *Richard*, à Paris, galerie de Valois, n. 179 : Perruques.

2837 *Lemonnier*, à Paris, rue du Coq-Saint-Honoré, n. 13 : Dessin en cheveux.

2838 *Bailly*, à Paris, rue du Petit-Carreau, n. 35 : Chapellerie.

2839 *Rolland*, à Paris, rue Caumartin, n. 34 : Perruques.

2840 *Croquart*, à Paris, rue Montmartre, 132 : Perruques.

2841 *Normandin*, à Paris, rue Neuve-des-Petits-Champs, n. 5 : Perruques.

2842 *Lefèvre*, à Paris, rue Notre-Dame-de-Recouvrance, n. 20 : Ouvrages en cheveux.

2843 *Regner*, à Paris, passage Véro-Dodat, n. 6 : Perruques.

2844 *Cocquelet*, à Paris, rue Saucède, n. 13 : Articles en cheveux.

2845 *De Rémy*, à Paris, rue du Faubourg-du-Temple, n. 79 : Écrans.

2846 *Josselin*, à Paris, rue du Ponceau, n. 2 : Corsets mécaniques.

2847 *Zahn* (madame), à Paris, rue Choiseul, n. 3 : Corsets.

2848 *Barreau*, à Paris, passage de l'Opéra, galerie de l'Horloge, n. 8 : Serre-coulisse pour gilets et pantalons.

2849 *Thorel* (madame), à Paris, rue Neuve-Saint-Roch, n. 21 : Corsets.

2850 *Flamet*, à Paris, rue des Arcis, n. 23 et 25 : Bretelles, Jarretières, etc.

2851 *Poisson*, à Paris, quai Malaquais, n. 9 : Corsets sans épaulettes.

2852 *Demarne*, à Paris, rue Croix-des-Petits-Champs, n. 39 : Cols-cravates.

2853 *Bocgueville*, à Paris, rue Neuve-des-Petits-Champs, n. 69 : Corsets.

2854 *Haffener* (madame), à Paris, rue du Faubourg-Saint-Honoré, n. 5 : Corsets.

2855 *Brune* aîné, à Paris, rue de Richelieu, n. 35 : Cols-cravates.

2856 *Madis*, à Paris, cloître Saint-Benoît, n. 2 : Corsets.

2857 *Lecouvey*, à Paris, rue Grenétat, n. 41 : Biberons à pompe.

2858 *Pousse*, à Paris, rue Montmartre, n. 171 : Corsets.

2859 *Puechjean* (madame), à Paris, rue de Grenelle-Saint-Honoré, n. 29 : Corsets.

860 *Huret*, à Paris, passage Saucède, n. 29 : Cols et Cravates.

N°ˢ MM.

2861 *Frotté*, à Paris, rue du Faubourg-Montmartre, n. 4 : Cols et Cravates.

2862 *Longueville*, à Paris, rue Vivienne, n. 49 : Chemises perfectionnées.

2863 *Thorel*, à Paris, rue du Faubourg-Montmartre, n. 8 : Chemises.

2864 *Leroy* (madame), à Paris, place Vendôme, n. 25 : Corsets.

2865 *Pierret* et *Lami-Housset*, à Paris, rue de Richelieu, n. 95 : Chemises pour hommes.

2866 *Pichard* (madame), à Paris, rue Laffitte, n. 23 : Corsets.

2867 *Villermot*, à Paris, rue Grange-Batelière, n. 1 : Cols et Cravates.

2868 *Farrow* (madame), rue du 29 Juillet, n. 1 : Corsets.

2869 *Berté*, à Paris, rue Saint-Honoré, n. 294 : Corsets.

2870 *Renaudot*, à Paris, rue de Grenelle-Saint-Germain, n. 24 : Plomberie, Fontainerie.

2871 *Boutet* et *Gresser*, à Paris, rue des Trois-Bornes, n. 26 : Garde-robes inodores.

2872 *Descayrac*, à Paris, rue de Malte, n. 10 : Billards.

2873 *Poulet*, à Paris, passage de l'Ancre, n. 12 : Bandages pour hommes.

2874 *Hattute*, à Paris, rue des Petits-Pères, n. 5 : Dents minérales.

2875 *Verdier*, à Paris, rue Neuve-des-Petits-Champs, n. 6 : Instruments de chirurgie.

2876 *Bergeron*, à Paris, passage du Grand-Cerf, n. 44 : Appareils orthopédiques.

2877 *Désirabode*, à Paris, Palais-Royal, n. 154 : Dents artificielles.

2878 *Delmont*, à Paris, rue de Bussy, n. 17 : Dents artificielles.

2879 *Couville*, à Paris, rue des Arcis, n. 2 : Instruments de chirurgie en gomme élastique.

2880 *Benoist*, à Paris, rue de Sèvres, n. 3 : Dents artificielles.

2881 *Wickham*, à Paris, rue Saint-Honoré, n. 275 : Bandages herniaires.

2882 *Lafond*, à Paris, rue Vivienne, n. 23 : Bandages herniaires.

2883 *Manin* fils, à Paris, rue Mauconseil, n. 4 : Bandages à pelotes en caoutchouc.

2884 *Barbeu*, à Paris, rue Montmartre, n. 58 : Serrurerie, Indicateur remplaçant les sonnettes.

2885 *Bertèche Bonjean* jeune et *Chesnon*, à Sédan (Ardennes) : Draps divers, Casimirs, Satins, Piqués.

2886 *Labrosse* et *Comp.*, à Sédan (Ardennes) : Draps, Vigogne vert russe.

2887 *Testard* et *Métayer*, à Clairvaux (Aube) : Calicots écrus, Coutils fougère, russe ; Cretonne pour doublures, Serviettes écrues, œil de perdrix.

2888 *Dupreuil*, à Pouy (Aube) : Échantillons de laine lavée provenant de ses troupeaux. Médaille d'argent en 1834.

Nos NM.

2889 *Pinguet*, à Frainel (Aube) : Fleurs sculptées, France allégorique, Nécessaires.

2890 *Godet-Huchard*, à Troyes (Aube) : Plaques à coton, 35 pouces, n. 24 ; à laine double chaînette, bouté en ligne *dito*, à différents numéros ; Ruban pour coton et pour laine de plusieurs longueurs.

2891 *Gennevois (Jean-Baptiste)*, à Troyes (Aube) : Bas d'enfants en laine et en coton, Chaussettes d'hommes en coton, Gants de femme fil d'Écosse, fabriqués sur le métier ; Mitaines à côtes, Bas de femmes en coton écru et fin.

2892 *Pitancier* et *Martin*, à Troyes (Aube) : Pantalons unis, bourre de cachemire, à côtes, pluche double en tricot, bas de jambes à étriers, Robe guillochée ; Manches, Pantalons de femmes, Caleçons de bain, Brassières à côtes, Maillots, Camisoles à côtes, unies, bourre cachemire piquée, Caleçons de femmes bourre cachemire, Manches à côtes unies pour femmes, Gilets à boutons d'os pour chasseurs, Jupons à côtes, en tulle piqué, Bas de femmes blancs fins, fils d'Écosse à jours, au poinçon, écrus, moulinés, de diverses couleurs, Bas d'hommes gris, bleu barbeau, écrus, bleu foncé, Gants de femmes coupés.

2893 *Dupont-Chretiennot*, à Troyes (Aube) : Finette écrue à poils, Coutil rayé bleu, croisé rayé cachoux, uni, à carreaux, bleu mouliné, à grandes raies, mouliné.

2894 *Massin*, à Vaudepart, commune de Villeloup (Aube) : Échantillons de laine provenant de ses troupeaux.

2895 *Beleurgey*, à Troyes (Aube) : Bride-licou de guerre ou de chasse, à têtière unique et universelle ; Fusil de chasse dit *Beleurgey*, Poudrière dite sans frottements, un Sac à Plomb, deux Traîneaux à glace, un Étau parallèle et de précision et forerie adaptive, Lunette dite universelle, un Tour en l'air, Mandrins de tour, Robinet hermétique incrochetable, Schakos de forme nouvelle, Volutrace.

2896 *Benoit*, à Troyes (Aube) : Pressoir à vin et petit Pressoir pour les pharmaciens. Médaille de bronze en 1834, sous la raison sociale François Jeune et Benoit.

2897 *Feugé-Fessard*, à Troyes (Aube) : Couvertures et Couvre-pieds piqués, à rosaces et autres.

2898 *Frézon* jeune, à Paris, rue Saint-Victor, n. 65, 67 : Teinture en tous genres.

2899 *Faure* fils aîné, à Paris, rue des Orfèvres, n. 2 : Filature, Teinture sur laines filées.

2900 *Hankin*, à Paris, rue de Buffaut, n. 2 : Stores et Écrans.

2901 *Boucher* et *Dauvers*, à Paris, rue Sainte-Avoie, n. 32 : Chapellerie.

2902 *Flanneau*, à Paris, rue de Beaune, n. 7 : Cuirs et Rasoirs.

2903 *Griffon* (madame), à Paris, rue Neuve-de-Chabrol, n. 7 : Dégraissage des étoffes de soie.

N° MM.

2904 *Daiguebelle*, à Paris, rue Notre-Dame-des-Champs, n. 55 : Cuirs en tous genres.

2905 *Lioche*, à Paris, rue Meslay, n. 4 : Portefeuille de poche.

2906 *Hébert*, à Paris, rue Saint-Louis, n. 9, au Marais : Bottes et Souliers.

2907 *Deschamps*, à Paris, galerie d'Orléans, Palais-Royal, n. 14 : Bottes et Souliers.

2908 *Modot*, à Paris, passage Choiseul, n. 33 : Bottes et Souliers.

2909 *Weiss*, à Paris, rue Montorgueil, n. 11 : Chaussures pour dames.

2910 *Bridard*, à Paris, rue Neuve-Saint-Marc, n. 7 : Chaussures hygiéniques.

2911 *Varigar*, à Paris, rue des Saints-Pères, n. 65 : Chaussure cerioclave.

2912 *Siber*, à Paris, rue du Mail, n. 32 : Chapeaux de paille.

2913 *Aubert*, à Paris, rue du Faubourg-Saint-Antoine, n. 145 : Sabots.

2914 *François*, à Paris, rue de Grenelle-Saint-Honoré, n. 38 : Bottes.

2915 *Jacquet* et *Comp.*, à Paris, rue de Charonne, n. 88 : Souliers à la mécanique.

2916 *Jurisch* et *Comp.*, à Paris, rue de Surêne, n. 23 : Semelles chevillées mobiles.

2917 *Guéroult*, à Paris, passage des Vignes, n. 10 : Moellons et Briques.

2918 *Duval*, à Issy, hameau du Brave-Homme, n. 1 : Pierres artificielles.

2919 *Aulnette* et *Comp.*, à Paris, quai Jemmapes, n. 182 : Brai et Mastic bitumineux.

2920 *Debray* et *Comp.*, à Paris, rue du Faubourg-Saint-Denis, n. 93 : Goudron minéral.

2921 *Verreaux*, à Paris, rue Jean-Robert, n. 26 : Toitures en zinc.

2922 *Bordon*, à Paris, rue Coquenard, n. 44 : Appareil pour les vitraux.

2923 *Coquet*, à Paris, rue Cadet, n. 18 : Cuvette dite *Vase-filtre*.

2924 *Aurès*, à Paris, rue Mauconseil, n. 20 : Bijouterie en perles fines.

2925 *Aubril*, à Paris, Palais-Royal, n. 139 : Rasoirs et Cuirs.

2926 *Renard*, à Paris, rue Neuve-des-Petits-Champs, n. 19 : Coutellerie.

2927 *Lanne*, à Paris, rue du Temple, n. 42 : Rasoirs et Cuirs.

2928 *Auger*, à Paris, quai de la Mégisserie, n. 72 : Serrurerie.

2929 *Chapon*, à Paris, quai de la Gare-d'Ivry, n. 6 : Haute serrurerie.

2930 *Bainée*, à Paris, rue des Boulangers-Saint-Victor, n. 22 : Lits en fer et Cisailles.

2931 *Dutartre*, à Paris, avenue de Saxe, n. 24 : Machines typographiques.

2932 *Rouffet*, à Paris, rue de Perpignan, n. 8 : Tours, Meules, Étaux.

N^os MM.

2933 *Gierlini*, à Paris, rue Saint-Thomas-du-Louvre, n. 36 : Métier pour le tissage des soies.

2934 *Bernard* et *Bonne*, à la Chapelle-Saint-Denis, rue de la Goulle-d'Or, n. 43 : Machines nouvelles pour diviser et tailler les écrous.

2935 *Piot*, à Paris, rue de Choiseul, n. 1 : Châssis en fer dit *à simple ornière*.

2936 *Neville* et *Nash*, à Paris, rue Laffitte, n. 15 : Nouveau système de pont.

2937 *Blondeau*, à Paris, rue de la Paix, n. 19 : Montres, Chronomètres, etc.

2938 *Lemarquant*, à Paris, rue du Faubourg-Saint-Denis, n. 65 : Horlogerie.

2939 *Junot*, à Paris, rue Ménilmontant, n. 94 : Balances à bascule.

2940 *Delaborne*, à Paris, rue Saint-Honoré, n. 272 : Instruments d'optique.

2941 *Lory* père, à Paris, rue Boucherat, n. 34 : Horlogerie.

2942 *Lhomond*, à Montmartre, rue du Chemin-Neuf, n. 7 : Moteur pour voitures.

2943 *Blanchetière*, à Paris, rue du Hasard, n. 1 : Compas métrique.

2944 *Cournot*, à Paris, rue de Vaugirard, n. 96 : Machines électriques.

2945 *Fressoz* et *Comp.*, à Paris, rue du Sentier, n. 18 : Pianos.

2946 *Antoine*, à Paris, rue de Bellièvre, n. 4 : Dessiccation des bois.

2947 *Cartier* fils et *Grieu*, à Paris, rue du Chaume, n. 17 : Produits chimiques.

2948 *Albert*, à Paris, rue Neuve-Saint-Laurent, n. 8 : Produits chimiques.

2949 *Monpelas*, à Paris, rue Saint-Martin, n. 129 : Parfumerie.

2950 *Violet*, à Paris, rue Saint-Denis, n. 185 : Parfumerie.

2951 *Oger*, à Paris, rue Culture-Sainte-Catherine, n. 17 : Parfumerie.

2952 *Vignerie*, à Paris, rue Saint-Denis, n. 243 : Parfumerie.

2953 *Renaud* et *Comp.*, à Paris, rue Bourg-l'Abbé, n. 41 : Parfumerie.

2954 *Prevost*, à Paris, rue de Richelieu, n. 51 : Parfumerie.

2955 *Gellée* frères, à Paris, rue des Vieux-Augustins, n. 25 : Parfumerie.

2956 *Salivet*, à Paris, rue de Sèvres, n. 2 : Eau de Cologne.

2957 *Legrand*, à Paris, rue Saint-Martin, n. 230 : Parfumerie.

2958 *Dubois*, à Paris, rue des Lombards, n. 21 : Eau de Cologne.

2959 *Blondeaux*, à Paris, rue Bourg-l'Abbé, n. 10 : Savonnerie fine.

2960 *Lagoutte*, à Paris, rue Bourg-l'Abbé, n. 20 : Parfumerie.

2961 *Raybaud*, à Paris, rue Saint-Denis, n. 125 : Parfumerie, Amidon, Moutarde.

2962 *Martin*, à Paris, rue des Vieux-Augustins, n. 37 : Parfumerie.

N°s MM.

2963 *Prieur*, à Paris, faubourg du Temple, n. 109 : Conserves alimentaires.

2964 *Montfort*, à Paris, rue de l'Université, n. 108 : Cirages.

2965 *Pigeault*, à Paris, rue des Vieux-Augustins, n. 53 : Cirage di *Hélichrone*.

2966 *Jouve*, à Paris, rue Neuve-Samson, n. 8 : Rouge végétal.

2967 *Vellard*, à Paris, rue Saint-Denis, n. 390 : Vernis.

2968 *Contamine*, à Paris, rue des Billettes, n. 13 : Couleurs diverses.

2969 *Meynadier*, à Mont-Rouge, Grande-Rue, n. 32 : Oxyde de cuivre.

2970 *Lebordais*, à Paris, rue de Charenton, n. 96 : Vernis.

2971 *Debourges*, à Paris, rue de Fleurus, n. 10 : Vernis.

2972 *Lesage*, à Paris, rue Montmartre, n. 32 : Cirage.

2973 *Thierry*, à Paris, rue Maison-Neuve, n. 17 : Modèles d'architecture.

2974 *Royer*, à Paris, rue Saint-Antoine, n. 23 : Ébénisterie.

2975 *Werner*, à Paris, rue de Grenelle-Saint-Germain, n. 108 : Ébénisterie.

2976 *Dumont*, à Paris, rue de Harlay au Marais, n. 6 : Ébénisterie.

2977 *Gallet*, à Paris, rue de la Grande-Truanderie, n. 5 : Tabletterie.

2978 *Boinville*, à Paris, rue de Bièvre, n. 38 : Ustensiles pour l'imprimerie.

2979 *Conpan*, à Paris, rue de Choiseul, n. 6 : Peintures en armoiries.

2980 *Kamuller*, à Paris, rue des Deux-Écus, n. 5 : Impressions en couleurs.

2981 *Vallet*, à Paris, rue Hauteville, n. 6 : Impressions translucides.

2982 *Paris*, à Paris, passage Choiseul, n. 25 : Perruques.

2983 *Mailly*, à Paris, rue Saint-Martin, n. 149 : Perruques.

2984 *Courcelle*, à Paris, rue Beaubourg, n. 44 : Lustres.

2985 *Maxant*, à Paris, rue de la Roquette, n. 68 : Appareils contre la fumée.

2986 *Chabrerat*, à Paris, rue de la Tour-du-Temple, n. 18 *bis* : Appareils contre la fumée.

2987 *Mauger*, à Grenelle, rue de la Vierge : Fourneaux économiques.

2988 *Croisat*, à Paris, rue de l'Odéon, n. 33 : Brosserie.

2989 *Marot*, à Paris, rue Saint-Denis, n. 331 : Parapluies et ombrelles.

2990 *Hamelaerts*, à Paris, rue Saint-Sauveur, n. 24 : Parapluies et Ombrelles.

2991 *Barral*, à Paris, galerie Vivienne, n. 11 : Parapluies et Ombrelles.

2992 *Grenier*, à Paris, faubourg Saint-Martin, n. 13 : Parapluies et Ombrelles.

2993 *Loth* fils, à Paris, rue Saint-Honoré, n. 95 : Parapluies et Ombrelles.

Nos MM.

2994 *Robouam*, à Paris, place des Victoires, n. 7 : Parapluies et Ombrelles.

2995 *Prins*, à Paris, rue du Bac, n. 13 : Parapluies et Ombrelles.

2996 *Leviel* (madame), à Paris, boulevard Poissonnière, n. 20 : Corsets.

2997 *Duhamel*, à Paris, rue Bourg-l'Abbé, n. 30 : Bretelles, Jarretières.

2998 *Lesouef de Petigny*, à Paris, rue Neuve-des-Petits-Champs, n. 13 : Cols en satin et autres.

2999 *Lamotte*, à Paris, rue Saint-Denis, n. 303 : Bretelles, Cols, Cravates.

3000 *Guinier*, à Paris, rue Saint-Philippe, n. 2 : Garde-robes.

3001 *Dupré*, à Paris, rue de Trévise, n. 12 : Ceintures périodiques.

3002 *Moncourt* et *Comperot*, à Paris, rue du Temple, n. 109 : Machines orthopédiques.

3003 *Borsary* et *Comp.*, à Paris, rue Vivienne, n. 57 : Bandages herniaires.

3004 *Delaunay*, à Paris, rue Feydeau, n. 13 : Corsets et ceintures galvaniques.

3005 *Didier*, à Paris, place du Palais-Royal, n. 225 : Dents minérales.

3006 *Gillet*, à Paris, Cour des Fontaines, n. 4 : Mesure à l'usage des tailleurs.

3007 *Beker*, à Paris, rue de Grenelle-Saint-Honoré, n. 39 : Procédé pour rendre les tissus imperméables.

3008 *Ell*, à Paris, rue Saint-Honoré, n. 252 : Chaussures imperméables.

3009 *Drouileau*, à Paris, rue de Chartres, n. 7 et 9 : Guêtres en tous genres.

3010 *Paumier*, à Paris, rue du Four-Saint-Germain, n. 82 : Bottes sans clous ni coutures.

3011 *Clex*, à Paris, rue Vivienne, n. 4 : Botterie.

3012 *Fargue*, à Paris, rue Jean-Jacques-Rousseau, n. 6 : Botterie.

3013 *Guillaume*, à Paris, rue Montorgueil, n. 14 : Sabots bottines pour femmes.

3014 *Seynave*, à Paris, rue Mandar, n. 10 : Chaussures pour dames.

3015 *Morisseau*, à Paris, rue des Fontaines, n. 19 : Sabots.

3016 *Roux*, à Paris, rue du Roule, n. 4 : Chaussures pour dames.

3017 *Barié*, à Paris, rue Saint-Germain-l'Auxerrois, n. 44 : Bottes et souliers.

3018 *Fochetti*, à Paris, rue Saint-Honoré, n. 357 : Bottes.

3019 *Raulin*, à Paris, rue Grange-aux-Belles, n. 3, impasse Sainte-Opportune : Ressorts à air comprimé pour voitures.

3020 *Louvel* et *Comp.*, à Paris, rue Quincampoix, n. 30 : Sabots perfectionnés.

3021 *Dassouville*, à Paris, rue de la Calandre, n. 26 : Sabots perfectionnés.

Nos MM.

3022 *Mathias*, à Paris, rue Saint-Honoré, n. 108 : Papeterie.

3023 *Delport*, à Paris, rue Guérin-Boisseau, n. 24 : Papier doré et argenté.

3024 *Primard*, à Paris, rue du Faubourg-Saint-Denis, n. 125 : Émail appliqué sur tous métaux.

3025 *Gangnebien*, à Paris, rue du Temple, n. 117 : Coffre-fort (nouveau procédé).

3026 *Du Souich* et *Lorin*, à Paris, Petite rue du Bac, n. 20 : Sucre et sirop de betteraves.

3027 *Villeroi*, à Paris, rue Mazarine, passage Dauphine, escalier C : Presses lithographiques.

3028 *Kulbach*, à Paris, rue du Faubourg-Saint-Honoré, n. 39 : Machine à mesurer les espaces.

3029 *Menoud*, à Paris, rue Saint-Denis, n. 148 : Horlogerie.

3030 *Gabet*, à Paris, rue du Pot-de-Fer, n. 12 : Horlogerie.

3031 *Normand*, à Paris, rue du Bac, n. 37 : Horlogerie.

3032 *Marie* et *Charpentier*, à Paris, route de Neuilly, n. 100 : Dessiccation des bois.

3033 *Faguer*, à Paris, rue Richelieu, n. 93 : Savons de toilette et autres.

3034 *Pitay*, à Paris, route d'Allemagne, n. 110, barrière de Pantin : Produits de la Savonnerie de la Petite-Villette.

3035 *Messier* et *Amavel*, rue Saint-Martin, n. 103 : Parfumerie et Savons.

3036 *Bourbonne* (madame), à Paris, rue de la Verrerie, n. 95 : Parfumerie et Savons.

3037 *Demarson*, à Paris, rue Saint-Martin, n. 15 : Parfumerie et Savons.

3038 *Cougny* et *Comp.*, à Paris, rue de la Roquette, n. 57 : Cirages imperméables.

3039 *Dubellet* et *Comp.*, à Paris, rue Fontaine-Saint-Georges, n. 9 : Brillant vernis pour meubles.

3040 *Le Cavalier*, madame veuve *Langlois*, à Paris, rue du Faubourg-Saint-Martin, n. 180 : Porcelaines.

3041 *Ardisson*, à Paris, rue des Couronnes, à Belleville, n. 3 : Ébénisterie, Moulures, Chapiteaux.

3042 *Benard*, à Paris, rue des Marais-du-Temple, n. 2 : Cheminées à tournebroches aérotiques et perpétuels.

3043 *Jouani*, à Paris, place Vendôme, n. 2 : Parapluies et Ombrelles.

3044 *Achard*, à Paris, cour de la Trinité, n. 40 : Montures de parapluies.

3045 *Faullain de Banville*, à Paris, rue du Four-Saint-Honoré, n. 33 : Parapluie à canne brisée.

3046 *Dumoulin* (madame), à Paris, rue du 29 Juillet, n. 5 : Corsets.

3047 *Collet* (madame), à Paris, passage du Caire, n. 13 : Corsets.

3048 *Bellamy*, à Paris, rue Saint-Denis, n. 271 : Tissus et Bretelles.

Nos MM.

3049 *Gagelin* et *Opigez*, à Paris, rue de Richelieu, n. 93 : Étoffes nouvelles pour robes.

3050 *Martinant de Preneuf*, à Paris, rue des Moineaux, n. 7 : Thermodromes, Appareils pour bains.

3051 *Guy*, à Paris, rue de la Harpe, n. 45 : Objets d'histoire naturelle.

3052 *Delas*, à Paris, rue Neuve-Vivienne, n. 49 : Somatomètre, nouveau procédé de précision pour les mesures à prendre pour les tailleurs et tailleuses.

3053 *Coquillard*, serrurier, à Châlons (Marne) : Machines à boucher les bouteilles.

3054 *Carrière* et *Reidon*, à Saint-André-de-Valborgne (Gard) : Flottes de soie grége, notées 1 à 2.

3055 *Teissier Ducros*, à Valleraugue (Gard) : Échantillons soie grége, portant les n. 3 à 13, fixés sur plaque de carton. Médaille d'or en 1834.

3056 *Chambon* (*Louis*), à Alais (Gard) : Échantillons soie grége et ouvrée.

3057 *Bruguière* et *Boucoiran*, à Nîmes (Gard) : Échantillons soie grége, ouvrée, Cordonnets et Fantaisie. Médaille de bronze en 1834.

3058 *Rouvière* frères, à Nîmes (Gard) : Échantillons soie ouvrée diverse.

3059 *Cabrit* (*Théodore*), à Saint-André-de-Valborgne (Gard) : Échantillons laine peignée.

3060 *Aubanel Delpon* (*Achille*), à Sommières et Crespian (Gard) : Échantillons de laine peignée.

3061 *Arnaud* (*Isaac*) cadet, à Nîmes (Gard) : Échantillons de laine peignée.

3062 *Mirial* (*Scipion*), à Anduze (Gard) : Échantillons de fantaisie peignée.

3063 *Cazes*, au Vigan (Gard) : Articles de bas de coton.

3064 *Agniel*, *Lafont* et *Comp.*, à Uzès (Gard) : Bas et Chaussettes en soie et bourre de soie.

3065 *Benoit* (*Auguste*), à Saint-Jean-du-Gard (Gard) : Échantillons bas de soie et fil à jour. Médaille de bronze en 1834, sous la raison Benoit père et fils.

3066 *Roussel* frères, à Anduze (Gard) : Échantillons de bas de soie et fil d'Écosse.

3067 *Cambon* (*Antoine*) cadet, à Sumènes (Gard) : Échantillons de bas et robes tricot.

3068 *Cabane* (*Alexandre*), à Nîmes (Gard) : Échantillons de bas, gants et mitons divers.

3069 *Camalié* fils, à Vauvert, près Nîmes (Gard) : Échantillons de gants et mitons filets.

3070 *Joyeux* (*Émile*) et *Comp.*, à Nîmes (Gard) : Échantillons de gants et mitons divers. Mention honorable en 1834.

Nos MM.

3071 *Fregefon* (*J.-P.*), à Nîmes (Gard) : Échantillons de gants et mitons divers.

3072 *Joyeux* fils aîné, à Nîmes (Gard) : Échantillons de bas, gants et mitons divers.

3073 *Beaud* (*François-Hippolyte*) aîné, à Nîmes (Gard) : Échantillons de bas, gants et mitons divers.

3074 *Rouvière*, *Cabane* et *Comp.*, à Nîmes (Gard) : Échantillons de gants et tricots. Médaille d'or en 1834.

3075 *Colomb* (*Pierre*), à Nîmes (Gard) : Tissus pour bretelles. Mention honorable en 1834.

3076 *Guerin* et *Pailler*, à Nîmes (Gard) : Échantillons de lacets, cordons, etc.

3077 *Conte* (*Antoine*), à Nîmes (Gard) : Châles thibet broché, tartan, grenadine, Fichus, Gants et Mitons. Médaille de bronze en 1834.

3078 *Puget* (*Antoine*), à Nîmes (Gard) : Coupes Florence et Marcelines.

3079 *Constant* (*François*), à Nîmes (Gard) : Châles divers.

3080 *Bouet* (*Jean*) et *Ribes* fils, à Nîmes (Gard) : Châles divers. Médaille de bronze en 1834.

3081 *Colondre* (*Jean*) et *Prade*, à Nîmes (Gard) : Échantillons de châles divers.

3082 *Sabran* frères, à Nîmes (Gard) : Articles châles divers. Rappel de Médaille d'or en 1834, sous la raison sociale Sabran père et fils et Raynaud.

3083 *Curnier* (*Pierre*) et *Comp.*, à Nîmes (Gard) : Châles, Coupes d'étoffes, Échantillons de fichus divers. Rappel de Médaille d'or en 1834.

3084 *Barnouin* et *Bureau*, à Nîmes (Gard) : Échantillons de châles brochés divers. Médaille d'argent en 1834.

3085 *Hauvert* fils, *Ducros* et *Saussine*, à Nîmes (Gard) : Châles imprimés et brochés divers. Médaille d'or en 1834, sous la raison sociale Durand, Bouchet et Hauvert.

3086 *Bousquet Dupont*, à Nîmes (Gard) : Échantillons en pièces, Fichus et Foulards. Rappel de Médaille de bronze en 1834.

3087 *Baragnon* (*Maxime*) et *Comp.*, à Nîmes (Gard) : Foulards, Sautoirs, Fichus divers.

3088 *Gaidan* frères, à Nîmes (Gard) : Foulards. Mention honorable en 1834.

3089 *Combié-Rossel*, à Nîmes (Gard) : Écharpes et Étoffes diverses. Médaille de bronze en 1834.

3090 *Maison centrale*, à Nîmes (Gard) : Échantillons de fantaisie et Laine peignée et étoffe bourrette. Mention honorable en 1834.

3091 *Coumert*, *Carretton* et *Chardounaud*, Nîmes (Gard) : Châles imprimés divers. Médaille de bronze en 1834.

Nos MM.

3092 *Mirabeau* et *Comp.*, à Nîmes (Gard) : Châles divers.

3093 *Redarès* (*Victor* et *Antoine*) frères, à Nîmes (Gard) : Échantillons de tapis, Tapis entier.

3094 *Guin* et *Comp.*, à Nîmes (Gard) : Bas de soie.

3095 *Roux* frères, à Nîmes (Gard) : Châles divers. Médaille d'argent en 1834.

3096 *Jourdan* fils et *Comp.*, à Nîmes (Gard) : Foulards divers.

3097 *Daudet* jeune et *Chabaud*, à Nîmes (Gard) : Foulards et cravates. Mention honorable en 1834.

3098 *Dhombres* (*Michel*), à Nîmes (Gard) : Châles imprimés divers, et Échantillons de coton rouge Andrinople.

3099 *Chaballier* et *Ponçon*, à Nîmes (Gard) : Échantillons de gants et mitons.

3100 *Pagés* fils et *Comp.*, à Nîmes (Gard) : Échantillons de soie ouvrée diverse. Mention honorable en 1834.

3101 *Flaissier* frères, à Nîmes (Gard) : Échantillons de tapis portière.

3102 *Germain* (*Pierre*), au Vigan (Gard) : Échantillons de bas et bonnets divers.

3103 *Lecun* et *Comp.*, à Nîmes (Gard) : Tapis et Tapisserie.

3104 *Daudet* aîné et *Comp.*, à Nîmes (Gard) : Foulards et fichus divers.

3105 *Soulas* aîné et *Comp.*, à Marguerites, près Nîmes (Gard) : Tapis et Tapisserie.

3106 *Geminard* (*Philippe*), à Saint-Jean-du-Gard (Gard) : Une paire de Sabots-souliers.

3107 *Drouillard*, *Benoist* et *Comp.*, aux Forges d'Alais (Gard) : Échantillons de fer laminé et fonte diverse.

3108 *Lacaze*, à Nîmes (Gard) : Un Instrument aratoire, Griffon à 5 socs.

3109 *Pelet* (*Auguste*), à Nîmes (Gard) : Plan relief des monuments antiques du Midi.

3110 *Kremer*, à Uzès (Gard) : Plan d'un nouveau procédé de chauffage pour filature de soie.

3111 *Meynard* (*Cadet*), à Nîmes (Gard) : Échantillons de bonneterie.

3112 *Colliau* et *Comp.*, à Toute-Voye, commune de Gouvieux (Oise) : Échantillons de clous d'épingles, de fil de fer et de tissus métalliques. Médaille d'argent en 1827 ; Rappel en 1834.

3113 *Duvoir* (*Léon*), à Melun (Seine-et-Marne) : Cuvier lessive monté sur trois petites roues.

3114 *Budy*, à Montereau (Seine-et-Marne) : Composition métallique pour étamage.

3115 *Thomassin*, à Provins (Seine-et-Marne) : Cuirs forts entiers.

3116 *Gilquin* fils, à La Ferté-sous-Jouarre (Seine-et-Marne) : Meules à moulin.

3117 *Delatouche*, aux Marais, commune de Jouy-sur-Morin (Seine-et-Marne) : Papiers divers. Médaille d'or en 1834.

Nos MM.

3118 *Vernier*, à Melun (Seine-et-Marne) : Briques-modèle.

3119 *Dubourg*, à la maison centrale de détention de Melun (Seine-et-Marne) : Nécessaires en ébénisterie, Boites, Caves à liqueurs, Pupitres, etc.

3120 *Lebeuf (Louis)*, à Montereau (Seine-et-Marne) : Articles de porcelaine opaque. Médaille d'or en 1834.

3121 *Ganneron*, à Bussy-Saint-Georges (Seine-et-Marne) : Laines. Médaille d'argent en 1827 et 1834.

3122 *Jacob-Petit*, à Fontainebleau (Seine-et-Marne) : Porcelaine.

3123 *Loriot*, à Meaux (Seine-et-Marne) : Machine à battre les céréales.

3124 *Noël (Jules)*, à Meaux (Seine-et-Marne) : Toiles de coton.

3125 *Leroy (Raphaël)*, à Meaux (Seine-et-Marne) : Charrue mécanique.

3126 *Lefaucheux (Casimir)*, au Pont-de-Gennes (Sarthe) : Nouveau système d'enrayage pour les voitures.

3127 *Miguel*, à Amboise (Indre-et-Loire) : Aiguilles.

3128 *Collineau (René)*, à Tours (Indre-et-Loire) : Canevas et articles de tapisserie, tels que Bourses, Écrans, Cordonnets de soie, or et argent, Toile à bluter en fil, Store moustiquaire tissé en diverses couleurs.

3129 *Hareng*, à Bléré (Indre-et-Loire) : Charrue-semoir.

3130 *Bellanger Picard*, à Caudebec-lès-Elbeuf (Seine-Inférieure) : Verrous et boutons.

3131 *Dupré*, à Forge-les-Eaux (Seine-Inférieure) : Sulfate de fer.

3132 *Gallet*, à Ingouville, près le Havre (Seine-Inférieure) : Noir animalisé et poudre désinfectante.

3133 *Cailly*, à Saint-Nicolas d'Alhiermont (Seine-Inférieure) : Pièces d'horlogerie.

3134 *Douillon*, à Saint-Nicolas-d'Alhiermont (Seine-Inférieure) : Mouvements à tableaux et pour régulateurs, etc.

3135 *Boromé de Lépine*, à Saint-Nicolas-d'Alhiermont (Seine-Inférieure) : Mouvements d'horlogerie, régulateurs, etc.

3136 *Pouyer Hellouin*, à Saint-Wandrille (Seine-Inférieure) : Cotons filés. Médaille d'argent en 1834.

3137 *Lefort*, à Grand-Couronne (Seine-Inférieure) : Tulles-filet, et Tulles en bande.

3138 *Braquehais*, à Bolbec (Seine-Inférieure) : Souliers imperméables.

3139 *Delacretas*, à Grasville-l'Heure (Seine-Inférieure) : Produits chimiques.

3140 *Piquot-Deschamps*, à Rouen (Seine-Inférieure) : Coton Louisiane, Chaîne Mull Jenny, n° 30; Déchet de coton continu, n° 18.

3141 *Vaussard* fils, à Bondeville (Seine-Inférieure) : Coton trame fusée pour tissure, n° 36, chaîne *dito*, n° 28, Calicot mécanique.

3142 *Levasseur*, à Rouen (Seine-Inférieure) : Niveau d'eau.

3143 *Cuvelier*, à Blangy (Seine-Inférieure) : Briques, Savon jaune à base de résine.

Nos MM.

3144 *Maron* et *Damoiseau*, à Rouen (Seine-Inférieure) : Couvertures en coton brochées, de piqué double, etc., de laine, de coton lisse.

3145 *Lalizel* jeune, à Déville (Seine-Inférieure) : Pelotes en coton pour mèches, bougies et autres.

3146 *Grenet* fils, à Rouen (Seine-Inférieure) : Colle forte, Gélatine. Médaille de bronze en 1827; Médaille d'argent en 1834.

3147 *Auber* (*Louis*), à Rouen (Seine-Inférieure) : Étoffes de fantaisie. Médaille d'or en 1834.

3148 *Lemoine*, à Rouen (Seine-Inférieure) : Condensateur à triple effet et Chauffeur alimentaire.

3149 *Perrot*, à Rouen (Seine-Inférieure) : Machines à imprimer.

3150 *Lagogué*, à Maromme (Seine-Inférieure) : Batteur-étaleur pour filature de coton.

3151 *Hall*, *Pow* et *Scott*, à Rouen (Seine-Inférieure) : Machine à fouler les étoffes laines.

3152 *Fauquier-Lemaître*, à Bolbec (Seine-Inférieure) : Cotons filés. Médaille d'or en 1834.

3153 *Manoury-Lami*, à Bolbec (Seine-Inférieure) : Indiennes.

3154 *Boimare* et *Gomont*, à Bolbec (Seine-Inférieure) : Indiennes.

3155 *Vautier*, à Rouen (Seine-Inférieure) : Rouenneries dites Parapluies.

3156 *Lemaignan*, à Bolbec (Seine-Inférieure) : Indiennes.

3157 *Lemonnier*, à Yvetot (Seine-Inférieure) : Mouchoirs.

3158 *Mabire*, à Bolbec (Seine-Inférieure) : Mouchoirs.

3159 *Moutier-Huet*, à Bolbec (Seine-Inférieure) : Mouchoirs.

3160 *Duforestel-Lefebvre*, à Rouen (Seine-Inférieure) : Mouchoirs et Calicots.

3161 *Poulard* frères, à Luneray (Seine-Inférieure) : Guingamps.

3162 *Hazard* frères, à Rouen (Seine-Inférieure) : Mousselines de laine et Indiennes.

3163 *Néron* jeune, à Rouen (Seine-Inférieure) : Mouchoirs imprimés. Médaille d'argent en 1823; Rappels en 1827 et 1834.

3164 *Girard* et *Comp.*, à Déville (Seine-Inférieure) : Indiennes.

3165 *Viquesnel*, à Rouen (Seine-Inférieure) : Coton et soie brochés, Mouchoirs fil et coton et tout fil.

3166 *Musset*, à Rouen (Seine-Inférieure) : Serrures de sûreté et autres, Cadenas, etc.

3167 *Mainot*, à Rouen (Seine-Inférieure) : Rots en acier et en cuivre. Mention honorable en 1834.

3168 *Gonfreville* aîné, à Déville (Seine-Inférieure) : Échantillons de cotons teints. Médaille d'argent en 1819; Médaille d'or en 1823; Mention honorable en 1834.

3169 *Papavoine* et *Châtel*, à Rouen (Seine-Inférieure) : Machine à fabriquer les plaques de cardes.

3170 *Legrand*, à Saint-Nicolas-d'Alhiermont (Seine-Inférieure) : Serrures en fer poli et autres.

N^os MM.

3171 *Lalizel* aîné, à Barentin (Seine-Inférieure) : Cotons filés.

3172 *Lachanterie*, à Rouen (Seine-Inférieure) : Siége antiscodotique ou inodore.

3173 *Uruty*, à Rouen (Seine inférieure) : Bois de teinture.

3174 *Derouvroy-d'Aubigny*, à Rouen (Seine-Inférieure) : Lisses de coton pour lames.

3175 *Manne*, à Bois-d'Ennebourg (Seine-Inférieure) : Papirographie.

3176 *Périaux* (*Nicétas*), à Rouen (Seine-Inférieure) : Articles de librairie.

3177 *Crépet* aîné, à Rouen (Seine-Inférieure) : Cotons filés.

3178 *Kœchlin* (*J.* et *A.*), à Darnetal (Seine-Inférieure) : Indiennes.

3179 *Miroude*, à Rouen (Seine-Inférieure) : Plaques et Rubans de cardes. Mention honorable en 1834.

3180 *Louëtte-Lefebvre*, à Saint-Saëns (Seine-Inférieure) : Cuir entier Buenos-Ayres.

3181 *Muller Drouard* et *Comp.*, à Gueures (Seine-Inférieure) : Papeterie. Médaille de bronze en 1834.

3182 *Capron* fils aîné, à Rouen (Seine-Inférieure) : Bretelles.

3183 *Houdeville*, à Ouville-la-Rivière (Seine-Inférieure) : Toisons de mérinos, Médailles de bronze en 1823 et 1834.

3184 *Vermont* et *Comp.*, à Rouen (Seine-Inférieure) : Toile pour l'exportation.

3185 *Stackler*, à Rouen (Seine-Inférieure) : Indiennes et extrait de garance. Mention honorable en 1834,

3186 *Benoîst*, à Rouen (Seine-Inférieure) : Métier à tordre, enfiler et couper les mèches de chandelles.

3187 *Remond-Baudouin*, à Rouen (Seine-Inférieure) : Bois de teinture triturés.

3188 *Poliard*, à Rouen (Seine-Inférieure) : Un Modèle de ressort pour les paralytiques, un Obélisque en buis. Mention honorable en 1834.

3189 *Sautreuil* fils, à Fécamp (Seine-Inférieure) : Assortiments de bois de menuiserie façonnés à la mécanique.

3190 *Caignard*, à Rouen (Seine-Inférieure) : Toiles dites rouenneries. Médaille de bronze en 1834.

3191 *Pimont* aîné, à Rouen (Seine-Inférieure) : Indiennes et mouchoirs imprimés. Mention honorable en 1823; Médaille de bronze en 1827; Médaille d'argent en 1834.

3192 *Pimont* jeune, à Rouen (Seine-Inférieure) : Cravates, Foulards de soie, Mousseline-laine, Meuble-laine, Tapis et Draps imprimés. Médaille de bronze en 1827, et Médaille d'argent en 1834.

3193 *Kettinger*, à Rouen (Seine-Inférieure) : Indiennes.

3194 *Rondeaux Pouchet*, à Rouen (Seine-Inférieure) : Indiennes.

3195 *Fumière*, à Rouen (Seine-Inférieure) : Plaques et rubans de cardes.

3196 *Courtois*, à Forges (Seine-Inférieure) : Assortiment de pipes.

3197 *Bataille*, à Déville (Seine-Inférieure) : Cravates.

N.os MM.

3198 *Agneray*, à Rouen (Seine-Inférieure) : Une Machine à former les cercles en fer.

3199 *Grandin (Victor)*, à Elbeuf (Seine-Inférieure) : Draps et Nouveautés. Médaille d'or en 1834.

3200 *Guillebert*, à Paris, quai Voltaire, n. 21 *bis* : Cadres de dessins gravés.

3201 *Chefdrue* et *Chauvreulx*, à Elbeuf (Seine-Inférieure) : Draps et Nouveautés. Médaille de bronze en 1823; Médaille d'argent en 1823; Médaille d'or en 1834.

3202 *Durécu (Armand)* et *Comp.*, à Elbeuf (Seine-Inférieure) : Draps et Nouveautés.

3203 *Delarue (Alphonse)*, à Elbeuf (Seine Inférieure) : Draps.

3204 *Flavigny (Charles-Robert)*, à Elbeuf (Seine-Inférieure) : Draps et Nouveautés. Médaille d'or en 1827; Rappel en 1834.

3205 *Gariel (Charles)*, à Elbeuf (Seine-Inférieure) : Draps et Nouveautés.

3206 *Delarue (Augustin)* frères, à Elbeuf (Seine-Inférieure) : Draps et Nouveautés. Médaille d'argent en 1834.

3207 *Garrigou* : Aciers et Fers de la Fabrique métallurgique de dite usine de Saint-Antoine-sur-Ariége (Ariége).

3208 *Beer (Morel)*, à Elbeuf (Seine-Inférieure) : Draps et Nouveautés. Mention honorable en 1834.

3209 *Barbier* aîné, à Elbeuf (Seine-Inférieure) : Draps.

3210 *Couprie*, *Michel* et *Comp.*, à Elbeuf (Seine-Inférieure) : Draps.

3211 *Marcand (Auguste)*, à Dijon (Côte-d'Or) : Chanvre et Fil écru, blanchis par procédés chimiques, et Lessivage du linge par la vapeur, Etoupes provenant du chanvre peigné, Corde fabriquée avec les mêmes étoupes.

3212 *Dumor Masson*, à Elbeuf (Seine-Inférieure) : Draps.

3213 *Defrémicourt (Irène)*, à Elbeuf (Seine-Inférieure) : Draps.

3214 *Barbier (Victor)*, à Elbeuf (Seine-Inférieure) : Draps et Nouveautés. Médaille de bronze en 1834.

3215 *Javal (Brutus)*, à Elbeuf (Seine-Inférieure) : Draps et Nouveautés. Médaille de bronze en 1834.

3216 *Lemonnier Chenevières* à Elbeuf (Seine-Inférieure) : Draps et Nouveautés.

3217 *Loddé*, à Paris, rue Sainte-Avoye, n. 40 : Plumeaux économiques.

3218 *Chenevières (Théodore)*, à Elbeuf (Seine-Inférieure) : Nouveautés. Médaille d'argent en 1834.

3219 *Aroux (Félix)*, à Elbeuf (Seine-Inférieure) : Draps et Nouveautés. Médaille d'argent en 1834.

2220 *Lefrotter-Daugecourt* (mademoiselle), à Rennes (Ille-et-Vilaine) : Broderie en paille et en or sur tulle, sur velours et sur soie unie, Broderie en paille et en argent sur soie moirée, Broderie en or et en paille sur crêpe.

N°s MM.

3221 *Charvet* (*Pierre*), à Elbeuf (Seine-Inférieure) : Draps et Nouveautés. Médaille d'argent en 1834.

3222 *Lemaire*, Paris, rue du Petit-Careau, n. 1 : Lampes dites merveilleuses, à brûler des parfums.

3223 *Goudchaux Picard* fils, à Elbeuf (Seine-Inférieure) : Draps. Médaille de bronze en 1834.

3224 *Desfrèches* et fils, à Elbeuf (Seine-Inférieure) : Draps. Médaille d'argent en 1823 ; Rappels en 1827 et 1834.

3225 *Fouré* (*Charles*) et *Comp.*, à Elbeuf (Seine-Inférieure) : Draps et Nouveautés. Médaille d'argent en 1827 ; Rappel en 1834.

3226 *Poncet*, à Belleville, rue de Paris, n. 96 : Lits en fer.

3227 *Flavigny* fils aîné et *Robert* (*Louis*), à Elbeuf (Seine-Inférieure) : Draps et Nouveautés. Médaille d'argent en 1827 ; Rappel en 1834.

3228 *Berrier* et *Brisson*, à Elbeuf (Seine-Inférieure) : Draps.

3229 *Fontolive* père, à Paris, rue de l'Hôtel-de-Ville, n. : Chaînes en cuivre et en fer.

3230 *Rastier* fils, à Elbeuf (Seine-Inférieure) : Draps et Nouveautés.

3231 *Capplet*, à Elbeuf (Seine-Inférieure) : Dessin et plan d'un Appareil propre à utiliser les vieux bains de cuve d'indigo.

3232 *Nillus*, au Hâvre (Seine-Inférieure) : Moulin à broyer la canne à sucre ; Outils pour l'agriculture et la marine.

3233 *Mazeline* frères et *Dorey*, au Havre (Seine-Inférieure) : Appareil mobile pour l'embarquement et le debarquement des lourds fardeaux.

3234 *Vimort-Maux*, à Perpignan (Pyrénées-Orientales) : Échantillons d'ouates.

3235 *Frasez* (*François*), à Roubaix (Nord) : Étoffes en coton, Stoffs.

3236 *Dathis* (*Léon*), à Roubaix (Nord) : Coutil, Étoffes en fil.

3237 *Balay* frères, à Saint-Étienne (Loire) : Rubans divers.

3238 *Chaize*, à Saint-Étienne (Loire) : Rubans façonnés.

3239 *Faure* frères, à Saint-Étienne (Loire) : Rubans façonnés. Médaille de bronze en 1834.

3240 *Jamet* et *Comp.*, à Saint-Étienne (Loire) : Rubans-satin uni.

3241 *Martin* et *Comp.*, à Sainte-Étienne (Loire) : Rubans façonnés et Cordons.

3242 *Mesnager* frères, à Saint-Étienne (Loire) : Rubans divers.

3243 *Robichon* et *Comp.*, à Saint-Étienne (Loire) : Rubans façonnés. Médaille de bronze en 1834.

3244 *Prud'hon* et *Comp.*, à Saint-Étienne (Loire) : Rubans épinglés.

3245 *Tézenas-Calay*, à Saint-Étienne (Loire) : Rubans demi-beaux. Mention honorable en 1834.

3246 *Vignat-Chevet*, à Saint-Étienne (Loire) : Rubans façonnés en tout genre. Médaille d'argent en 1834.

3247 *Renodier*, à Saint-Étienne (Loire) : Rubans ordinaires.

Nos MM.

3248 *Dugas*, à Saint-Chamond (Loire) : Rubans façonnés. Médaille d'or en 1806.

3249 *Souchon*, à Saint-Chamond (Loire) : Rubans façonnés.

3250 *Grangier* frères, à Saint-Chamond (Loire) : Rubans façonnés.

3251 *Servanton* à Saint-Chamond (Loire) : Satins unis.

3252 *David* (*J.-B.*), à Saint-Étienne (Loire) : Rubans-velours de toutes couleurs.

3253 *Durand*, à Saint-Just (Loire) : Tissus imprimés, Soie, Coton et Laine.

3254 *Richard* frères, à Saint-Chamond (Loire) : Collection complète de lacets, en soie, coton et caoutchouc.

3255 *Micolon* et *Couchoud*, à Saint-Étienne (Loire) : Tissus pour bretelles.

3256 *Bechetoile*, au Bourg-Argentat (Loire) : Collection de papiers.

3257 *Aury*, à Saint-Étienne (Loire) : Fusils et Pistolets.

3258 *Berthon* frères et *Bourlier*, à Saint-Étienne (Loire) : Fusils et Pistolets.

3259 *Bourgaud*, à Saint-Étienne (Loire) : Fusils et Pistolets.

3260 *Cessier*, à Saint-Étienne (Loire) : Fusils et Pistolets. Mention honorable en 1834.

3261 *Bourgaud* neveu, à Saint-Étienne (Loire) : Fusils.

3262 *Honorat* et *Bessey*, à Saint-Étienne (Loire) : Fusils.

3263 *Gabion* aîné, à Latour (Loire) : Une Platine.

3264 *Mercoiret*, à Saint-Étienne (Loire) : Une Balance. Médaille de bronze en 1834.

3265 *Courza*, à Saint-Étienne (Loire) : Fleurets et Boutons à vis.

3266 *Renaudier*, à Saint-Étienne (Loire) : Couteaux. Mention honorable en 1834.

3267 *Determoy* et *Lamouroux*, à Saint-Étienne (Loire) : Couteaux dits Eustache.

3268 *Mourguet* et *Robin*, à Saint-Étienne (Loire) : Incrustation sur noyer en cuivre.

3269 *Pichon* et *Comp.*, à Saint-Étienne (Loire) : Tranchets fabriqués avec l'acier de la Loire.

3270 *Meunier-Journoud* et *Comp.*, à Rives-de-Gier (Loire) : Limes en acier fondu de la Loire.

3271 *Jackson* frères, à Saint-Paul-en-Jarret (Loire) : Acier en barre, en cotte et en feuille. Médaille d'or en 1827 ; Rappel en 1834.

3272 *Debrie* et *Frichon*, à Valbenoiste (Loire) : Acier en barre, en cotte et en feuille. Médaille de bronze en 1834.

3273 *Aubry*, à Saint-Étienne (Loire) : Un Étau complet.

3274 *Malespine*, à Saint-Étienne (Loire) : Enclumes, Etaux, Bigorne, Soufflets et Peaux de Soufflets. Médaille de bronze en 1834.

3275 *Chauffriat*, à Saint-Étienne (Loire) : Enclume à la lime et au marteau.

3276 *Muller* et *Comp.*, à Rives-de-Gier (Loire) : Collection complète de

Nos MM.

cylindres ronds, ovales, Verres de bouteilles, noir, mixte ou clair, Verres à vitres, Dames-Jeannes.

3277 *Piaud* et *Comp.*, à Rives-de-Gier (Loire) : Cirage français.

3278 *Salomon*, à Outrefurens (Loire) : Charbon aggloméré.

3279 *Terrasson* et *Pleney*, à Montaud (Loire) : Machine à mouler les briques.

3280 *Fouquet* aîné, à Paris, rue des Fossés-Montmartre, n. 15 : Châles indoux, Cachemires.

3281 *Brunaut*, à Paris, quai de Passy, n. 20 : Cordages en chanvre et en coton.

3282 *Tubino* (madame), à Paris, rue Saint-Honoré, n. 113 : Tableau en broderie.

3283 *Crousse*, à Paris, rue Dauphine, n. 39 : Chapellerie imperméable.

3284 *Alan-Migout*, à Paris, avenue des Champs-Élysées, n. 64 : Chapellerie (castor).

3285 *Paisant*, à Paris, grande galerie des Panoramas, n. 22 : Chapellerie extra-fine.

3286 *Baudrant*, à Paris, rue Saint-Honoré, n. 263 : Chaussure pour dames.

3287 *Etiévant*, à Paris, rue de Richelieu, n. 100 : Bottes et Souliers.

3288 *Dufort*, à Paris, rue de Grenelle-Saint-Honoré, n. 19 : Bottes à tirage mobile.

3289 *Devaux*, à Paris, galerie des variétés, n. 15 : Socques et Claques.

3290 *Bevalet*, à Paris, rue de la Sonnerie, n. 8 : Chaussures.

3291 *Grell*, à Paris, rue de l'École-de-Médecine, n. 32 : Chaussures.

3292 *Baudoux*, à Paris, rue Vivienne, n. 23 : Cuirs et Maroquins.

3293 *Simon*, à Paris, rue Bourtibourg, n. 17 : Plumes à écrire.

3294 *Saget*, à Paris, rue des Noyers, n. 45 : Papiers de fantaisie.

3295 *Lasieur*, à Paris, rue de la Vierge, n. 11, au Gros-Caillou : Marbrerie.

3296 *Michel-Valin* et *Ubaudi*, à Paris, rue des Marais-du-Temple, n. 12 : Bronze.

3297 *Mauny* (le comte de), à Paris, rue de l'Université, n. 96 : Moulin à vent (nouveau système).

3298 *Leroux-Dufré*, à Paris, rue Fontaine-au-roi, n. 17 : Machine pour le raffinage du sucre.

3299 *Joly*, à Paris, place Beauvais, n. 92 : Horlogerie.

3300 *Mauvielle*, à Paris, rue Sainte-Anne, n. 8 : Bluterie.

3301 *Peron*, à Paris, rue Sédillot, n. 5 : Système planétaire.

3302 *Larderelle* (le comte de), à Grenelle (Seine) : Acide borique.

3303 *Brouhieri*, à Paris, rue Louis-le-Grand, n. 23 : Extrait de bois de teinture.

Nos MM.

3304 *Wienkel-Wohlaber*, à Paris, rue des Fossés-Montmartre, n. 61 : Modèles de fenêtres et de persiennes.

3305 *Polonceau* père, à Paris, rue Castiglione, n. 8 : Nouveau système de toiture.

3306 *Polonceau* fils, à Paris, rue Godot-de-Mauroy, n. 27 : Modèles de charpente.

3307 *Huzard* (madame veuve), à Paris, rue de l'Éperon, n. 7 : Imprimerie et Librairie.

3308 *Laury*, à Paris, rue Tronchet, n. 15 : Cheminée et Calorifère.

3309 *Devaucouleurs* et fils, à Paris, rue des Blancs-Manteaux, n. 30 Cannes et Coulants de parapluie.

3310 *Pacque*, à Paris, quai Saint-Michel, n. 25 : Biberon et bout de sein

3311 *Renard*, à Paris, rue Neuve-Saint-Laurent, n. 18 : Tabatières e Pommes de cannes.

3312 *Lavigne* (madame), à Passy (Seine), Grande-Rue, n. 37 : Corsets

3313 *Tholomié*, à Paris, rue Royale-Saint-Antoine, n. 10 : Corsets.

3314 *Mayer*, à Paris, passage Choiseul, n. 32 : Chemises, nouveau système.

3315 *Gilbert*, à Paris, rue des Saints-Pères, n. 12 : Corsets.

3316 *Brullé*, à Paris, rue Neuve-des-Petits-Champs, n. 65 : Corsets orthopédiques.

3317 *Dupuy* (*Joseph*), à Paris, boulevart Bonne-Nouvelle, n. 31 : Assortiment de porcelaines.

3318 *Edwards Loos*, à Paris, rue Jean-Goujon, n. 9 : Modèle de digesteur instantané.

3319 *Debourges* et *Brouhé*, à Paris, rue Saint-Dominique-Saint-Germain, n. 115 : Article pour les jus de betteraves, Dessins de modèle de presse lithographique.

3320 *Gourdin*, à Mayet (Sarthe) : 1° Modèle de pressoir ; 2° Horloge à quarts doubles et à force constante.

3321 *Dubois* et *Comp.*, à Louviers (Eure) : Filature cardée, Échantillons de fil ; Médaille d'argent en 1834.

3322 *Jourdain* (*Frédéric*) et fils, à Louviers (Eure) : Draps, Étoffes de laines et nouveautés ; Médaille d'or en 1819 ; Rappels en 1823 et 1827.

3323 *Dannet* frère et *Comp.*, à Louviers (Eure) : Draps et Nouveautés. Médaille d'argent en 1819 ; Médaille d'or en 1823, et Rappels en 1827 et 1834.

3324 *Odiot*, à Louviers (Eure) : Draps et Nouveautés. Mention honorable en 1834.

3325 *Hache-Bourgeois*, à Louviers (Eure) : Cardes en feuilles. Médaille d'or en 1834.

3326 *Godard* et *Decrépo*, à Louviers (Eure) : Draps de poils, dits *Draps de castor*.

N^{os} MM.

3327 *Macel* (*Louis*), à Louviers (Eure) : Draps.

3328 *Poitevin* fils, à Louviers (Eure) : Draps. Médaille d'argent en 1834.

3329 *Ribouleau* fils, à Louviers (Eure) : Draps et Nouveautés. Confirmation de Médaille d'or en 1834.

3330 *Dupont* aîné et *Charvet*, aux Andelys (Eure) : Étoffes diverses.

3331 *Bosquier*, à Thiberville (Eure) : Rubans.

3332 *Bellème*, à Évreux (Eure) : Coutil fil et coton et tout fil. Médaille de bronze en 1834.

3333 *Plummer*, à Pont-Audemer (Eure) : Cuirs vernis. Médaille d'argent en 1834.

3334 *Aubé* frères, à Beaumont (Eure) : Tissus en laine cardée. Médaille d'or en 1823 ; Rappels en 1827 et 1834.

3335 *Chennevière* (*Delphin*), à Louviers (Eure) : Draps et Nouveautés. Médaille d'argent en 1827, sous le nom de Chennevière frères, et Rappel en 1834, sous le nom Chennevière de Louviers.

3336 *Fonderies* (les) *de Romilly* (Eure) : Cuivres laminés et autres produits de l'établissement. Médaille d'or en 1834.

3337 *Beudin*, à Gisors (Eure) : Prie-Dieu sculpté.

3338 *Muhlberger* (*Gaspard*), à Wissembourg (Bas-Rhin) : Feuilles de fer-blanc perforées de différents numéros qui sont soudées ensemble, Bancs en zinc, en laiton, en cuivre rouge, Stores en zinc peints.

3339 *Lafforgue* (mademoiselle *Louise*), à Bagnières (Hautes-Pyrénées) : Châle laine, tricot à l'aiguille, fond noir, à jour, bordure à guirlande de fleurs avec double encadrement blanc et divers ornements aux coins ; Couvre-pied laine, tricot à jour, à l'aiguille, double encadrement, petite guirlande sur fond noir, bordure à bouquets de tulipes sur fond blanc avec ornements divers.

3340 *Revel* aîné, à Loge-Fougereuse (Vendée) : Échantillons de laine filée.

3341 *Bazile* et *Comp.* (Seine-inférieure) : Indiennes.

3342 *Delabarre* (Seine-Inférieure) : Moulins à poivre en zinc et en cuivre.

3343 *Leveillé*, à Rouen (Seine-Inférieure) : Échantillons de teinture, Grand teint pour toutes les nuances désirées de la garance et de l'indigo.

3344 *Pennequin*, à Paris, rue de Lesdiguières, n. 3 : Bureau-secrétaire en palissandre avec sculpture.

3345 *Villeneuve*, à Paris, rue du Faubourg-Poissonnière, n. 35 : Veaux corroyés par des moyens chimiques.

3346 *Renaudière* (*Jean-François-Eugène*), à Saint-Symphorien-de-Lay (Loire) : Mousseline brodé et bordure.

N^os MM.

3347 *Schneider frères et comp.*, au Creusot (Saône-et-Loire) : Diverses qualités de Houille, provenant des houillières du Creusot. — Minerais.—Fontes.—Fer en barre ; — Fer d'angle pour chaudières, pour bateaux, pour toitures en tôle ; — Rails pour chemins de fer ; — Feuilles de tôle ; — Fonds de chaudières et Cylindres ; — Une machine à vapeur ; — Une machine locomotive à 6 roues.

3348 *Lecreux* (*Victor*), à Amiens (Somme) : Mousseline laine brochés, façon cachemire broché, éoliennes, toile-laine, escot.

ÉTAT GÉNÉRAL

DES

EXPOSANTS

DRESSÉ PAR ORDRE ALPHABÉTIQUE.

A

MM.	Numéros.
Abat, Morlière et compagnie.	2368
Achard et compagnie.	1506
Acier.	1334
Abbey.	1125
Achard.	3044
Ackerman-Laurence (Jean-Baptiste).	1971
Acquiert (François) et comp.	2363
Adlez.	393
Administration (l') des Mines de Bouxwiller.	2437
Adorni.	2696
Advier.	1369
Agard.	169
Agneray.	3198
Agniel, Lafont et compagnie.	3064
Aguila.	2313
Aimé (mademoiselle).	81
Alan-Migout.	3284
Albert.	2948
Albrecht.	510
Albrecht.	913
Allevy.	336
Alexandre.	1430
Alexandre.	2519
Allain et compagnie.	830
Allard.	2642
Allez.	1226
Allier.	1616
Allire-Bourbon.	2297
Allix.	1190
Alexandre.	816
Allix.	976
Amblet.	2529
Amelot de Chaillou (le marquis).	2251
Amiard.	110
Amiel.	1926
Amoros.	599
Anciaume.	2341
André Kœchin et compagnie.	1705
André.	2063
André jeune.	2512
Andriot.	1087
Andriveau-Goujon.	961
Angé.	931
Angot-Levrard.	2124
Angot-Garnier.	2125
Angrand.	697
Aniel.	1306
Anne, dit Saint-Michel.	2129
Année.	474
Antierboche.	1989
Antoine.	2946
Ardant frères.	2058
Ardisson.	3041
Ardisson.	2723
Ariel-Truffet.	2062
Armand-Clerc.	807
Armand-Clerc.	770
Armbruster.	224
Armengaud frères.	956
Arnaud.	2558

MM.	Numéros.
Arnaud (Isaac) cadet.	3061
Arnould.	12
Arnheiter.	784
Aroux (Félix).	3219
Arquillière et Mourron.	2568
Arrier-Perricat.	1116
Ascher et Prévost.	656
Aubanel (Laurent).	1697
Astorquiza (Barthélemy).	2722
Aubanel Delpon (Achille).	3060
Aubé frères.	3334
Auber (Louis).	3147
Aubergé.	2190
Aubert.	2013
Aubin.	489
Aubril.	2925
Aubrun et Herr.	912
Aubrun et Hierr.	509
Aubry.	3273

MM.	Numéros.
Aubry Febvrel.	2332
Aucoc.	580
Audibert Vaucher.	1842
Audin.	1044
Audot.	2692
Augan.	74
Augé.	1882
Auger.	2928
Auger.	1401
Auger (veuve).	1137
Aulnette et compagnie.	2919
Auloy Millerand.	2490
Aurès.	2934
Aury.	3257
Auvray frères.	2131
Auzou.	1504
Averty.	1005
Ayraud.	1621
Azur et Blamploix.	593

B

MM.	Numéros.
Baadé.	504
Bache-Mallet, Dietz et comp.	2735
Bachelot.	19
Bacot.	18
Badin père et Lambert.	2282
Badon.	703
Baillet.	2118
Bailly.	2838
Bailly.	2825
Bainée.	2930
Balaine.	182
Balan.	1355
Balay frères.	3237
Balin, Desvignes et comp.	812
Banes Louvet et compagnie.	92
Baragnon (Maxime) et comp.	3087
Barbaroux de Mégy.	1913
Barbat.	2224
Barbeau.	573
Barbé et comp.	1638
Barbedienne.	132
Barbereau.	746
Barbier.	490
Barbier.	998
Barbier aîné.	3209
Barbier (Victor).	3204
Barbot et Fournier.	2134
Barbou.	2884
Bardel et Noiret jeune.	1
Barié.	3017

MM.	Numéros.
Barillé.	1930
Barlet.	680
Barnouin et Bureau.	3084
Baron.	359
Baron (Joseph).	1788
Barral.	2991
Barral frères.	1771
Barre.	1478
Barré.	168
Barré-Russin.	1756
Barreau.	2848
Barreau.	991
Barreaux et Dehennault.	563
Bataille.	3197
Barthélemy.	1518
Barthélemy.	1393
Barthez (Sylvestre).	2135
Basin.	1591
Bassot.	1045
Bastié (Joseph) et Dona (François).	1965
Bataille.	1407
Batillat.	2489
Battandier	684
Batelot (madame veuve) jeune.	1724
Baube.	422
Baucheron-Hirmet.	1019
Bauchery.	181
Baudoux.	3292
Baudouin frères.	65

MM.	Numéros.
Baudouin.	1237
Baudouin.	149
Baudot.	291
Baudrant.	3286
Baudry.	499
Baudry.	2476
Baudy.	1075
Bauerkeller et compagnie.	134
Baumgartner (Daniel) et comp.	1650
Bavozet frères.	2800
Bazile (Maurice).	1676
Bazile et comp.	3341
Bealay.	2185
Beaud (François-Hippolyte) aîné.	3073
Beaudat.	2601
Beaudoin.	2792
Beauger et Wier frères.	1429
Beauvais.	2183
Beauvais.	64
Beauvallet.	415
Béchard.	1209
Bechetoile.	3256
Beckers.	2634
Bécoulet (veuve) et Vaissier.	1786
Becquet.	217
Bediaux.	141
Beer (Morel).	3208
Béfort père et fils jeune.	1175
Bégognant.	309
Begue.	39
Bégue.	2680
Bégué (Félix).	2503
Behr.	467
Beker.	3007
Beleurgey.	2895
Belfoy fils.	2333
Belhommet (madame veuve).	2747
Bélignie et Lavigne.	2762
Bélignie.	2767
Bell père et fils.	375
Bellamy.	3048
Bellamy frères.	1941
Bellangé.	478
Bellangé fils.	2678
Bellangé Picard.	3130
Bellanger père et Nourisson.	2073
Bellat (Michel-Médard).	1634
Bellet.	924
Bellème.	3332
Bellissent,	1130
Belz-Sicard.	1631
Bemy (de).	77

MM.	Numéros.
Benard.	4042
Benard et comp.	708
Bénard et comp.	1943
Benini (Rock).	1678
Benoist.	1050
Benoist.	3186
Benoist.	2880
Benoist-Malo et comp.	2234
Benoit (A.) et comp.	2463
Benoit.	2896
Benoit (Auguste).	3065
Benoit jeune.	2365
Béranger.	2797
Bercher.	2676
Berce.	96
Bérenger et Petit.	3258
Berg.	2673
Bergeon.	2311
Berger-Delcinte.	2350
Bergerat et Letellier.	1282
Bergeron.	2876
Bergeron et Couput.	1281
Bergis et comp.	1810
Bergue et Sproa fils.	841
Beringer.	621
Berna-Sabran.	2545
Bernard.	463
Bernard.	971
Bernard.	1014
Bernard.	1171
Bernard.	1202
Bernard.	1840
Bernard et Bonne.	2934
Bernard-Monceaux.	2764
Bernardel.	384
Bernauda.	188
Bernet.	557
Berneuil.	1151
Bernex et compagnie.	1905
Bernhardot.	852
Bernheim Labouriau et comp.	97
Bernoville frères.	1985
Berolla.	321
Berrier et Brisson.	3228
Bert.	637
Berté.	2869
Bertèche Bonjean jeune et Chesnon.	2885
Bertaud fils.	2276
Berthe.	1948
Berthelot (Nicole).	604
Berthet aîné.	1804

MM.	Numéros.
Berthon frères et Bourlier.	3258
Berthot (madame Caroline).	1669
Berthoud.	2613
Bertrand.	738
Bertrand et Feydeau.	2107
Berthel et Peret.	1460
Bertrand et Vidil.	660
Berville.	436
Berville (Jules).	899
Beslay.	1099
Besseyre.	418
Best et Loir.	521
Beudin.	3337
Beurteaux.	1177
Bevalet.	3290
Bex (madame).	1055
Beziat.	1133
Biais.	662
Biard.	1509
Bibolet.	969
Bidon et Arrault.	1056
Bienbar.	797
Bienvenu.	2730
Biersteds.	2637
Biet.	1107
Biétry (Laurent).	2456
Bignon.	1077
Bignon.	2815
Bigot.	1167
Bigot et compagnie.	2065
Billant.	344
Billard.	1193
Billard.	2668
Billard.	2004
Billard.	2174
Billiet.	641
Billon (Jacques).	2357
Binet.	2790
Binet.	892
Bineteau.	1316
Bing.	835
Bizières.	1625
Blaise (Armand).	2205
Blaise.	1854
Blanc (Alphonse).	2300
Blanchard.	218
Blanchet.	2239
Blanchet frères et Kléber.	2273
Blanchet frères.	2287
Blanchet.	2554
Blanchetière.	2943
Blanchin.	303

MM.	Numéros.
Blondeau.	2937
Blondeaux.	2959
Blandin.	2814
Blatin.	1326
Blech-Fries et comp.	1659
Blève.	1387
Blondeau.	1473
Blondin frères et compagnie.	72
Blouet.	1223
Blouet et compagnie.	2229
Blum (A.) et compagnie.	2487
Bobée et Lemire	2647
Bobilier (Célestin).	1784
Bobilier (Jean-Claude).	1790
Bobœuf.	1187
Boca frères.	2420
Bocgueville.	2853
Bochet.	679
Boeringer frères.	324
Bodelet.	2227
Bodelet-Lacroix.	2430
Bodeur.	315
Bœuf et Garaudy.	1912
Boffard (Emmanuel).	2306
Bohin (F.).	1901
Boignes.	2719
Boigues frères, Hochet et le comte Jaubert.	2597
Boileau.	1147
Boillé.	2604
Boilvin (Marie) et neveu.	1713
Boimare et Gomont.	3154
Boinville	2978
Boisselot et fils.	1904
Boisset et Gaillard.	1134
Boitin.	771
Bompard (Nicolas) et comp.	1726
Bon.	1235
Bonamy de Conninck et comp.	2109
Bonhomme.	543
Boujour.	71
Bonnard.	1597
Bonneau.	2314
Bonnemain.	2677
Bonnet.	2827
Bonnet.	1566
Bonnet (Joseph).	1603
Bonnet.	331
Bonnié.	936
Bonnot et Moreau.	2522
Bonnot.	127
Bouraisin-Tillault et compagnie.	2113

MM.	Numéros.
Bontems-Lormier et compagnie.	439
Bonvallet et compagnie.	1350
Bonvoisin.	909
Boquet et compagnie.	119
Boquillon.	1423
Bordeaux.	179
Bordon.	2922
Bordon.	569
Borner.	932
Boromé de Lépine.	3135
Borsary et compagnie.	3003
Bort.	1383
Bosq frères.	1909
Bosquier.	3331
Bostmambrun (Philippe) oncle et neveu.	1744
Bottier.	1372
Boucarut.	710
Bouchard.	2590
Boucher.	939
Boucher et compagnie.	647
Boucher et Dauvers.	2901
Bouchet et compagnie.	1541
Boudard.	1357
Boudet aîné.	2040
Boudet-Drelon.	1748
Boudier.	1446
Boudin.	2649
Boudon.	994
Bouenhonet.	22
Bouet (Jean) et Ribes fils.	3080
Bouhardet.	600
Bouillard.	1365
Bouillant.	2780
Boulanger-Lapierre, dit Petit.	1253
Boulaud.	2049
Boullenois.	1213
Boullier.	2248
Boullier et comp.	1845
Boulig (Louis-François).	2457
Boulland.	232
Boullanger fils.	2325
Boullard.	2202
Bour.	1721
Bourbonne (madame).	3036
Bourbouze.	1419
Bourcier (Jules) et Morel.	2533
Bourdeaux.	2141
Bourdin.	329
Bourdon.	299
Bourdon (Charles).	1951
Bourg.	598

MM.	Numéros.
Bourg.	1006
Bourgaud.	3259
Bourgaud neveu.	3261
Bourgeois Duchez.	1635
Bourget et Peter.	2569
Bourgogne.	607
Bourguignon et Schmidt.	2448
Bourguignon.	1366
Bourjat.	2285
Bourlier père et fils.	1795
Bournet.	2189
Bourré.	1886
Bousquet Dupont.	3086
Boussard.	2100
Boussard.	2104
Bousseroux.	568
Boutet et Gresser.	2871
Bouthey, Valengin et Rith.	1802
Boutineau.	1210
Boutté.	222
Bouvet.	1302
Bouvet et Gambière.	538
Bouyon.	1751
Boyer.	2038
Boyer aîné et compagnie.	2576
Boyriven et Gelot.	2528
Brand et compagnie.	1279
Braquehais.	3138
Braux d'Anglure (de).	735
Breguet neveu et compagnie.	1426
Bresquignan.	769
Bresson aîné.	31
Bresson.	154
Bresson.	1664
Breton (madame).	1001
Breton.	143
Breton.	339
Breton frères et compagnie.	2275
Breton père et fils.	2307
Breuzin.	1494
Brevière.	526
Brewer fils.	1376
Breysse (Xavier).	1617
Bricard et Gauthier.	249
Bridon.	2110
Bridard.	2910
Briet.	333
Briet.	2181
Brisbart-Gobert.	328
Brison fils.	1923
Brisset.	1410
Brisset.	1414

MM.	Numéros.
Brisset-Azambre et compagnie.	438
Brissot-Thivars.	1025
Brocchi.	285
Brod.	1275
Brocot.	312
Brosson frères.	2494
Brouhieri.	3303
Brouillet.	1057
Bruguière et Boucoiran.	3057
Brullé.	3316
Brullé Regnault.	523
Brunaut.	3281
Brune aîné.	2855
Bruneau.	2617
Brunet.	1208
Brunet de Lagrange.	629
Brunner.	2811
Bruyer.	1538
Bucaille.	1434
Bucher.	653
Budy.	3114
Buffel.	1666
Buffet.	396
Buffet fils.	398
Buffet-Périn oncle et neveu.	2231
Bufour.	2212
Buignier.	524
Buisson.	1915
Buisson.	2215
Bulteau et compagnie.	2415
Bunten.	823
Buran et compagnie.	888
Burat frères.	608
Burel frères.	2540
Burgun, Wallet, Berger et compagnie.	2025
Baron.	828
Busnel.	476
Busset.	1675
Busset.	2690
Busson.	368
Buthod.	2338

C

Cabane (Alexandre).	3068
Cabanes et Marine-Heil.	1500
Cabany Saint-Maurice.	1361
Cabasse frères.	2330
Cabeu.	560
Caboche, Garneray et comp.	955
Cabrit (Théodore).	3059
Cadou Taillefer.	1899
Cafler.	702
Cahier.	1981
Cahouet.	1228
Caignard.	3190
Caille.	2182
Cailleux (madame veuve).	2428
Caillez.	2226
Cailly.	3133
Calla fils.	724
Calla fils.	805
Callaud.	314
Callaud (E).	1822
Callaud cousins.	1832
Callaud Bellisle (G.).	1831
Callaud Bellisle Sazerac et comp.	1827
Cambon (Antoine) cadet.	3067
Cambray.	783
Cambray.	1487
Camille Beauvais.	2486
Camion frères.	1851
Campbell.	2624
Camus fils et Croutelle.	2228
Camus.	107
Camus.	1397
Camus.	1555
Camus.	1574
Capdeville.	2312
Capplet.	3231
Capron fils aîné.	3182
Carreau.	553
Carette.	1160
Cardon (Hippolyte).	2247
Carle.	967
Carle (Philippe).	1910
Carlier et compagnie.	2259
Carlos-Florin.	2387
Caron.	617
Caron, Marlo et compagnie.	1512
Caron Langlois fils.	2167
Caron-Lefèvre.	2164
Carpentier.	1059
Carpentier.	2832
Carré.	69
Carré et Barraude.	428
Carrier.	2786
Carrière et Reidon.	3054
Cartier fils et Grieu.	2947
Cartier Armengaud aîné.	1094

MM.	Numéros.
Cartulat Simon.	700
Casalis.	1106
Castagnos.	925
Castera.	1413
Catez.	1888
Cattaert.	551
Cauvard.	1498
Cavaillé-Coll père et fils.	1052
Cazal.	584
Cazes.	3063
Celis.	200
Cellieur-Rigaux.	1850
Cerbelaud.	1325
Cerf Mayer.	2754
Cessier.	3260
Chabalier et Ponçon.	3099
Chabert.	2536
Chabrerat.	2986
Chabrié.	2707
Chabrières.	1777
Chadriat.	849
Chagot.	632
Chagot frères.	79
Chaine-Briclot (Victor).	1766
Chaize.	3238
Chalet.	1364
Chalet.	1542
Challuau-Duméreau.	1732
Chamary (Auguste-Charlemagne).	2434
Chambard.	1139
Chambaud.	1169
Chambellan et Duché.	8
Chambon (Louis).	3056
Chameroy.	1551
Chamouton.	228
Champigneulle jeune.	2028
Champion.	67
Champion.	1466
Chanosset et compagnie.	2223
Chanot.	387
Chapelle.	907
Chapelle.	804
Chapelle.	1143
Chapelle.	791
Chapon.	2929
Chapotot.	1149
Chappée.	755
Charbonnier.	343
Chardin.	1515
Charles-Bernard.	1867
Charles et compagnie.	2553
Charliat.	649

MM.	Numéros.
Charoy.	579
Charpaux (madame), née Gérard.	78
Charpentier (mademoiselle).	2219
Charpentier.	774
Charrier-Barbette frères.	1812
Charrière.	1501
Charrière.	1502
Charrut (Hippolyte).	2310
Chartron père et fils.	1773
Charvet.	3221
Charvet (Henri).	2374
Charvez (André) et Fevez.	2395
Chassang.	2674
Chasseron (baron de).	43
Chastel et Rivoire.	2551
Chatain.	1289
Chatel.	2703
Chatelard et Perrin.	2543
Châtenet.	1820
Chaudron, Junot et compagnie.	1135
Chauffriat.	3275
Chaulin.	696
Chaumont.	1558
Chaumont.	1458
Chaussenot.	989
Chaussenot.	813
Chaussenot jeune.	883
Chauveau et compagnie.	2066
Chauvin.	2810
Chauvin.	1814
Chavanis.	2809
Chavant.	133
Chavepeyre.	263
Chavigny (de) de Blot.	886
Chevyaux frères.	1860
Chebeaux.	2684
Chefdruc et C[illegible].	320[illegible]
Cheguillaume et compagnie.	1624
Cheilliot.	388
Chemelat.	1239
Chemin.	767
Chennevière (Delphin).	3335
Chenard frères.	2785
Chennevière (Théodore).	3218
Cherot et compagnie.	2111
Cherrier (Prosper-Adolphe-Léon).	2469
Chesse.	1313
Chevais.	82
Chevalier.	586
Chevallier.	1079
Chevalier.	345
Chevalier.	347

MM.	Numéros.
Chevallier Asselineau.	1684
Chevalier-Curt.	574
Chevillotte (Alexandre).	2742
Chevreuse et Bouvert.	2022
Chilliard (Célestin).	2299
Chinard fils et compagnie.	1034
Chochina.	1138
Chomeau.	408
Chomeau.	796
Chomeau.	271
Chouillou fils.	84
Chouilloux (Pierre-Vincent).	1761
Choumer.	465
Chrétien.	1829
Chrétien.	277
Christmann.	651
Christofle.	192
Christofle.	190
Cicéri.	146
Cuier et Fatin.	2557
Clachet.	1492
Clair.	269
Clair.	802
Clamorgan.	2717
Clancau.	166
Clancau.	135
Clara-Marqueron.	352
Class.	448
Claudet.	1096
Claudin.	1010
Clavel (madame).	80
Clément (madame veuve).	2577
Clément.	528
Clérambault (Charles).	1903
Clerville.	834
Clex.	3011
Clicquot.	212
Clouet.	674
Cluesmeau.	850
Clugny (le marquis de).	2157
Coade	297
Cochery (madame veuve).	540
Cocheteux (Florentin).	642
Cocquelet.	2844
Cocu.	1524
Coessin.	1488
Cœur.	2646
Coffe	2340
Coignet.	1368
Colas (Antoine).	2012
Colcombe Bourgeois.	2661
Cole-John.	2207

MM.	Numéros.
Collardeau-Duhaume.	1427
Collas.	2655
Collas et Barbedienne.	479
Colleau.	1520
Collet (madame).	3747
Colletta.	1148
Colleville.	2120
Colliau et compagnie.	3112
Collier (madame veuve).	1592
Collier.	1589
Collière.	581
Collin.	731
Collineau (René).	2128
Collot.	1291
Collot fils.	1839
Colomb (Pierre).	3075
Colondre (Jean) et Prade.	3081
Colonia.	786
Colnet (de).	1983
Colson.	1752
Colville.	419
Combes.	272
Combié-Rossel.	3089
Compagnie (la) des Verreries et des manufactures de glaces de Saint-Quirin.	1863
Compagnie (la) pour l'exploitation des marbres des Pyrénées	142
Compagnie (la) des ardoisières de Rimogne et de Saint-Louis-sur-Meuse.	1853
Compagnie (la) des forges de Framont.	2319
Compagnie (la) des houillères et fonderies de l'Aveyron.	2367
Compagnie (la) des verreries de Saint-Louis.	2017
Compan.	2979
Companyo.	1879
Constant (François).	3079
Constantin et fils.	280
Contamin.	2608
Contamine.	736
Contamine.	2998
Conte (Antoine).	3077
Conte (Numa).	1879
Coquet.	2923
Coquillard.	3053
Corbière aîné.	1885
Corderant.	458
Cordier.	2704

MM.	Numéros.
Cordonnier (madame veuve).	2408
Corlieu.	1058
Cormouls (Ferdinand).	1958
Cornu.	833
Cornud et compagnie.	1770
Cornudet.	1386
Corrége.	785
Corriol.	1333
Cosnier (Prosper).	1973
Cosnuau.	240
Cosson.	602
Cote.	367
Couder.	1314
Coudère et Soucaret fils.	1809
Coudert.	2053
Cougny et compagnie.	3038
Coulaux aîné et compagnie.	2443
Coullier.	809
Coulon.	482
Coumert, Carretton et Chardounaud.	3091
Couprie, Michel et compagnie.	3210
Courcelle.	2984
Courcier (madame veuve).	999
Courmont.	2382
Cournier.	2292
Cournot.	260
Cournot.	2944
Courot-Bigé.	2584
Court (J.-D.).	2274
Courtel (François).	1694
Courtier.	970
Courtois.	903
Courtois.	1579
Courtois.	2803
Courtois.	3196
Courtois neveu.	397
Courtois.	901
Courza.	3265
Cousinet.	2117
Couteaux père et fils.	1041
Couville.	2879
Cox (Edmond) et compagnie.	2405
Cremer.	2818
Crémière et Briand.	2068
Crépel aîné.	3177
Cresson d'Orval.	1008
Crétenant	717
Croco et compagnie.	13
Croisat.	2988
Croquart.	2840
Crouan (Germain).	2755
Crousse.	3283
Crouste.	1073
Croutsch.	210
Cruchet.	1305
Cruel-Trempé et Félix Bernheim.	900
Cruel-Trempé et Bernheim.	435
Cuiller.	631
Cunin-Gridaine père et fils.	1861
Curner.	532
Curnier (Pierre) et compagnie.	3083
Curt.	1495
Cuvelier.	3143

D

MM.	Numéros.
Dacheux (Jean-Baptiste).	2425
Dafrique.	1067
Dagneau.	1318
Daiguebelle.	2904
Daiguebelle.	1170
Daldringen et Mathey.	1047
Dalican.	105
Dally.	2050
Damainville.	2156
D'ambreville.	2609
Dambrun frères.	2002
Dameron.	113
Damiron.	2552
Danger.	848
Dannet frères et comp.	3323
Darbo.	1000
Darche (madame veuve).	2714
Darche et Granjon.	380
Dardier.	1526
Dartois et Paget.	2499
Dassouville.	3021
Dastis et fils.	2369
Dathis (Léon).	3236
Daubigny.	894
Daublaine, Callinet et comp.	869
Daudé.	765
Daudet aîné et comp.	3104
Daudet jeune et Chabaud.	3097
Daudeville et comp.	2004
Daudrieu.	129
Daulce.	2765
Dauphin.	1976
Dauphinot Pérard.	2243
Daures fils.	2362

MM.	Numéros.
Daurey de Sainte-Foix.	1950
Daurignac.	775
David.	1030
David.	1464
David (J.-B.).	3252
David Kœnig.	1649
Davion.	1164
Davin, Defresne.	2001
Davril.	1340
Daydé-Gary.	1629
Dazin fils aîné.	2417
Debain.	1122
Debar aîné.	1968
Debatiste.	795
Debaussaux.	2432
De Beine.	1145
De Bémy.	2845
De Bémy.	546
Debergue, Desfriches et Gillotin.	2316
Debeyme.	1529
Debourges.	2971
Debourges et Brouhé.	3319
Debras.	645
Debray et comp.	2920
Debrie et Frichon.	3272
De Bruyer.	1701
Debuchy (François).	2370
Debuchy (Désiré).	2399
Decaën et compagnie.	2555
Decaen et comp.	2666
Decaen frères et comp.	2556
De Chauvigny de Blot.	412
Decourt.	2710
Defontaine Cuvelier.	2385
Defrémicourt (Irène).	3213
Deglesne.	104
Degouzée et compagnie.	213
Degrand.	405
Degrand (madame).	771
Degrand.	881
Degrange.	582
Degrandel.	2388
Depais.	1543
Dejean (Cyprien).	2151
Dejernon.	403
Delabarre.	3342
De Labbaye.	2644
Delaborne.	2940
Delacour.	963
Delacretas.	3139
De la Crétaz.	889
Delaforge.	245

MM.	Numéros.
Delage frères.	1828
Delage-Montignac.	13
Delahubaudière jeune.	2768
Delamarche.	311
Delamare.	1068
Delamarre.	1569
Delamarre.	196
Delannoy (Jules).	2413
Delaplanche.	1245
Delarbre-Aigoin.	2137
Delarue frères.	3206
Delarue (Alphonse).	3203
Delarue et Gautier.	254
Delarue.	953
Delas.	3052
De la Teysonnière et Royer.	1677
Delatouche.	3117
Delatour.	628
Delattre (Henri).	2398
Delaunay-Vildieu, Couturier et comp.	2119
Delaunay.	3004
Delaunay et comp.	2069
Delaveleye.	1679
Delbut et comp.	2475
Delebourse.	1199
Deletain.	2007
Deleuil.	334
Delicourt et comp.	698
Deligny.	995
Delisle.	2616
Delloye, Jourdan aîné et Lelièvre.	2406
Delmont.	2878
Delondre.	2658
Delnef.	1438
Delport.	3023
Delporte.	758
Delvigne.	1505
Demarne.	2852
Demarson.	3037
De Manneville.	1947
Démard.	2631
Demay.	1080
Demi-Doineau.	1348
Demouy-Perint.	2654
Denand.	2630
Deneirouse et comp.	3
Deniere.	715
Denille et Lagarde.	644
Denizot.	2013
Denom père.	114
Depaige (madame).	2774

MM.	Numéros.
Depierre.	1144
Deplaye.	103
Depouilly.	668
Dequenne.	2586
De Raffin (Jean-Baptiste) et compagnie.	2581
Derazey.	2336
Derolan et Drouchin.	236
Derosselle.	219
Derouvroy-d'Aubigny.	3174
De Roy.	1460
Derriey.	539
Derrion.	1022
Deruquchens.	825
Dervaux aîné.	2412
Desbassyns de Richemont.	1229
Desbordes.	327
Desbouillons et Jouon.	1917
Descayrac.	2872
Deschamps.	2907
Deschamps.	2670
Deschamps.	535
Desclous.	1027
Desfossé frères.	444
Desfrèches fils.	3204
Deshayes.	845
Désirabode.	2877
Desmonts.	2384
Desmyaux.	1200
Dezobry.	406
Desormes.	256
Desrone et Cail.	874
Desrone et Cail.	808
Desouches Fayard.	259
Despreaux.	1036
Desrosiers.	2699
Desrosiers (Pierre-Antoine).	2015
Dessaint-Florin (madame veuve).	2403
Détape.	1811
Determoy et Lamouroux.	3267
Deupès.	1180
Devaucouleurs et fils.	3309
Devaux.	3289
Deville.	685
Devillez frères.	1870
Deville-Chabrol.	122
De Villeneuve et Tochi.	1907
Devisme.	1012
Deviolaine.	1994
Dewavrin (Anselme).	2423
Dewild et Buffet.	1893
Dewild et Buffet.	2016

MM.	Numéros.
Dezobry.	406
D'Huart de Nothomb.	2019
Dhombres (Michel).	3098
Dida.	206
Didier.	3005
Didier Petit et compagnie.	2548
Didot père.	1718
Dier.	634
Dieu.	1172
Dieu.	507
Dieutegard.	93
Dietz.	304
Digeon et comp.	1613
Dillon aîné.	1764
Dinocourt.	2610
Dioudonnat.	296
Disery-Talmours.	446
Divrande.	2127
Dobler et fils.	1837
Doderet.	650
Doé.	153
Dolfus-Mieg et comp.	1648
Domey.	374
Dommanget et Hubault.	54
Dontail.	2600
Dordet.	203
Doré.	1083
Dorgebray.	2079
Dorin.	434
D'Orléans.	847
Dormoy-Rohan.	244
Douillon.	3134
Douillot.	1767
Doumaux frères.	1745
Dournay et compagnie.	707
Drains.	544
Drains.	917
Drant.	2452
Draps.	657
Drescher.	2817
Driand et Marchal.	1711
Drelon et Engelvin.	1747
Dreuille.	58
Drouet.	1618
Drouet aîné.	15
Drouileau.	3009
Drouillard, Benoist et comp	3107
Drouin.	1081
Droz (veuve).	128
Drugeon.	547
Dubain.	683
Dubain.	558

MM.	Numéros.
Dubellet et compagnie.	3039
Dubochet.	965
Dubois.	2958
Dubois.	1301
Dubois.	1921
Dubois (François) et Noiron.	2462
Dubois et compagnie.	3321
Dubosq frères.	704
Dubouché.	2048
Dubouloy.	673
Dubourg.	3119
Dubreuil.	1548
Dubuc,	834
Dubus-Bonnel et compagnie.	2
Ducastel	675
Duchemin.	1425
Duchêne.	2784
Duclaux.	636
Duclos.	2603
Ducly-Moras.	2579
Du ommun.	588
Ducoudré.	1285
Ducrocq (C.).	2482
Ducros.	2734
Dufau et compagnie.	1218
Dufeu.	1024
Duforestel-Lefebvre.	3160
Dufort.	3288
Dugas.	3248
Duglade-Richard.	713
Dugué frères.	1914
Duhamel.	2997
Duhoux.	1328
Dulché et Piet.	2806
Dumaine.	1609
Dumas.	2045
Dumbrowski.	555
Dumérin.	2008
Du Mesnil.	1667
Dumont.	2976
Dumonthier (Joseph-Célestin).	2464
Dumor Masson.	3212
Dumoulin (madame).	3046
Dumoutier.	348
Dunand.	1021
Dunand.	1437
Dunet.	1220
Dupas frères.	2331
Dupont.	1181
Dupont.	1188
Dupont.	687

MM.	Numéros.
Dupont (Auguste).	1873
Dupont aîné et Charvet.	3330
Dupont (Louis).	2373
Dupont-Chretiennot.	2893
Dupont et Lecomte.	2154
Dupont (Louis-Guislain).	1997
Dupont (Sophie) et compagnie.	1778
Dupont.	943
Duprat.	2054
Dupré.	718
Dupré.	3131
Dupré.	3001
Dupré (L.).	2485
Dupreuil.	2888
Dupuis et Reumont jeune.	1032
Dupuy (Joseph).	3317
Durand.	1661
Durand.	92
Durand.	595
Durand.	89
Durand.	187
Durand.	2343
Durand.	1934
Durand (Charles).	2288
Durand.	2798
Durand.	3253
Durand Caille.	1623
Durand fils.	1158
Durand (Charles).	2301
Durandeau aîné, Lacombe et compagnie.	1824
Durécu (Armand) et comp.	3202
Durieux.	136
Durousseau de la Combe (mad.)	1422
Du Souich et Lorin.	3026
Dutartre.	2931
Dutel.	920
Dutertre.	1038
Dutfoy.	427
Dutheil.	2256
Dutreix.	2059
Dutremblay.	441
Dutrou.	42
Duval.	1233
Duval.	2687
Duval.	2918
Duverger.	952
Duvernoy.	383
Duvoir.	1194
Duvoir (Léon).	3113
Dutzschhald.	1468

E.

F

G

MM.	Numéros.
Gabert fils aîné.	2283
Gabert fils aîné et Genin.	2279
Gabion aîné.	3263
Gabet.	3030
Gabriel et Ravaisse.	2544
Gadain.	879
Gadaut.	868
Gagelin et Opigez.	3049
Gagin.	669
Gagnaux.	552
Gagnière.	2574
Gagnon et Culhat.	21
Gaidan Frères.	3088
Gaigneau frères.	2470
Gaigneaux frères et comp.	1031
Gailard et Thirion.	1412
Gaillard frères.	1375
Gaillet et compagnie.	1755
Galais.	1920
Galle.	234
Galibert et Sarraut.	66
Gallafent.	1095
Gallet.	2977
Gallet.	3132
Gallo et Bigot.	1293
Gallois.	1227
Galy Cazalat.	268
Gamalié fils.	3069
Gambry.	2615
Gandais.	739
Gandillot frères et Roy.	733
Gandillot et compagnie.	160
Gannal.	611
Gannebien.	3025
Ganneron.	3121
Gapaillard (Louis).	1689
Gapaillard (Jean).	1688
Gapaillard (Joseph).	1687
Gardissal.	2599
Gariel (Félix).	3205
Garin.	1174
Garnier.	307
Garnache.	1789
Garnache-Barthod frères, Clément et Juvénal.	1799
Garnache (Lucien).	1798
Garnot.	2184
Garraut.	492
Garrigou.	3207
Garrison oncle et neveu.	1808
Garson	1178
Gasche.	2620
Gascoin.	1577
Gast.	1932
Gastine-Renette.	615
Gatbois.	1309
Gateau et Déon.	2199
Gattelier.	1317
Gatigny (de) et compagnie.	75
Gauchard.	2691
Gauchez et fils.	1026
Gaudichon.	1243
Gauss (J.-M.).	1658
Gaussant-Saivre.	1389
Gaussen aîné et compagnie.	23
Gautheron.	727
Gauthier.	2606
Gauthier.	105
Gauthier.	2639
Gauthier.	1444
Gautier et Emery.	262
Gausson aîné et compagnie.	23
Gavard.	310
Gaveaux.	2514
Gavrel.	895
Gayrard et Lagrèze.	2203
Gaiseler.	2682
Gellée frères.	2955
Geminard (Philippe).	3106
Genevois.	26
Gennevois (Jean-Baptiste).	2891
Gentillot.	1292
Geoffroy.	29
Geoffroy Ferret.	2162
George.	326
George.	811
George (L.).	2020
Gérard.	56
Gérard et Mielot aîné.	2060
Gérard Pinsonnier.	1063
Gérardin.	1833
Gérin fils.	1769
Germain (Aug.)	2026
Germain (Pierre).	3102
Géruzet (Aimé).	1601
Gervais.	1931
Gervais.	1090
Gervaise.	2132

MM.	Numéros.
Geslin.	242
Geslin (François).	2351
Gevelot.	1197
Gibaut.	353
Gibus.	2779
Gierlini.	2933
Gihaut.	536
Gilbert.	3315
Gilbert (Laurent).	2268
Gilbert Michuy.	233
Gillard frères.	2021
Gillet.	760
Gillet.	3006
Gillet (Pierre-Alexandre).	2168
Gillot.	1578
Gilquin fils.	3116
Gineston.	199
Girard.	522
Girard.	2460
Girard et comp.	3164
Girard neveu.	2515
Girard et Accary.	2509
Girard-Bobilier et comp.	1807
Girardin.	773
Girardot.	2034
Giraud.	364
Giraud (Etienne).	2145
Giraudou.	1260
Girault.	1346
Girgois.	1453
Giroult père.	2289
Giroux.	1295
Giroux et comp.	978
Gisclard fils.	1969
Givelet-Assy et Rollin (H.).	2233
Glaize.	2823
Gloriod (François-Joseph).	1787
Gobelet (Jean-Baptiste).	2583
Gobert.	431
Gobert.	1474
Godard.	1436
Godard et compagnie.	1708
Godard et Decrépo.	3326
Goddet et Alkin.	627
Goddet et Alkin.	1017
Godeau.	1399
Godefroy.	1039
Godefroy.	1522
Godfroy aîné.	873
Godchaux Picard.	3223
Godemar et Meynier.	2506
Godet-Huchard.	2890

MM.	Numéros.
Godillot.	87
Godin aîné.	1680
Gœbel.	493
Gohier Desfontaines.	1482
Goinard aîné.	1929
Golay père et fils.	2566
Goldenberg (G.) et compagnie.	2442
Gombault.	1222
Gombert.	35
Gombert père et fils.	1345
Gondelier.	749
Gonfreville aîné.	3168
Gonin.	1043
Gorce-Verru.	2736
Gorez.	469
Gosse de Billy et compagnie.	470
Gotten.	2705
Gottfried-Peters.	1510
Goudchaux Picard frères.	1715
Goudel et compagnie.	485
Goudot-Mollot.	2337
Gouet.	960
Gouet.	1110
Goulbier.	818
Goupille (Constant).	2353
Gourdin.	3320
Gouré.	1533
Gourjon.	2589
Gourju.	2290
Gouvrion.	908
Gouyon.	523
Gouzé jeune.	24
Goyon.	399
Graenocker.	940
Grand frères.	2538
Grand-Homme.	1584
Grandeury frères.	1712
Grandin (Victor).	3199
Granger.	201
Granger.	1490
Grangier frères.	3250
Grangoir.	237
Granié frères.	2101
Gratien.	1919
Graux.	1986
Gravelleau.	94
Gravier Delvalle.	1215
Gréer.	194
Grégoire.	41
Greiling.	1196
Greinier et Kuntzer.	3450
Grell.	3291

MM.	Numéros.
Grenet fils.	3146
Grenier.	566
Grenier.	1246
Grenier.	2992
Grenier père et fils.	2281
Griffon (madame).	2903
Griffon.	1894
Grignon.	1559
Grillet aîné.	2510
Grimes.	2147
Griolet.	27
Grison.	988
Grison (Paul).	2359
Grivard.	1491
Grivel fils.	1731
Grohé.	942
Grondard.	205
Gronnier.	1093
Grosboz.	2542
Grosjean fils.	2087
Gros-Odier, Roman et compagnie.	2093
Grossinger.	2505
Groult.	413
Groult.	885
Gruaz.	1102
Grus.	351
Guasco-Jobard.	1668
Guénard.	1821
Guenin.	1415
Guerber.	365
Guérin.	116
Guérin.	505
Guérin.	477
Guérin.	1261
Guérin.	2726
Guérin jeune.	1521
Guérin et Pailler.	3076
Guérineau fils.	1729
Gueret et Hervis.	2483

MM.	Numéros.
Guéroult.	2917
Gueutal.	1801
Guevin, Bouchon et compagnie.	2232
Gueymard (Émile).	2294
Guézénec et Morot.	2750
Guibal (Jean-Pierre-Julien).	1970
Guibout et Christofle.	83
Guichard.	2106
Guichard.	1182
Guichard.	392
Guidon.	1118
Guillaume.	3013
Guillard.	1023
Guillat.	2052
Guillaume.	2671
Guillebert.	3200
Guillemin frères.	692
Guillemot.	95
Guillet.	1127
Guillois.	1219
Guillot aîné, Chapot (Aug.) et compagnie.	2284
Guillou-Zentler.	1734
Guimet.	2535
Guimezames (Bonaventure).	1876
Guin et compagnie.	3094
Guinand.	1391
Guinand.	2541
Guinaud (Madame veuve).	1803
Guingant (Jean-Pierre).	2756
Guinier.	3000
Guion-des-Moulins.	2130
Guionnet.	2669
Guiot.	1020
Guitton.	429
Guny frères.	220
Guy.	3051
Guyon.	1847
Guyon de Boullen et comp.	2253

H

MM.	Numéros.
Hache-Bourgeois.	3325
Hachette.	1192
Haffener (madame).	2854
Haffeur.	2032
Haize.	298
Halary.	1432
Halot et de Varaigne.	905
Hall, Pow et Scott.	3151
Hallberg.	202
Hallé.	461
Hallé	1146
Hallot et compagnie.	742
Hamard.	164
Hamel (Auguste).	2751
Hamelaerts.	2990
Hamelin.	648
Hankin.	2900
Hanriot, directeur de l'école d'horlogerie de Dijon.	1683
Hardelet.	747

MM.	Numéros.
Hardouin.	921
Harding (Thomas).	2372
Hardy fils et Bienvenu.	2067
Hareng.	3129
Hartmann (Jacques).	2090
Hartmann et fils.	2091
Hasslaner et L. Fiolet.	1849
Hattute.	2874
Hatzenbuler.	354
Haumont.	311
Haumont.	914
Haussmann, Jordan-Hirn et compagnie.	2075
Hauterive et Sœurs.	63
Hauvert fils, Ducros et Saussine.	3085
Havard.	596
Hayet.	678
Hazard frères.	3162
Hazard et Bienvenu.	2265
Hébert.	2906
Hébert et compagnie.	30
Heiligenthal et compagnie.	2444
Heitschlin (P.) et Gilardoni frères.	1656
Helbromer.	55
Heller (Christian).	1610
Henckel.	62
Hennecart.	48
Henriot frères, sœur et comp.	2230
Henriot fils.	2241
Henry.	251
Henry aîné et fils.	59
Henry fils aîné.	1614
Hérard-Devillers.	1308
Herbin.	121
Herbinot.	1084
Herigoyen.	2057
Hermann (J.).	1657
Hermann.	266
Hérouard frères.	2209
Hertz.	1274
Héruville.	798
Herzog (A.).	1660
Hesse (madame veuve).	2033
Hesselbein.	361
Heugue.	1152
Heulte.	101
Hildebrand.	1276
Hindenlang fils aîné.	1514

MM.	Numéros.
Hintermayer.	355
Hiolle.	1028
Hoefer.	1157
Hofer frères.	2094
Hofer (Josué).	2078
Hofer (Henri).	1647
Holstein et compagnie.	878
Honorat et Bessey.	3262
Honoré.	450
Horrer (Martin) et Rozat.	1719
Houbloup.	1189
Houdaille.	195
Houdeville.	3183
Houdin.	839
Houel et compagnie.	1311
Houel (veuve).	896
Houlès père et fils.	1959
Houllier-Blauchard.	622
Houssay.	2728
Houssin.	2366
Houyau (Victor).	1979
Houzeau et Velly.	2238
Huau (Louis).	2752
Huard fils.	2070
Huard frères.	2472
Huault.	2789
Hubert et Gérard.	221
Hubsch.	1367
Hue.	1900
Huck.	1266
Huet.	289
Huet-Gaffin.	591
Huette.	1269
Hugonnet.	803
Huguenin et Ducommun.	1702
Hugues.	2195
Hulot.	890
Huntzinger.	1420
Huret.	238
Huret.	2860
Hurez.	572
Husbrocq.	150
Hussenet.	1264
Husson.	2188
Husson et ses sept filles.	1710
Hutin.	214
Huzard (madame veuve).	3307

I

J

MM.	Numéros.
Langlassé.	768
Langlois et Chenal.	1440
Langlois.	676
Langlumé.	1469
Langrenez.	2640
Languereau.	410
Landmann (S.) et compagnie.	1637
Lanne.	2927
Lansot.	2121
Larderelle (le comte de).	3302
Lasieur.	3295
Lansot (Charles) (madame veuve),	2122
Lantzenberg (L.) et compagnie.	2439
La papeterie de la Société anonyme d'Écharcon.	2477
Lanet de Limencey.	1480
Lannier.	652
Lapeyre et compagnie.	699
Laporte aîné.	2047
Laporte frères.	2039
Laporte.	1072
La Prévotte.	1126
Larauza.	225
Lardière.	2697
Lardin frères.	1836
Larguèze aîné.	2143
Larivière.	323
Laroche (madame).	996
Larroque.	382
Larmoyer.	1283
Laroche.	1272
Laroche.	576
Laroche, Duchez, Lejeune et compagnie.	1825
Larreillet (Dominique).	2317
Lassalle.	576
Lascola et compagnie.	1342
La Société anonyme des marbres des Vosges.	2345
La Société des mines et fonderie de la Vieille-Montagne.	12
Latte.	2266
Latune et compagnie.	1779
Laudeau frères.	2358
Laure (madame).	1516
Laure et compagnie.	659
Laurens.	2706
Laurent.	2152
Laurent.	241
Laurent.	394
Laurent.	1082
Laurent et de Berny.	966
Laurent-Defrocourt.	2378
Laurent (Weber) (madame veuve) et compagnie.	1641
Lauret frères.	2138
Laury.	3308
Laux.	483
Lauzin fils.	1530
Lavenarde-Bailly.	2260
Lavigne (madame).	3312
Lavoipierre.	1594
Lavrit et Larsonnier.	1042
Lazar, Aron.	2029
Lebel.	794
Lebel.	972
Lebel.	979
Le Bedel.	1248
Lebesnier et compagnie.	1928
Lebet.	1398
Lebeuf (Louis).	3120
Lebeuf.	1447
Lebihan.	836
Leblanc (madame veuve).	964
Leblanc.	358
Leblanc.	1183
Leblanc et compagnie.	2394
Lebordais.	2970
Lebouteillier.	514
Lebreton.	2175
Lebrun.	338
Lebrun.	748
Lebrun.	1484
Lecapitaine.	2390
Le Cavalier (madame veuve).	3040
Lecerf.	1324
Lechevalier.	349
Lechevalier.	639
Leclaire.	1299
Lecler-Allart.	2240
Leclerc.	2807
Leclerc.	385
Leclerc (Didier).	2433
Lecocq.	2802
Lecoq.	117
Lecoq-Guibé.	1896
Lecomte aîné.	1598
Lecomte.	530
Lecomte.	843
Lecouvey.	2857
Lecouvey.	716
Lecrosnier.	1140
Lecrosnier.	1109
Lecun et compagnie.	3103
Leda.	290
Ledansour et Delaruelle.	421

MM.	Numéros.
Ledard.	663
Ledoux.	1217
Ledure.	176
Lefaucheux (Casimir).	3126
Lefaure.	625
Lefébure (E.).	2085
Lefebure.	247
Lefebvre.	876
Lefebvre.	1131
Lefebvre.	1273
Lefebvre (Théodore) et comp.	2393
Lefebvre-Horrent.	2400
Lefloch (Louis).	1695
Lefort.	3137
Lefoye.	2842
Lefranc frères.	151
Lefrotter-Daugecourt (Mlle).	3220
Legand.	513
Legendre.	1539
Legendre (Victor).	2744
Léger.	947
Léger-Francollin.	2249
Legey.	827
Le Gluen-Kerneizon.	2741
Legrand.	2957
Legrand.	3170
Legrand.	520
Legrand-Lemor, Lecreux et compagnie.	9
Legrand.	916
Legras.	2126
Leguennec (Jacques-Alexis).	1696
Leguillette et Tessier.	1244
Lehec.	1977
L'homond.	2942
Lejeune.	776
Lejeune et compagnie.	2410
Lelieur.	1556
Lelieure de Laubépin.	689
Lelogé.	592
Lelong.	751
Le Lyon.	1013
Lemaignan.	8156
Lemaire.	633
Lemaire.	2170
Lemaire.	3222
Lemaître.	1163
Lemarchand.	500
Lemarchaud.	1156
Lemare (madame veuve).	207
Lemarquant.	2938
Le Marié.	2766

MM.	Numéros.
Le Mazurier (Paul).	2740
Lemercier.	1535
Lemercier, Bénard et comp.	1173
Lemire, Danguin et comp.	2550
Lemoine.	1428
Lemoine.	3148
Lemoine Gondon.	1946
Lemoine (Victor).	2155
Lemoitre.	779
Lemonnier	2837
Lemonnier Chenevière.	3216
Lemonnier.	3157
Lemoyne.	2652
Lenain.	763
Lenglet.	186
Lenormand.	60
Lenormant.	2763
Lenseigne.	790
Lenseigne.	1421
Léon.	1280
Léonard.	1583
Léonard (J.-P.).	2036
Lepage.	618
Lepante (Henri).	1321
Leparquois.	2123
Lepart et Jouenne.	1536
Le Paul.	252
Lepaute jeune.	1257
Lepaute (Henri).	1252
Leperdriel.	417
Leperdriel.	891
Leplant.	1887
Lépinois.	1868
Lepoutre-Roussel (mad. veuve).	2414
Lequart.	1450
Lerebours.	308
Leroux (P.-J.).	2153
Leroux-Dufré.	3298
Leroux (Darcet).	1663
Leroux aîné.	2335
Leroy (madame).	2864
Leroy.	306
Leroy.	826
Leroy.	2208
Leroy.	1586
Leroy (Raphaël).	3125
Leroy-Picart.	1862
Leroy.	1206
Les administrateurs de la manufacture des glaces de Saint-Gobain.	454
Lesage.	2972

MM.	Numéros.
Lesage.	720
Lesénéchal.	1922
Lesgent-Oriac.	223
Lesguillier.	884
Lesire Gruger.	1203
Lesouef de Petigny.	2998
Lesourd-Delisle (Antoine).	1972
Lespinasse.	287
Lessore.	2829
Lestournière.	2244
Lété.	2334
Letestu.	2805
Letort.	2694
Leutner et compagnie.	2516
Levard.	1940
Levasseur.	3142
Levasseur.	772
Leveillé.	3343
Levesque.	1104
Leviel (madame).	2996
Levraud.	2108
Lhabitant, Guynet et compagnie.	47
Lhoste (Henri).	2471
Lhotel.	1351
L'Huilier.	2344
L'Huinte.	933
Liancourt (le duc de).	2158
Liebach-Hartmann et comp.	1636
Liegard.	108
Liegaut.	376
Liénard-Plays.	2383
Liénard et compagnie.	2567
Limage-Pinçon.	16
Limonaire frère.	851
Linas (de).	2192
Lindsay Ormsby.	2791
Link.	853
Lion et Laboulaye frère.	959
Lioud (François) et comp.	1606

MM.	Numéros.
Lioud (François) et comp.	1607
Liré.	2715
Lisbonne et Crémieux.	705
Lioche.	2905
Livache (Joseph).	2353
Lizé (madame).	655
Llanta (Saturnin).	1818
Lockhart.	2252
Loddé.	2254
Loddé	3217
Loeulliet.	517
Loiseau.	2822
Loiseau.	837
Lolaguier.	1528
Lombard.	918
Lombardot.	949
Lombré et fils aîné de Nay.	2501
Longchamps, Macle et comp.	893
Longeau aîné.	1830
Longueville.	2862
Lorenzo.	2605
Loriot.	3123
Lossel.	1409
Loth.	777
Loth fils.	2993
Lory père.	2941
Louanet (Prosper).	2011
Louette-Lefebvre.	3180
Loumaillier et Froidot.	38
Louvel et compagnie.	3020
Louvois (le marquis de).	275
Lucas frères.	2318
Lucas.	2484
Lucas Richardière.	1092
Lucy-Sédillot.	2565
Ludger-Guéléot.	2206
Luquin frères.	2537
Lusson.	1185
Luynes (le duc de).	1382

M

Mabire.	3.58
Mader et fils aîné.	131
Madis.	2856
Mailly.	2983
Mainfroy.	1161
Mainot.	3167
Maire (Charles).	438
Maitre.	1476
Maitre (Joseph).	1681
Maison centrale.	3090
Malard et Barré.	2165
Malbec.	2665
Malenfant.	2683
Malespine.	3274
Malet (madame).	2781
Mallat.	840
Malmazet aîné.	2371
Manceau.	288

MM.	Numéros.
Manceaux.	1336
Mangal.	559
Manin fils.	2883
Manne.	3175
Manœuvrier aîné.	2046
Manoury (Arsène).	1945
Manoury-Lamy.	3153
Mantois (madame).	2695
Manuel et Dry.	6
Marcand (Auguste).	3211
Marembert.	1011
Maratuch.	997
Maratuer.	578
Maraval (Isidore).	1961
Marcel (Louis).	3327
Marchal et Gugnon.	2035
Marchal, Berger et compagnie.	2024
Marchand.	340
Marchand.	174
Marchèse.	589
Marchon (Alexis Aimable).	2473
Marcot Thiriet et comp.	1725
Maréchal.	750
Mareschal, représentant la compagnie française du filtrage.	1507
Margaine et Dubois.	447
Margoz.	2812
Margras.	820
Marie Hollot.	45
Marie et Charpentier.	3032
Marin.	941
Marin.	927
Marinet.	455
Marion.	1359
Mario Bourguignon.	198
Marius-Paret.	1857
Marix.	381
Marix.	1277
Marloye.	484
Marmier.	1053
Maron et Damoiseau.	3144
Marot.	2989
Marque frère.	2322
Marquizet.	638
Marquiset (Achille).	2323
Marrel.	550
Marrel.	1571
Marrel.	981
Marrel.	2667
Marret.	1570
Marsat.	1823
Marsaud.	180

MM.	Numéros.
Martenot et compagnie.	1179
Martin.	2962
Martin et compagnie.	3241
Martin.	456
Martin.	821
Martin (veuve).	61
Martin Ferry et compagnie.	1338
Martin.	980
Martin.	2210
Martin (Emile) et compagnie.	2595
Martinant de Preneuf.	3050
Maruéjouls (Frédéric).	2102
Marx-Picard et fils.	2201
Marx-Picard et fils.	1723
Mary.	2169
Masquelez.	2200
Massin.	2894
Massing frères.	2031
Masson.	1463
Masson.	1205
Masson frères.	442
Massue.	1409
Mathevon et Bouvard	2518
Mathias.	3022
Mathieu.	1370
Matton (Auguste).	2304
Maufras (Mlle).	1937
Mauger.	2987
Maurier et Bernard (Antoine).	2532
Maurin.	1296
Maulbon-d'Arbaumont.	2348
Maume (Guillaume).	1633
Mauny (le comte de).	3297
Mauvielle.	3300
Maxant.	2985
May.	1049
Mayer.	3314
Mayer.	1346
Mayeras.	2055
Mayet-Vallon.	1394
Mayeux (Joseph).	2743
Mazars.	2364
Mazeline frères et Dorey.	3233
Mazeron et compagnie.	2675
Mazille-Perrier.	2491
Mazure de Aguirre.	1216
Mégard.	2161
Megret.	2693
Mehl.	2632
Mellecat.	610
Mellier.	1527
Melzessard.	780
Menet (Henri).	2478

MM.	Numéros.
Menier.	409
Mennot-Leroy.	1996
Menoud.	3029
Mention et Wagner.	1065
Menuel.	1441
Menut.	1590
Menzel et compagnie.	165
Mérat et Thavenot.	2186
Mercier.	2136
Mercier (madame).	1508
Mercier, représentant les propriétaires des mines de Faymoreau.	1620
Mercier.	369
Mercier.	1150
Mercier.	1262
Merkel.	556
Merland (L.) jeune.	2114
Mermet.	855
Mermet.	1843
Mero (Joseph) et Curault.	1735
Mercoiret.	3264
Merville.	185
Mesmin aîné.	1869
Mesnager frères.	3242
Mesny et Favard.	2298
Messier et Amavel.	3035
Metcalfe (J.-D.).	2479
Meugniot.	1674
Meunier.	335
Meunier (Pierre).	1692
Meunier père et fils.	1691
Meunier fils (Jean).	1693
Meunier (Jean).	1690
Meunier-Journoud et comp.	3270
Meuret.	1987
Mévolhon d'Auchel.	2593
Meyer frères et compagnie.	1409
Meyer (J.-J.) et compagnie.	2037
Meynadier.	1207
Meynadier.	2969
Meynard père et fils.	1155
Meynard (Cadet).	3111
Meynial.	565
Michalowski et Stimpinski.	2056
Michaut frères.	2327
Michel.	430
Michel.	2635
Michel (Athanase).	2261
Michel (Guillaume).	2746
Michel (Georges).	2142
Michel (Jules).	2269
Michel et Lebreton.	2761

MM.	Numéros.
Michels-Maire.	[illegible]
Michel-Valin et Ubaudi.	[illegible]
Michel et Valin.	[illegible]
Michel et Valin.	[illegible]
Michelez.	[illegible]
Michy (Denis-Augustin).	[illegible]
Micolon et Couchoud.	[illegible]
Micoud.	[illegible]
Migeon et fils.	[illegible]
Mignard Billinge.	[illegible]
Miguel.	[illegible]
Milius frères et comp.	[illegible]
Miller Thiry.	[illegible]
Millet (madame).	[illegible]
Millet et Jacquin-Millet.	[illegible]
Millet et Robinet.	[illegible]
Milly (de).	[illegible]
Millon-Marquant.	[illegible]
Milori.	[illegible]
Minter et Lorimier.	[illegible]
Mirabeau et comp.	[illegible]
Mirial (Scipion).	[illegible]
Miroude.	[illegible]
Modo.	[illegible]
Mohler.	[illegible]
Mohler frères.	[illegible]
Mohr.	[illegible]
Molerat et comp.	[illegible]
Monain.	[illegible]
Moncourt et Comperot.	[illegible]
Mondher et Le Capitaine.	[illegible]
Mongin.	[illegible]
Monginet.	[illegible]
Mongodin.	[illegible]
Monier.	[illegible]
Moniguet.	[illegible]
Monmonceau.	[illegible]
Monniot.	[illegible]
Monpelas.	[illegible]
Montagnac Fabreguettes.	[illegible]
Montaignac (de).	[illegible]
Montal (Claude).	[illegible]
Montels.	[illegible]
Montfort.	[illegible]
Montgolfier.	[illegible]
Montgolfier.	[illegible]
Montier.	[illegible]
Montrelay.	[illegible]
Morand.	[illegible]
Moras et Dauphin.	[illegible]
Moreau.	[illegible]
Moreau.	[illegible]

MM.	Numéros.
Moreau-Joubert et Ducos frères.	1675
Morel.	2664
Morel.	732
Morel.	741
Morin Jolly.	2009
Morin du Lérain fils et comp.	1918
Morin.	1254
Morin et comp.	1776
Moris.	1114
Morisot.	2681
Morisseau.	3015
Mory (de).	1552
Morize.	2179
Morize.	2698
Morize.	1396
Morize et Vatard.	1066
Moser et Marti.	1794
Motel.	318
Motheau	250
Mothereau.	1445
Mothes frères.	2196
Moulinet.	3[illegible]1
Moullé.	1121
Mouilli (Pierre).	1622
Mouine (J.-F.).	1628
Mouray.	753
Mourguet et Robin	3268
Mourot et Denis.	426
Mouisse (Jean François).	1628
Moussier.	1567
Moutier-Huet.	3159
Mouton et Josseaume.	53
Mozard.	1241
Muel.	1230
Muel (Gustave).	2321
Muel (Pierre-Adolphe).	1762
Muel-Doublat (Edouard-Joseph-Claude).	1758
Mugnier (Étienne).	2061
Mugnier.	1698
Muhlbacher frères.	690
Muhlberger (Gaspard).	3338
Muller et Comp.	3276
Muller Drouard et comp.	3181
Muller.	2757
Muller.	867
Mullier.	1120
Mullier.	2496
Mulot.	85
Mulot.	712
Muret, Solanet et Palargié.	2361
Muret-de-Bord.	2318
Mussard.	86[illegible]
Musser.	111
Mussel.	3166

N

MM.	Numéros.
Nagelen.	2709
Nalez.	73
Naseberg.	865
Naudin.	243
Navarron-Dumas.	1742
Navarron (Etienne).	1739
Navarron-Jury aîné.	1740
Naveau.	871
Néron jeune.	3163
Neubert.	316
Neuman (Ernest).	2628
Neveux-Godard.	1865
Neville et Nash.	2936
Nezot.	475
Nicolle et Fimbert.	1561
Nicot (François-Constant).	1783
Nillus.	3232
Niot.	3[illegible]5
Nivet aîné et comp.	2328
Noble, Clark.	1263
Nocus.	1390
Noël.	709
Noël (Jules).	3124
Noël	189
Noël.	929
Noël.	1238
Nœgely-Charles.	2097
Normand.	3031
Normandin.	2841
Notré.	1352
Nouel de Buzonnière.	2246
Noulibos.	2502
Noyer frères.	1768
Nys et compagnie.	99

O

MM.	Numéros.
Oberzyski.	1519
Odiot.	183
Odiot.	3324
Oger.	2951
Ogereau.	100
Oilleaux-Désormeaux.	806

MM.	Numéros.
Ollat et Desvernay.	2508
Ollivier (Désiré).	2739
Ory.	1166
Osmond.	728
Osmont.	466
Ottin.	2625
Oubriot (Maurice).	1760
Oudinot.	1029
Ouvrier.	725

P

MM.	Numéros.
Pacque.	3310
Pagès (Charles) et compagnie.	2534
Pagès fils et compagnie.	3100
Pagès Baligot.	14
Pagèze de Lavernède.	1611
Pagezy et fils.	2133
Paichereau (madame veuve).	2587
Paignon et compagnie.	2585
Paillard.	178
Paillard.	1002
Paillasson.	877
Paillet (Adolphe).	2272
Pailliette.	1595
Painchant (François).	2758
Pairé (mesdemoiselles Anne et Antoinette).	1880
Paisant.	3285
Paliopy et compagnie.	1632
Pallu et compagnie.	1738
Palmié et Peyraud.	1927
Panay.	432
Panckoucke.	2689
Panier.	424
Papavoine et Châtel.	3169
Pape.	379
Parfu.	204
Paris frères.	50
Pâris.	1201
Paris.	2982
Paris.	1673
Paris.	1995
Parot (J.-A.).	2481
Parquin.	1060
Parquin.	1064
Parrizet.	1329
Parzudaky.	1486
Pascual-Rubio.	2627
Passerieux.	635
Pastelot.	1537
Paturel.	109
Paublan.	1403
Paugam (René-Auguste).	2749
Paulon et Bresson.	2326
Paumier.	3010
Paur.	1793
Pauwels.	1411
Payan.	46
Payot.	1332
Peccatte.	389
Péchiney.	171
Pecqueur.	284
Pelet (Auguste).	3109
Pellé.	2770
Pelletan.	1249
Pelletier.	279
Pelletier, Delondre et Levaillant	416
Pelletier.	2006
Peltier et compagnie.	2074
Pennequin.	3344
Penzoldt et compagnie.	817
Pequin.	1575
Perard et compagnie.	1284
Perciné.	1142
Perès.	70
Pérès.	1472
Perin.	1016
Périaux (Nicétas).	3176
Périlleux Michelez.	1037
Pernon.	1557
Pernot.	1373
Pérol.	1455
Peron.	3301
Pérot.	1356
Perrault (Félix).	2270
Perrault de Jotemps.	1841
Perrée.	658
Perrelet.	1111
Perreve.	300
Perrochel (Maximilien de).	2356
Perrochel (Maximilien de).	2497
Perronnet et Saint-Etienne.	1550
Perrot.	950
Perrot.	3149
Perrucat (Charles).	2303
Pesquet.	2656
Pestre (le comte de).	630
Peter.	2570
Pétigny (de).	1993

MM.	Numéros.
Petit.	567
Petit.	587
Petit.	643
Petit.	1313
Petit.	2679
Petit Colin.	1331
Petit et compagnie.	945
Petit et Mabire.	1379
Peugeot frères aînés.	2498
Peugeot et compagnie.	1805
Peyrels.	686
Pfeiffer.	1123
Pfeiffer (Emile) et compagnie.	2466
Pfeffet.	2638
Philbert-d'Ocagne fils.	1897
Philippe.	261
Philippot jeune.	1878
Pian-Picault.	2072
Piat.	245
Piaud et compagnie.	3277
Piault.	1247
Picard.	1278
Picard.	1573
Picart jeune et fils.	2003
Picard frères.	1722
Picard frères.	1714
Picard Ballereau.	1619
Pichard (madame).	2866
Pichet et compagnie.	282
Pichon.	1381
Pichon et compagnie.	3269
Pichot.	1733
Picot.	2773
Picot.	2222
Picquet.	1481
Pieren.	209
Pierquin-Crandin.	2225
Pierre et Lami-Housset.	2865
Pierron.	1175
Pigeault.	2963
Pihan.	897
Pille.	1984
Pillioud.	1234
Pimont aîné.	3191
Pimont jeune.	3192
Pinguet.	2889
Pinson.	1310
Pion.	1004
Piot.	2935
Piot et Jourdan frères.	40
Piquot-Deschamps.	3140
Piret (Jean-Baptiste).	2459
Pirmet.	1198

MM.	Numéros.
Pitancier et Martin.	2892
Pitat.	2391
Pitay.	3034
Place.	167
Planel.	1775
Plantié et compagnie.	2500
Plantier.	2578
Plenel.	601
Pleyel et compagnie.	378
Plondeur.	623
Plummer.	3333
Pluquet (Edouard).	2380
Pochet Deroche.	1303
Pouilly.	1982
Poinsot.	2782
Poinssot.	423
Poirée.	1587
Poirier.	819
Poirier.	1489
Poirson.	882
Poissant.	258
Poissenet et compagnie	875
Poisson.	2851
Poisson-Livorel.	1998
Poitevin fils.	3328
Poitevin (F.-E.) fils et comp.	1662
Poix-Coste et Dervieux.	2280
Poliard.	3188
Polignac (le comte de).	1939
Polonceau père.	3305
Polonceau fils.	3306
Pommateau.	922
Pompon.	1565
Poncet.	3226
Poncet.	420
Poncet et Royer.	1385
Poncet-Mercier.	1846
Ponche-Bellet.	2436
Ponroy fils.	2910
Pons.	1112
Pons.	1113
Popelin Ducarre.	1214
Poquet.	2474
Porcher.	2271
Porthaux.	958
Possot.	34
Potalier cousins.	2402
Pot-de-Fer.	2582
Potier (le général comte de).	2250
Potier-Lucion et Point.	1159
Potton, Crozier et compagnie.	2526
Pougeois.	822
Poujade.	1465

MM.	Numéros.
Poulard frères.	3161
Poulet.	2873
Poulin.	2821
Poupinel.	1212
Pourchasse.	1076
Pourier.	145
Pousse.	2858
Pouyer Hellouin.	3136
Povaud.	1388
Poyer.	1098
Poyret.	191
Pracontal (de).	2115
Pradal.	2105
Pradier (Joseph).	1608
Pradier-Gillet et Mégemont.	1754
Pramondon (André).	2571
Prével.	1442
Prével (Jean-Baptiste) aîné.	1785
Prévost.	32
Prevost.	2954
Prevost-Wenzel.	125
Prieur.	2663
Primard.	3024
Primat fils et compagnie.	2305
Prin et compagnie.	2112
Prins.	2995
Prodon-Pouzet.	1737
Prœschel.	175
Proeschel.	481
Profilet.	2672
Prud'homme.	1086
Prud'hon et compagnie.	3244
Prugneaux.	2831
Prus-Grimonprez.	2407
Puechjean (madame).	2859
Puget.	495
Puget (Antoine).	3078
Pupil.	764
Purée-Hubert.	2808
Puyrat (de).	754

Q

MM.	Numéros.
Quelet (Pierre).	1796
Quenard.	2245
Quenedey.	118
Quentin-Durand.	255
Quenut.	1889
Quenesseu.	935
Quesnel.	172
Quevreux.	1568
Quilelouvette et Thomeret.	603
Quinet.	2598
Quincy.	2688

R

MM.	Numéros.
Rabot.	302
Rabourdin (Antoine).	2465
Rachée (de la).	620
Racinet.	1477
Rœderer (le baron).	1300
Raffoux.	831
Rahon.	2733
Raimbert.	1513
Raingo frères.	1384
Ramachard.	597
Rambaux.	870
Raoul.	1078
Raoul.	2204
Raoult.	362
Raoux.	391
Rathier.	3230
Ratier.	2187
Ratisseau.	1256
Rattier et Guibal.	68
Raulin.	3019
Ravenne et Blondel.	861
Ravrio.	1563
Ray.	2793
Raybaud.	2961
Raymond.	305
Raynauld.	1392
Reber (J.-G.) et compagnie.	1642
Reboursel.	654
Rebut.	1942
Redarès (Victor et Antoine) frères.	3093
Reclus et Carville.	2720
Règle.	2820
Regnauld.	1949
Regner.	2843
Reynier et compagnie.	161
Regnier.	400
Regnier.	1251
Reguinot.	138
Reichmann.	973
Reinhardt (J.-M.).	2441
Reintjer.	2641
Remiot.	2828

MM.	Numéros.
Remond-Baudouin.	3187
Renard.	1242
Renard.	3311
Renard.	2926
Renaud et compagnie.	2953
Renaudier.	3266
Renaudière (Jean-François-Eugène).	3346
Renaudot.	2870
Renodier.	3247
Renou.	677
Reulos et Budin.	1531
Reveilhac et fils.	162
Revel.	3340
Reverchon (Paul).	2575
Reverdy.	1933
Revillon.	2488
Revol père et fils.	1780
Reydel-Quirin.	1456
Reydette et compagnie.	159
Reymond.	1117
Reymondon et Martin.	2619
Rheins et compagnie.	667
Ribaucourt-Notte.	2416
Ribou.	1268
Ribouleau fils.	3329
Ricard et Zacharie.	2525
Ricard.	2836
Richard.	98
Richard.	197
Richard (Alphonse).	1602
Richard, Eck et Durand.	1562
Richard frères.	3254
Richer.	1115
Richer frères.	322
Rieussec.	1424
Rigardin et compagnie.	1054
Rigat.	2278
Rigolet.	766
Rigaux.	2467
Rimoneau-Cochet.	2071
Rinaldi.	2636
Ringault frères et compagnie.	2648
Ringuet père et fils.	944
Risler (Mathieu).	2083
Rivals (Armand).	1966
Rivemale (Pierre).	2360
Rivière (Jean-Pierre).	1962
Riviert-Lefert.	2235
Roard de Clichy et compagnie.	1433
Robert	337
Robert.	1378
Robert.	537
Robert	561
Robert.	824
Robert.	137
Robert.	124
Robert.	1757
Robert-Thomas.	1864
Robert-Roulet.	2095
Robert-Belein.	2005
Robichon et compagnie.	3243
Robin.	1402
Robin.	926
Robinet.	1035
Robouem.	2994
Roch.	2180
Roche.	[illegible]
Roche.	[illegible]
Roche.	[illegible]
Rocque.	1545
Ruef et Bicard.	[illegible]
Rogé.	[illegible]
Roger et compagnie.	[illegible]
Roger.	[illegible]
Roger et compagnie.	[illegible]
Roger.	[illegible]
Roger.	[illegible]
Rohart.	[illegible]
Rolin et compagnie.	[illegible]
Rolland.	2839
Rollé (Frédéric) et Schwilgué.	2440
Roller.	[illegible]
Roller et Blanchet.	[illegible]
Roullin.	[illegible]
Romagnesi.	[illegible]
Rondeaux-Pouchet.	[illegible]
Ropet.	[illegible]
Roques.	[illegible]
Rosé.	[illegible]
Rosellen frères.	[illegible]
Rossin.	[illegible]
Ronchon et Riollot.	[illegible]
Rottée.	[illegible]
Rouen et compagnie.	[illegible]
Rouen et compagnie.	[illegible]
Rouffet.	[illegible]
Rouffet.	[illegible]
Rouget.	[illegible]
Rouget de Lisle.	[illegible]
Roumestan.	[illegible]
Rousseau (Pierre).	[illegible]
Rousseau.	[illegible]
Rousseau.	[illegible]

MM.	Numéros.
Roussel frères et Requillard.	2375
Roussel et compagnie.	661
Roussel frères.	3066
Rousselet (Antoine).	1856
Rousseville.	226
Roswag (A.).	2454
Rouveaux.	906
Rouveaux.	443
Rouvière, Cabane et comp.	3074
Rouvière frères.	3058
Rouvet.	844

MM.	Numéros.
Roux.	3016
Roux frères.	3095
Roux et compagnie.	148
Rouy.	723
Royer aîné, Maës et comp.	910
Roy (Blimond).	2424
Royer.	2974
Rozan oncle et fils.	1911
Rosé.	2620
Ruffi-Jussel (veuve).	1720
Rypinski.	1471

S

Sabatier.	1395
Sabatier.	2140
Sabran frères.	3082
Saget.	3294
Sagnier (Louis).	2146
Saint-Aubin.	2611
Saint-Cricq Caseaux (de).	2160
Saint-Étienne père et fils.	286
Saint-Marc (madame veuve), Porteu et Tétiot aîné.	1916
Saint-Paul (veuve et fils).	726
Sallandrouze.	51
Sallandrouze-Lamornais.	664
Le même.	665
Salleron.	126
Sallès jeune et compagnie.	2539
Salin.	529
Salivet.	956
Salmon (Alexandre).	2513
Salomon.	3278
Samson.	605
Sana.	1353
Sanders.	1564
Sapey (Charles).	2296
Sapey (Victor).	2308
Sarazin.	1288
Sargent.	902
Sarrade.	730
Saski.	2492
Saulière.	2602
Saulnier.	810
Saulnier aîné.	1101
Saunier.	1312
Saunier.	541
Saunier (madame).	542
Saurel et Dache.	1475
Sautelet jeune et compagnie.	2257
Sautini.	937

Sautreuil fils.	3189
Sauveau.	1871
Savarresse.	2592
Savart.	1231
Savary.	983
Savary.	468
Savary et Delattre.	548
Savoie.	2573
Savouré.	619
Scheibel et Loos.	1703
Schenetz.	2830
Schiertz.	49
Schindler.	898
Schlumberger (Daniel) et comp.	2076
Schlumberger-Schwartz (G.)	2081
Schlumberger (Franç.-Médard).	1651
Schlumberger (Nicolas) et comp.	1706
Schlumberg, Kœchlin et comp.	2084
Schlumberg jeune et comp.	2088
Schmaltz.	2030
Schmid et Salzmann.	2092
Schmidt.	208
Schmidt.	372
Schmitt.	239
Schneider frères et comp.	3347
Schoen.	857
Schonenberger.	516
Schutzenberger.	2725
Schwikarde.	491
Serepel-Louage.	2421
Scrive frères.	2396
Sedille.	2614
Seguin.	1379
Seib (Adam).	2453
Seidel et Ahreas.	938
Seillère (A.-B.), Provensal et C.	2329
Sellier.	1153
Sellier.	1168

T

MM.	Numéros.
Ternynck frères.	2304
Terrasson et Pleney.	3279
Téry.	1686
Tesse Petit.	2418
Tessié (Cyprien).	1980
Teissier-Ducros.	3055
Tesson.	904
Tesson.	402
Testard et Métayer.	2887
Teste.	2594
Texier.	1549
Teysonnière (de la) et Royer.	1677
Tézenas-Galay.	3245
Tharaud.	2043
Theren jeune.	1100
Thévenin.	2523
Thévenin.	1672
Thibaudet.	123
Thibault.	694
Thibaut.	33
Thibaut (Emile).	1753
Thibert.	606
Thibierge.	2833
Thiboumery et Dubosque.	887
Thiébaut.	719
Thierry.	2973
Thierry.	529
Thilorier.	2702
Thilorier.	1599
Thilorier.	1232
Thilorier et Serrurot.	1320
Thirion.	1716
Tholomié.	3313
Thomann.	1349
Thomann.	1782
Thomas.	371
Thomassin.	3115
Thomire et compagnie.	173
Thonnelier.	1250
Thorel.	2863
Thorel (madame).	2849
Thory.	2267
Thouron et compagnie.	756
Thoury et compagnie.	721
Thouvenel.	2339
Thouvenin et Berthois.	25
Thuez.	1285
Thuvien.	519
Tiebault.	1511
Tierce-Cambray.	2397
Tillancourt (de).	1990
Tilloy-Bérard.	1671
Tinet.	445
Tiret.	36
Tirmache.	1195
Tirrart.	462
Tissier et Beugé.	270
Tissot (Féréol).	2461
Tixier-Goyon.	1741
Touboulle (Pierre Marie).	2760
Touchard.	1448
Touchard et Martin.	626
Tournier.	737
Toursel.	1895
Toussaint.	781
Toy et frères.	1560
Tracol.	1605
Trasimed Leroux.	2431
Travers.	1581
Tresca et Ebole.	1136
Triaire (J.-F.).	2150
Tribouillet et compagnie.	2409
Tricot.	1454
Tricotel et Chapuis.	2657
Triebert.	1132
Tronchon.	1048
Tronchon frères.	714
Tronquoy.	527
Trotrot fils aîné.	1858
Trotry-Latouche.	1033
Troubat (Louis) et comp.	2560
Troupel fils.	2130
Troupel, Turs et Favre.	1615
Truchy (madame).	1071
Truchy.	86
Trupel (Joseph).	2748
Tubino (madame).	3282
Tulou.	1128
Tussand.	1600

U

MM.	Numéros.
Un officier de marine.	2890
Urruty.	3173
Utzschneider et comp.	2018

V

MM.	Numéros.
Vacher.	1429
Vachon et compagnie.	1835
Vacoulin.	2804
Vaison.	1517
Valant.	1544
Valat.	1079
Valdeck.	1404
Valentin-Féau et Béchard.	2263
Valentin (Féau), Béchard et comp.	2262
Valentin.	2041
Valenthiennes (madame veuve).	1342
Valérius.	612
Valérius.	1009
Valès (Léon) et Bouchard.	2159
Valès.	193
Vallée et Bourniche.	1344
Vallée-Lerond (madame veuve).	2128
Vallery.	2213
Vallery.	786
Vallet.	2981
Vallet-Cornier.	177
Vallier.	1362
Vallon.	757
Vande et Jeanray.	332
Vandendries.	1523
Vandeventez.	370
Van Eeckhout (madame veuve).	1347
Vantenkiste dit Dorus.	2401
Vantillard.	1898
Vantroyen (Cuvelier) et comp.	2381
Vardon (mademoiselle).	1954
Varrigar.	2911
Vaussard fils.	3141
Vasseur.	2386
Vauchelet.	44
Vaucher de la Croix.	2623
Vauquelin.	1354
Vauthier.	759
Vautier.	734
Vautier.	3155
Vaurien Chardame.	342
Vautrin.	508
Vayson frères.	57
Vedel et comp.	488
Vedel-Souche.	1743
Vellard.	2967
Ventouillac (Jean-Antoine).	1967
Veny (madame).	672
Verd.	1297
Verdier.	2875

MM.	Numéros.
Verdun et Gratelet.	1319
Vérité fils.	2166
Vermont et comp.	3184
Vernier.	2468
Vernier.	3118
Vernus.	2377
Verreaux et fils.	1485
Verreaux.	2129
Verstaen.	1582
Vétillart père et fils.	2349
Veyrat et fils.	184
Vial (Auguste).	2291
Vialon.	1186
Victor (madame).	2783
Vidal.	257
Vidalin.	2527
Vidron.	486
Vielcazal.	1416
Viennet.	1970
Viesnegg.	987
Vigezzi-Riva et Dominelly.	2917
Vignaud.	1949
Vignat-Chevet.	3246
Vignerie.	2952
Vigny.	2650
Vigoureux.	1358
Vigoureux.	1495
Vilbœuf et Pompon.	829
Vilcoq.	2471
Villaeys.	1221
Villain (mesdemoiselles) sœurs.	1952
Villain.	1184
Villard.	2530
Villeneuve (de).	1435
Villeneuve.	3345
Villepin (de).	2379
Villermot.	2867
Villeroi.	3027
Vimort-Maux.	1883
Vimort-Maux.	2334
Vinant.	1452
Vincent.	681
Vincenti et comp.	1791
Vinet-Buisson.	1337
Vinken.	666
Violard.	1953
Violet.	2950
Violette (François).	2759
Vion.	449
Viquesnel.	3165

FIN DE LA TABLE.

BIBLIOTHEQUE

www.ingramcontent.com/pod-product-compliance
Ingram Content Group UK Ltd.
Pitfield, Milton Keynes, MK11 3LW, UK
UKHW020245180726
13839UKWH00001B/190